普通高等教育"十三五"规划教材

Engineering
Mechanics
工程力学

主　编　何　凡　郝　莉

副主编　石　萍　任艳荣　白会娟

U0294180

人民交通出版社股份有限公司
China Communications Press　Co.,Ltd.

内 容 提 要

　　本书注重对工程力学的基本概念和基本方法的讲解,注重对基础理论知识向工程应用转变的介绍。全书分为14章,内容主要由静力学和材料力学两部分组成。此外,为了体现工程力学与计算机数值技术的结合,在讲授基础知识点的同时,增加了数值仿真的介绍。本书具体内容包括:绪论、静力学分析基础、平面汇交力系与平面力偶系、平面任意力系、空间力系、材料力学引言、轴向拉伸与压缩、连接件的实用计算、扭转、弯曲内力、弯曲应力、弯曲变形、压杆稳定、数值仿真方法简介。附录介绍了平面图形的几何性质。

　　本书主要作为高等院校工程力学中、少学时课程教材,也可供其他从事力学研究和工程技术工作的人员使用参考。

图书在版编目(CIP)数据

　　工程力学 /何凡,郝莉主编. —北京:人民交通
出版社股份有限公司, 2019.3(2024.11重印)
　　ISBN 978-7-114-14920-7

　　Ⅰ. ①工… 　Ⅱ. ①何… 　②郝… 　Ⅲ. ①工程力学—教
材 　Ⅳ. ①TB12

　　中国版本图书馆 CIP 数据核字(2019)第 034349 号

书　　　名:	工程力学
著 作 者:	何　凡　郝　莉
责 任 编 辑:	李　坤
责 任 校 对:	孙国靖　扈　婕
责 任 印 制:	刘高彤
出 版 发 行:	人民交通出版社股份有限公司
地　　　址:	(100011)北京市朝阳区安定门外外馆斜街 3 号
网　　　址:	http://www.ccpcl.com.cn
销 售 电 话:	(010)85285911
总 经 销:	人民交通出版社股份有限公司发行部
经　　　销:	各地新华书店
印　　　刷:	北京建宏印刷有限公司
开　　　本:	787×1092　1/16
印　　　张:	15.5
字　　　数:	370 千
版　　　次:	2019 年 3 月　第 1 版
印　　　次:	2024 年 11 月　第 2 次印刷
书　　　号:	ISBN 978-7-114-14920-7
定　　　价:	42.00 元

(有印刷、装订质量问题的图书由本公司负责调换)

前　　言

工程力学课程在高等院校工科教育中处于第一个工程技术教育的转变时期。作为高等院校工科教育的基础课程,工程力学承担着将基础科学理论知识向工程应用转变的任务。在培养学生转变知识观念和体系的同时,更为重要的是培养学生的工程分析能力。因此,对工程力学课程的探索和改革一直在进行,然而改革之后,工程力学课程的学时被大量压缩,导致教学面临一个困境,即工程力学这门课程到底应该教给学生哪些内容:是基础知识点,还是完整复杂的理论体系,抑或是工程技术分析的基础? 编者在近几年工程力学课程教学改革过程中深深体会到:工程力学课程应在传授知识体系的同时,重点培养学生的理论分析能力和综合的工程分析能力,使学生能够应用理论知识分析复杂的工程问题。通过这门课程的学习,为工科教育后续课程的学习打下坚实的基础。

工程力学课程中的静力学部分以培养学生具备刚体静力分析能力为目标,而材料力学部分以培养学生具备杆件强度、刚度与稳定性分析能力为目标。为便于学生整体把握每章的内容,在每章开篇对该章的主要内容和重点进行了提炼,在章尾进行了归纳总结(特别对研究思路和方法进行了总结)。

为了加强对学生工程实践能力的培养,并考虑到现代工程力学已经是一门用计算机去解决复杂的实际工程问题的科学,本书在注重讲清基础理论知识体系的同时,引入了数值仿真的内容。通过数值仿真在工程中的应用来展示力学、计算机与工程的紧密结合,从而有助于学生加深对基础理论知识的理解和掌握,为今后解决工程实际问题打下良好的基础。

本书结合编者所在学校(北京建筑大学)的实际而编写,在压缩教学学时与更新教学内容的情况下,精选教学内容,突出能力培养,以满足工程力学教学的要求,对高等院校的工程力学教学改革做出一些新的尝试和探索。

本书由何凡、郝莉任主编,由何凡负责统稿。本书内容和编写分工为:何凡(第1、6、13章),石萍(第2、3、4章),任艳荣(第5、11、12章),郝莉(第7章),白会娟(第8、9、10章和附录A),彭培火(第14章)。

在本书编写过程中,参考了相关图书、会议资料、网上资料及兄弟院校的有关讲义,并得到学校主管部门和人民交通出版社股份有限公司的大力支持,在此谨致以衷心的感谢。

限于编者学识水平,书中难免有不妥之处,恳请读者批评指正。

编　者
2018 年 10 月

目　　录

第1章 绪　　论

本章主要内容

工程力学(静力学和材料力学)作为高等院校大多数工科专业的一门工程技术基础课,在总体工程技术教育中具有非常重要的作用。它将数理化基础知识向工程技术转变,是建立工程理论分析和实验分析的基础。本章对工程力学的概貌做一个介绍。

§1.1　工程力学的研究对象和任务

力是物体改变其状态的原因,力学是研究物体机械运动一般规律的学科。机械运动是指物体的空间位形(位置和形状)随时间的改变,包括移动、转动、流动和变形等。力学所阐述的规律带有普遍性,是一门基础科学,同时它也可以直接服务于工程,所以又是一门技术科学。力学是各技术工程学科的重要理论基础,是沟通自然科学基础理论与工程实践的桥梁。

工程力学,顾名思义,是将力学原理应用于实际工程系统的科学。工程力学是一门理论性较强、与工程技术联系极为密切的技术基础学科,是解决工程实际问题的重要基础。通过工程力学的学习,可以了解工程系统的性态并为其设计提供合理的规则。结构、机械的受力如何,它们如何运动、变形,是否会发生破坏,只有弄清楚这些问题,才能知道如何去控制设计。

组成结构或机械的部件一般称为构件,工程力学以构件作为研究对象,运用力学原理分析构件的受力和变形等。工程力学的任务就是为构件的合理设计(材料、形状、尺寸)提供基本理论和计算方法。

§1.2　工程力学的研究内容

一般来说,工程力学最基础的部分包含静力学和材料力学两部分。静力学研究物体在力系作用下平衡的规律,也就是力系的简化和力系的平衡条件及其应用。静力学是材料力学的基础。材料力学研究构件在外力作用下的内部力学响应,即构件的内力、应力和变形分析,确定材料抵抗破坏和变形的能力。考虑到当前工程力学课程学时不断被压缩的背景,本书静力学部分只涵盖静力学分析基础、平面汇交力系与平面力偶系、平面任意力系、空间力系;材料力学部分只涉及轴向拉伸与压缩、剪切、扭转、弯曲四种基本变形以及压杆稳定。此外,工程力学发展到今天,已经是一门用计算机去解决复杂的实际工程问题的科学,为了体现工程力学的发展,扩充计算机数值技术在力学中的应用,在本书最后一章增加了数值仿真方法简介。

§1.3　工程力学的研究方法

工程力学从实践出发,经过抽象化、综合、归纳、建立公理,再应用数学演绎和逻辑推理而得到定理和结论,形成理论体系,然后再通过实践来验证理论的正确性。

具体来说,工程力学的研究方法包括理论分析、实验分析、模拟与仿真,其中理论分析着重力学模型的建立、力学中数学方法的研究、力学问题的定性分析与定量分析;实验分析着重检验模型、理论、方法、结果的正确性;模拟与仿真着重模拟与仿真系统的动力学过程,揭示一些力学现象。理论分析和实验分析两种方法是工程力学传统的研究方法,而模拟与仿真方法是随着计算机的发展和数值方法的出现,逐渐发展成熟起来的工程力学研究方法。这些研究方法相辅相成,互为补充,可更好地解决实际工程问题,指导实践。

学习和研究工程力学,应当抓住主要因素,将实际工程问题进行必要的抽象化和简化处理,形成力学模型,通过受力简图分析,确定出需要的力学量,从而确保构件安全有效地工作。

§1.4　工程力学的发展和应用

力学是在社会实践的基础上逐步发展起来的一门基础性学科,它的发展与完善推动了科学技术和社会的进步。可以说,力学是科学与工程最密切的结合。工程力学的发展遵循由感性认识到理性认识,再到指导实践并发现或提出新问题,最后又回到感性认识这样螺旋上升的认知规律。工程力学已从最初在土木建筑、机械等传统行业中的应用,广泛延伸到航空航天、交通、能源等领域,随着科技的不断发展以及不同学科的交叉和融合,工程力学更是渗透到环境治理、生物医学、体育竞技等领域。可以说,工程力学在工程各个领域都发挥着越来越重要的作用,也结出了越来越多的硕果。现代工业和高新技术的不断进步将提出新的更为复杂的力学问题,工程力学的应用前景也将更为广阔。下面就工程力学在一些领域的应用作简单的介绍,以展现工程力学强大的生命力。

1. 工程力学在爆炸中的应用

爆炸形成的冲击波除了破坏和杀伤能力之外,也可以用来为工程建设服务,以达到预期的工程目标。以土木工程、岩土与地下工程、军事工程中存在的非线性动力学问题为背景,可研究金属、混凝土、岩石等材料在高温、高压、爆炸冲击载荷下的动力学行为与物理规律。逼真地模拟高层建筑、防护挡墙、地下防护坑道、机场跑道等在空气冲击波作用下的破坏模式,研究成果可以为建筑风险评估、防御工程、矿业采掘,以及机场跑道设计提供可靠的理论依据。

2. 工程力学在生物医学工程中的应用

在疾病的发生、发展以及诊断、治疗过程中,临床医生不断提出各种各样与力学有关的问题。例如:血液流动、动脉血管变形等对心血管疾病(动脉粥样硬化狭窄、动脉瘤等)的发生和发展存在怎样的影响,在对心血管疾病患者进行支架或者搭桥手术后,动脉血管的支架是否会失效,术后并发症(动脉血管再狭窄等)的评估等。针对心血管疾病的多发高发态势以及对致病机制认识的局限性,对动脉血管的应力、变形以及血流动力学进行研究,可以从力学角度解释心血管疾病的发生和发展机理,研究成果对于临床诊断、治疗心血管疾病以及新型医疗仪器的研制都具有重要指导意义。

3. 工程力学在页岩气开采中的应用

页岩气是蕴藏于页岩层可供开采的天然气资源。页岩气由于其超低渗透性,要想实现商业化开采必须进行压裂改造,即:借助高压将大量水、沙子以及化学物质的混合物通过钻孔注入地下,压裂页岩气储层,使其出现更大更多裂缝网络,从而将天然气从页岩储层中释放出来。用超临界二氧化碳代替水做压裂液可以解决水力压裂带来的很多难题,研究超临界二氧化碳压裂力学机理,进行关于超临界二氧化碳在超低渗透率页岩储层中的渗流、扩散、压裂方面的工作有助于页岩气的开发和利用。

4. 工程力学在海底管线设计中的应用

随着开发海洋资源步伐的加快,所需进行的水下工程也逐渐增多,铺设海底管线是其中一项重要内容。由于海底管线所在的海底环境恶劣,可能存在各种各样的自然环境和人为灾害,如受到波浪、海流、潮汐、腐蚀等作用,以及面临船锚、平台或船舶掉落物、渔网等撞击拖挂危险等。海底管线一旦出现问题,带来的经济损失更是无法估计。通过力学模型构建,进行关于波浪载荷和船舶掉落物等撞击载荷作用下海底管线的稳定性分析,研究海底管线的失稳机理,可以为海底管线安全设计提供依据。

5. 工程力学在金属磁记忆无损检测中的应用

铁磁性金属零件在加工和运行时,由于受载荷和地磁场共同作用,在应力和变形集中区域会发生具有磁致伸缩性质的磁畴组织定向和不可逆的重新取向,这种磁状态的不可逆变化在工作载荷消除后不仅会保留,还与最大作用应力有关。金属构件表面的这种磁状态"记忆"着微观缺陷或应力集中的位置,也就是磁记忆效应。金属磁记忆检测技术是一种利用金属磁记忆效应来检测部件应力集中部位的快速无损检测方法。研究金属材料、智能材料在力—电—磁—热多物理场耦合作用下材料的微结构演变、受力情况与检测出的物理现象的对应关系及定量分析,可以为工程实际中的具体问题(结构受力变形、裂纹的产生等)提供可靠的科学解释和定量的结果分析。

本 章 小 结

工程力学课程应在传授知识体系的同时,重点培养学生理论分析能力和工程分析能力。以能力培养为主线,从力学的普遍性理论分析方法发展为对工程复杂性问题的综合理论分析方法。在传授基础知识点的同时结合工程力学的发展趋势,激发探索研究的兴趣,做到融会贯通,学以致用。

第2章 静力学分析基础

本章主要内容

(1) 静力学基本概念与公理。

(2) 常见约束及约束力。

(3) 物体受力分析和受力图的绘制。

重点

(1) 常见约束及约束力。

(2) 受力图的绘制。

静力学是研究物体受力及平衡的一般规律的科学。静力学理论是从生产实践中总结出来的,是对工程结构构件进行受力分析和计算的基础,在工程技术中有着广泛的应用。静力学主要研究以下三个问题:

(1) 物体的受力分析。

(2) 力系的等效替换与简化。

(3) 力系的平衡条件及其应用。

§2.1 静力学基本概念

1.力的概念

力是物体间的相互作用,这种作用使物体的运动状态发生变化或使物体发生变形,力使物体的运动状态发生变化的效应称为运动效应或外效应,力使物体发生变形的效应称为变形效应或内效应。在静力学中只研究力的外效应。

力是物体间的相互作用,因此力是成对出现的,施力物体和受力物体也是相互的。

实践表明,力对物体的作用效果取决于力的三个要素:①力的大小;②力的方向;③力的作用点。因此力是矢量,且为定位矢量。如图 2-1 所示,当力作用在刚体上时,力可以沿着其作用线滑移,而不改变力对刚体的作用效应,这时的力是滑动矢量。

在静力学中,用黑斜体大写字母 F 表示力矢量,用白斜体大写字母 F 表示力的大小。用带箭头的直线段表示一个力矢量,其中线段的长度表示力的大小,线段的方位和指向代表力的方向,线段的起点(或终点)表示力的作用点,线段所在的直线称为力的作用线。在国际单位制中,力的单位是牛顿(N)或千牛顿(kN)。

物体受力一般是通过物体间直接或间接接触进行的。接触处多数情况下不是一个点,而是具有一定尺寸的面积或长度(平面问题,忽略厚度)。因此无论是施力体还是受力体,其接触处所受的力都是作用在接触面积或长度上的,这种分布在一定面积或长度上的力称为分布力。分布力的大小用力的集度表示,集度的单位为 N/m^2 或 N/m。

当分布力作用面积或长度很小时,为了分析计算方便起见,可以将分布力简化为作用于一点的合力,称为集中力。例如,静止的汽车通过轮胎作用在桥面上的力,当轮胎与桥面接触面积较小时,即可视为集中力[图 2-2a)];而桥面施加在桥梁上的力则为分布力[图 2-2b)]。

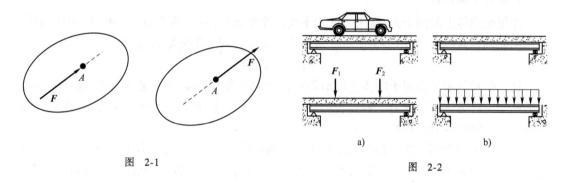

图 2-1   图 2-2

2. 力系的相关概念

力系是指作用在物体上的一群力。若对于同一物体,有两组不同力系对该物体的作用效果完全相同,则这两组力系称为等效力系。一个力系用其等效力系来代替,称为力系的等效替换。用一个最简单的力系等效替换一个复杂力系,称为力系的简化。若某力系与一个力等效,则此力称为该力系的合力,而该力系的各力称为此力系的分力。

3. 刚体的概念

所谓刚体,是指在力的作用下不变形的物体,即在力的作用下其内部任意两点的距离永远保持不变的物体,这是一种理想化的力学模型。事实上,在受力状态下不变形的物体是不存在的,不过,当物体的变形很小,在所研究的问题中把它忽略不计,并不会对问题的性质带来本质的影响时,该物体就可近似看作刚体。刚体是在一定条件下研究物体受力和运动规律时的科学抽象,这种抽象不仅使问题大大简化,也能得出足够精确的结果,因此,静力学又称为刚体静力学。但是,在需要研究力对物体的内效应时,这种理想化的刚体模型就不适用,而应采用变形体模型。变形体的平衡也是以刚体静力学为基础的,只是还需补充变形几何条件与物理条件。

4. 平衡的概念

在工程中,把物体相对于地面静止或作匀速直线运动的状态称为平衡。根据牛顿第一定律,物体如不受到力的作用则必然保持平衡。但客观世界中任何物体都不可避免地受到力的作用,作用在物体上的力系只要满足一定的条件,即可使物体保持平衡,这种条件称为力系的平衡条件,满足平衡条件的力系称为平衡力系。

§2.2 静力学公理

静力学公理是人们在生活和生产活动中长期积累的经验总结,又经过实践反复检验,被认为是符合客观实际的最普遍、最一般的规律,是不需要证明就可采用的真理,它是建立静力学理论的基础。

1. 二力平衡条件

作用在刚体上的两个力,使刚体处于平衡的充要条件是:这两个力大小相等,方向相反,且作用在同一直线上,如图 2-3 所示。该两力的关系可用如下矢量式表示:

$$F_1 = -F_2$$

这一公理揭示了作用于刚体上的最简单的力系平衡时所必须满足的条件,满足上述条件的两个力称为一对平衡力。需要说明的是,对于刚体,这个条件既必要又充分,但对于变形体,这个条件是不充分的。

只在两个力作用下而平衡的刚体称为二力构件或二力杆,根据二力平衡条件,二力杆两端所受两个力大小相等、方向相反,作用线沿两个力的作用点的连线,如图 2-4 所示。

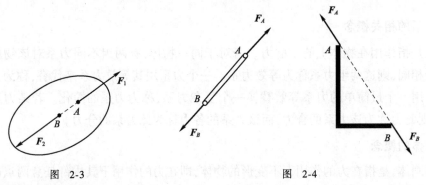

图 2-3   图 2-4

2. 作用与反作用定律

两个物体间的作用力与反作用力总是同时存在,且大小相等,方向相反,沿着同一条直线,分别作用在两个物体上。若用 F 表示作用力,F' 表示反作用力,则 $F = -F'$。该公理表明,作用力与反作用力总是成对出现,但它们分别作用在两个物体上,因此不能视作平衡力,如图 2-5 所示。

3. 力的平行四边形法则

作用在物体上同一点的两个力,可以合成为一个合力。合力的作用点也在该点,合力的大小和方向,由这两个力为邻边构成的平行四边形的对角线确定,如图 2-6a)所示。或者说,合力矢等于这两个力矢的几何和,即

$$F_R = F_1 + F_2 \tag{2-1}$$

亦可另作力三角形来求两汇交力合力矢的大小和方向,即依次将 F_1 和 F_2 首尾相接画出,最后由第一个力的起点至第二个力的终点形成三角形的封闭边,即为此二力的合力矢

F_R［图2-6b)、c)］,此为力的三角形法则。

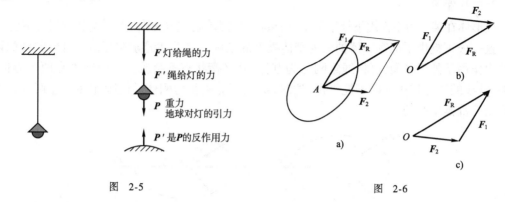

图　2-5　　　　　　　　　　　　　　图　2-6

4.加减平衡力系公理

在已知力系上加上或减去任意的平衡力系,不会改变原力系对刚体的作用。这一公理是研究力系等效替换与简化的重要依据。

根据上述公理可以导出如下两个重要推论:

推论1　力的可传性

作用于刚体上某点的力,可以沿着它的作用线滑移到刚体内任意一点,不会改变该力对刚体的作用效果。

证明:设在刚体上点 A 作用有力 F,如图2-7a)所示。根据加减平衡力系公理,在该力的作用线上的任意点 B 加上平衡力 F_1 与 F_2,且使 $F_2 = -F_1 = F$,如图2-7b)所示;由于 F 与 F_1 组成平衡力,可去除,故只剩下力 F_2,如图2-7c)所示;即将原来的力 F 沿其作用线移到了点 B。

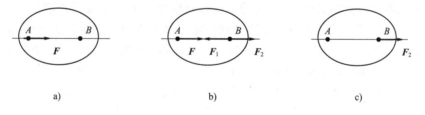

a)　　　　　　　　　　　　b)　　　　　　　　　　　　c)

图　2-7

由此可见,对刚体而言,力的作用点不是决定力的作用效应的要素,它已为作用线所代替。因此作用于刚体上的力的三要素是:力的大小,方向和作用线。作用于刚体上的力可以沿着其作用线滑移,这种矢量称为滑动矢量或滑移矢量。

推论2　三力平衡汇交定理

若刚体受三个力作用而平衡,且其中两个力的作用线相交于一点,则此三个力必共面且汇交于同一点。

证明:刚体受三力 F_1、F_2、F_3 作用而平衡,如图2-8所示。根据力的可传性,将力 F_1 和 F_2 移到汇交点 O,并合成为力 F_{12},则 F_3 应与 F_{12} 平衡。根据二力平衡条件,F_3 与 F_{12} 必等值、反向、共线,所以 F_3 必通过 O 点,且与 F_1、F_2 共面,定理得证。

5. 刚化原理

变形体在某一力系作用下处于平衡,如果将此变形体刚化为刚体,其平衡状态保持不变。

这一公理提供了把变形体抽象为刚体模型的条件。如柔性绳索在等值、反向、共线的两个拉力作用下处于平衡,可将绳索刚化为刚体,其平衡状态不会改变。而绳索在两个等值、反向、共线的压力作用下则不能平衡,这时,绳索不能刚化为刚体。但刚体在上述两种力系的作用下都是平衡的。

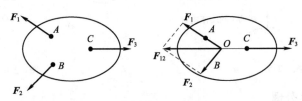

图 2-8

由此可见,刚体的平衡条件是变形体平衡的必要条件,而非充分条件。刚化原理建立了刚体与变形体平衡条件的联系,提供了用刚体模型来研究变形体平衡的依据。在刚体静力学的基础上考虑变形体的特性,可进一步研究变形体的平衡问题。这一公理也是研究物体系统平衡问题的基础,刚化原理在力学研究中具有非常重要的地位。

§2.3　约束与约束力

物体按照运动所受限制条件的不同可以分为两类:自由体与非自由体。自由体是指物体在空间可以有任意方向的位移,即运动不受任何限制。如空中飞行的炮弹、飞机、人造卫星等。非自由体是指在某些方向的位移受到一定限制而不能随意运动的物体,如在轴承内转动的转轴、汽缸中运动的活塞等。对非自由体的位移起限制作用的周围物体称为约束,例如,钢轨对于机车,轴承对于电机转轴、吊车钢索对于重物等,都是约束。

约束限制着非自由体的运动,与非自由体接触产生了作用力,约束作用于非自由体上的力称为约束力或约束反力。约束力作用于接触点,其方向总是与该约束所能限制的运动方向相反,据此,可以确定约束力的方向或作用线的位置。至于约束力的大小却是未知的,需根据平衡方程求出。

下面介绍工程中常见的几种约束类型及其约束力的特性。

1. 柔索约束

由绳索、链条、皮带等所构成的约束统称为柔索约束,这种约束的特点是柔软易变形,它给物体的约束力只能是拉力。因此,柔索对物体的约束力作用在接触点,方向沿柔索且背离物体,如图2-9所示。

2. 光滑接触面约束

物体受到光滑平面或曲面的约束称作光滑接触面约束。这类约束不能限制物体沿约束表面切线的位移,只能限制物体沿接触表面法线并指向约束的位移。因此约束力作用在接触点,方向沿接触表面的公法线,并指向被约束物体,如图2-10、图2-11所示。

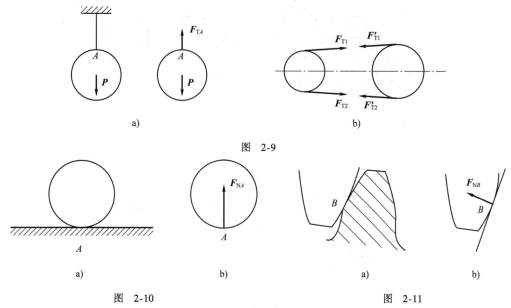

图　2-9

图　2-10　　　　　　　　　　　　　　　图　2-11

3.光滑圆柱铰链约束

如图2-12a)、b)所示,在两个构件A、B上分别有直径相同的圆孔,再将一直径略小于孔径的圆柱体销钉C插入该两构件的圆孔中,将两构件连接在一起,这种连接称为铰链连接,两个构件受到的约束称为光滑圆柱铰链约束。受这种约束的物体,只可绕销钉的中心轴线转动,而不能相对销钉沿任意径向方向运动。这种约束实质是两个光滑圆柱面的接触[图2-12c)],其约束力作用线必然通过销钉中心并垂直于圆孔在D点的切线,约束力的指向和大小与作用在物体上的其他力有关,所以光滑圆柱铰链的约束力的大小和方向都是未知的,通常用大小未知的两个垂直分力表示,如图2-12d)所示,光滑圆柱铰链的简图如图2-12e)所示。

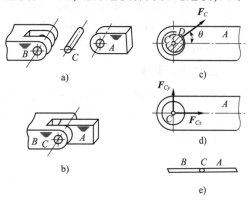

图　2-12

4.铰支座

铰支座有固定铰支座和滚动铰支座两种。

将构件用铰链约束与地面相连接,这样的约束称为固定铰支座[图2-13a)],其结构简图如图2-13b)所示。这种约束的约束力的作用线也不能预先确定,可以用大小未知的两个垂直分力表示,如图2-13c)所示。

将构件用铰链约束连接在支座上,支座用滚轴支持在光滑面上,这样的约束称为滚动铰支座[图2-14a)],其结构简图如图2-14b)所示。这种支座可以沿固定面滚动,常用于支承较长的梁,它允许梁的支承端沿支承面移动。因此这种约束的约束反力垂直于支承面,如图2-14c)所示。

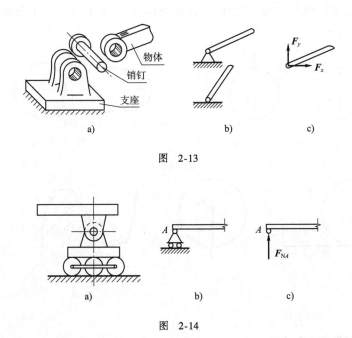

图　2-13

图　2-14

5.球形铰支座

物体的一端为球体,能在球壳中转动,如图 2-15a)所示,这种约束称为球形铰支座,简称球铰。球铰能限制物体任何径向方向的位移,所以球铰的约束力的作用线通过球心并可能指向任一方向,通常用过球心的三个互相垂直的分力 F_x、F_y、F_z 表示,如图 2-15b)所示。球铰的结构简图如图 2-15c)所示。

6.二力杆约束

两端用光滑铰链与其他物体连接,中间不受力且不计自重的杆件,即为二力杆。二力杆两端所受的两个力大小相等、方向相反,作用线沿着两铰接点的连线,至于二力杆受拉还是受压则可假设。图 2-16a)的结构中,杆件 DE 为二力杆,其受力如图 2-16b)所示。

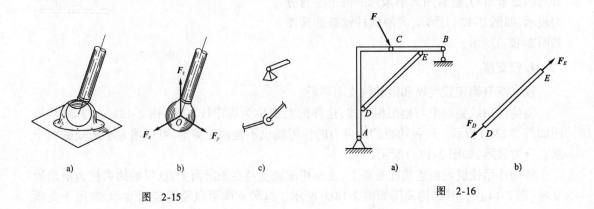

图　2-15

图　2-16

§2.4　物体受力分析和受力图

分析力学问题时,往往必须首先根据问题的性质、已知量和所要求的未知量,选择某一物体(或几个物体组成的系统)作为研究对象,并假想地将所研究的物体从与之接触或连接的物体中分离出来,即解除其所受的约束而代之以相应的约束力。解除约束后的物体,称为分离体。分析作用在分离体上的全部主动力和约束力,画出分离体的受力简图——受力图,这一过程即为受力分析。

物体受力分析过程包括如下两个主要步骤。

(1)确定研究对象,取出分离体。

待分析的某物体或物体系统称为研究对象。明确研究对象后,需要解除它受到的全部约束,将其从周围的物体或约束中分离出来,单独画出相应简图,这个步骤称为取分离体。

(2)画受力图。

在分离体图上,画出研究对象所受的全部主动力和所有去除约束处的约束力,并标明各力的符号及受力位置符号。

这样得到的表明物体受力状态的简明图形,称为受力图。下面举例说明受力图的画法。

【例 2-1】 平面支架如图 2-17a)所示,若不计各杆件的重力,试绘制各杆的受力图。

解: 当结构有中间铰时,受力图有两种画法:

(1)中间铰单独取出,可将结构分为三部分。

AC 拱、C 铰、BC 拱,其中拱 AC、BC 都是二力杆,其受力分析结果如图 2-17b)所示。

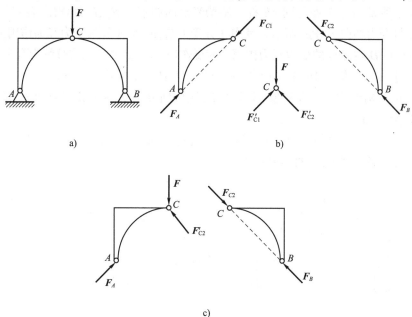

图　2-17

（2）可将中间铰 C 放在任意拱上，在这里，把中间铰 C 固连在拱 AC 上，结构分为拱 AC（带铰 C）、拱 BC 两部分，受力分析结果如图 2-17c）所示。

注意：分析拱 AC（带铰 C），中间铰 C 固连在拱 AC 上，铰 C 与拱 AC 组成一子系统，铰 C 与拱 AC 的相互作用力 F_{C1}、F'_{C1} 成为系统内力，不用画出，在 C 点要画出的是主动力 F 和拱 BC 对铰 C 的作用力 F'_{C2}（即系统外力）。若中间铰 C 固连在拱 BC 上，请读者自己分析其受力。

【例 2-2】 画出图 2-18a）所示 AO、AB 和 CD 构件的受力图。各杆重力均不计，所有接触处均为光滑接触。

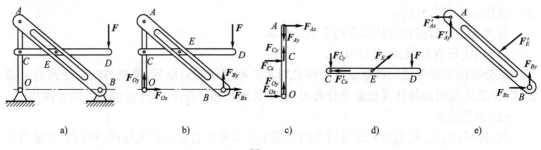

图　2-18

解：（1）整体受力如图 2-18b）所示。O、B 二处为固定铰链约束，约束力如图所示，其余各处的约束力均为内力，D 处作用有主动力 F。

（2）AO 杆受力如图 2-18c）所示。其中 O 处受力与图 2-18b）一致，C、A 两处为中间活动铰链，约束力可以分解为两个分力。

（3）CD 杆受力如图 2-18d）所示。其中 C 处受力与 AO 在 C 处的受力，互为作用力和反作用力，CD 上所带销钉 E 处受到 AB 杆中斜槽光滑面约束力 F_E，D 处作用有主动力 F。

（4）AB 杆受力如图 2-18e）所示。其中 A 处受力与 AO 在 A 处的受力互为作用力和反作用力，E 处受力与 CD 在 E 处的受力互为作用力和反作用力，B 处的约束力分解为两个分量。

【例 2-3】 试画出图 2-19a）所示结构的整体、AB 杆、AC 杆的受力图。

解：（1）以结构整体为研究对象，主动力 F，注意到 B、C 处为光滑接触面约束，约束力为 F_B、F_C，其受力图如图 2-19b）所示。

（2）取 AB 杆的分离体，A 处为光滑圆柱铰链约束，D 处受到柔索约束，其受力图如图 2-19c）所示，DE 受力图如图 2-19d）所示。

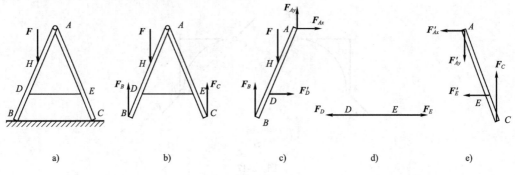

图　2-19

（3）取出 AC 杆的分离体，A 处受到 AB 杆的反作用力 F'_{Ax}、F'_{Ay}，E 处为柔索约束，AC 杆受力如图 2-19e）所示。

【例 2-4】 如图 2-20a）所示构架由三根直杆和一个滑轮铰接而成，跨过滑轮的绳索上挂一重量为 P 的物块。不计摩擦及各物体的重力，试绘制构架中各物体及整体的受力图。

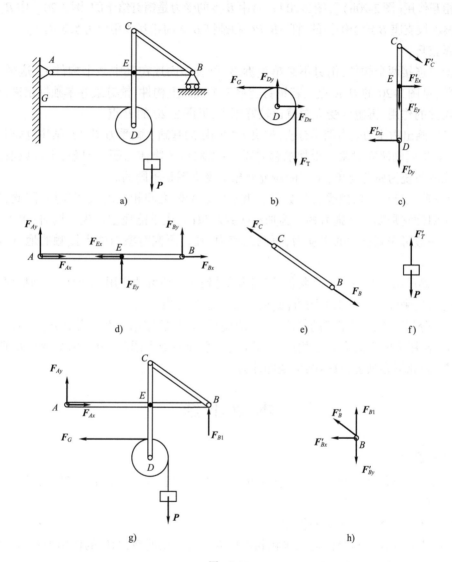

图　2-20

解： 本题有四种约束：固定铰支座 A，中间铰 C、E，滚动铰支座 B 和绳索。绘制受力图时，要注意各局部受力图之间的作用与反作用力的方向，局部受力图之间一定要相互照应。并且：

①BC 是二力杆[图 2-20e）]；

②绳子只能受拉力；

③滑轮和绳子一起分析。

分别取滑轮、杆 *CD*、*AB*、*BC* 和重物为研究对象,受力分析如图 2-20b)、c)、d)、e)、f)所示。

注意:

B 点的受力较复杂,在此处是由销钉 *B* 连接了杆 *AB*、*BC* 和滚动铰支座 *B* 三个构件,若把销钉 *B* 拿掉,则杆 *AB*、*BC* 和滚动铰支座 *B* 三个构件之间没有相互作用,三个构件都是和销钉 *B* 之间有相互作用[图 2-20h)],图 2-20d)、e)中 *B* 点的受力是销钉给予的,图 2-20g)中 *B* 点的受力则是滚动铰支座 *B* 给予销钉的,杆 *AB*、*BC* 和销钉 *B* 之间相互作用成为系统内力。

解题技巧:

若销钉连接两个构件,销钉不必单独拆出,可看作固连在其中某个构件上,这样受力图比较简单,见图 2-20 的 *D*、*E* 点。若销钉连接三个或以上构件,销钉最好单独拆出来,画清销钉和各构件的作用,再组合受力图就比较好画了,见图 2-20 的 *B* 点。

正确地画出物体的受力图是分析、解决力学问题的基础。画受力图时必须注意如下几点:

(1)必须明确研究对象。根据求解需要,可以取单个物体为研究对象,也可以取由几个物体组成的系统为研究对象,不同的研究对象的受力图是不同的。

(2)正确确定研究对象受力的数目。由于力是物体之间相互的机械作用,因此,对每一个力都应明确它是哪一个施力物体施加给研究对象的,决不能凭空产生。同时,也不可漏掉一个力。一般可先画已知的主动力,再画约束力,凡是研究对象与外界接触的地方,都一定存在约束力。

(3)正确画出约束力。一个物体往往同时受到几个约束的作用,这时应分别根据每个约束本身的特性来确定其约束力的方向,而不能凭主观臆测。

(4)当分析两物体间相互的作用力时,应遵循作用、反作用关系。若作用力的方向一经假定,则反作用力的方向应与之相反。当画整个系统的受力图时,由于内力成对出现,组成平衡力系,因此不必画出,只需画出全部外力。

本 章 小 结

1. 基本概念

(1)力——物体间的相互作用。力是矢量。对一般物体而言,力是定位矢量;对刚体而言,力是滑移矢量。

(2)刚体——受力不变形的物体。

(3)约束——物体与物体之间接触和连接方式的简化模型,约束的作用是对与之连接物体的运动施加一定的限制条件。

(4)约束力——约束与被约束物体之间的相互作用力。

(5)平衡——刚体相对惯性系静止或作匀速直线平移。

2. 基本公理

(1) 二力平衡条件

作用在刚体上的两个力,使刚体处于平衡的充要条件是:这两个力大小相等,方向相反,且作用在同一直线上。

（2）作用与反作用定律

两个物体间的作用力与反作用力总是同时存在，且大小相等，方向相反，沿着同一条直线，分别作用在两个物体上。

（3）力的平行四边形法则

作用在物体上同一点的两个力，可以合成为一个合力。合力的作用点也在该点，合力的大小和方向，由这两个力为邻边构成的平行四边形的对角线确定。

（4）加减平衡力系公理

在已知力系中加上或减去任意的平衡力系，不会改变原力系对刚体的作用。

（5）刚化原理

变形体在某一力系作用下处于平衡，如果将此变形体刚化为刚体，其平衡状态保持不变。

3. 本章最重要的方法

受力分析方法的要领是选择合适的研究对象，正确分析约束和约束力，画出受力图。受力分析过程中要区分内力和外力，正确应用作用与反作用定律。

习 题

2-1 指出下列物体受力图的错误并改正。

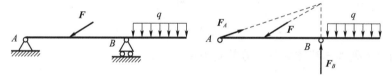

题 2-1 图

2-2 画出下列各物体的受力图。

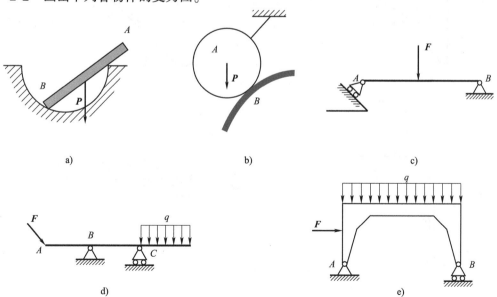

题 2-2 图

2-3 画出下列物体整体和各部分的受力图。

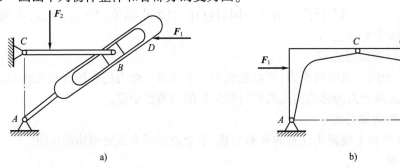

题 2-3 图

2-4 画出下列物体整体和各部分的受力图。

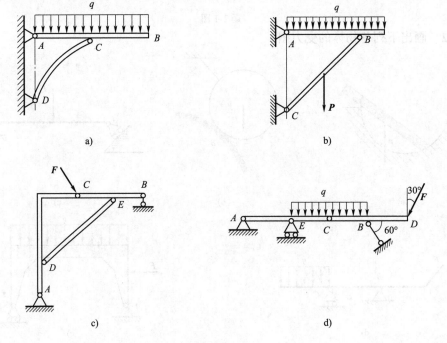

题 2-4 图

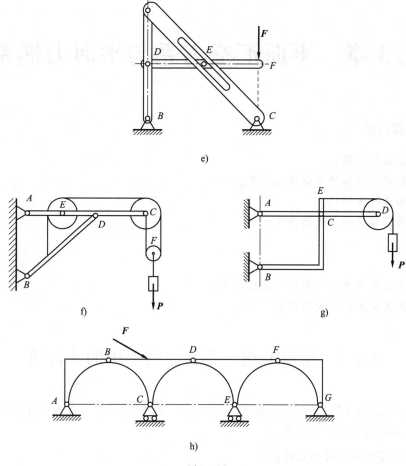

e)

f)

g)

h)

题 2-4 图

第3章　平面汇交力系与平面力偶系

本章主要内容

(1)力多边形法则。
(2)平面汇交力系的平衡方程及其应用。
(3)平面力对点的矩。
(4)平面力偶系的合成与平衡。

重点

(1)平面汇交力系的平衡方程及其应用。
(2)平面力偶系的合成与平衡。

§3.1　平面汇交力系合成与平衡的几何法

力的作用线均在同一平面内的力系称为平面力系,平面力系中各力的作用线均汇交于同一点的力系称为平面汇交力系。

1. 平面汇交力系合成的几何法

设汇交于 A 点的平面汇交力系由 4 个力 F_1,F_2,F_3 和 F_4 组成。根据力的三角形法则,将各力依次合成,即:$F_1 + F_2 = F_{12}$,$F_{12} + F_3 = F_{123}$,…,$F_{123} + F_4 = F_R$,如图 3-1a)、b)、c)所示,F_R 为最后的合成结果,即原力系的合力,显然合力的作用线必通过汇交点 A。

如图 3-1d)所示,求合力时可以不必作出 F_{12}、F_{123},而直接由汇交点 A 开始把力系中各分力矢首尾相接,由此组成一个不封闭的力多边形,第一个力矢的始点和最后一个力矢的终点的连线,即多边形的封闭边,为力系的合力矢。这种通过力多边形求合力的方法称为力多边形法则。改变分力的作图顺序,力多边形改变,如图 3-1e)所示,但其合力 F_R 不变。

由此看出,平面汇交力系的合成结果是一合力,合力的大小和方向由各力的矢量和确定,作用线通过汇交点。

合力矢量的表达式为

$$F_R = F_1 + F_2 + F_3 + \cdots + F_n = \sum_{i=1}^{n} F_i \tag{3-1}$$

式中,F_R 为合力矢;F_i 为各分力矢。

一般可以略去求和符号中的 $i=1,n$,这样,式(3-1)可以简写为

$$F_R = \sum F_i \tag{3-2}$$

当不会引起误会时,下标 i 也可省略。

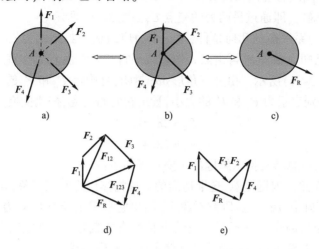

图　3-1

2. 平面汇交力系平衡的几何法

由于平面汇交力系可用其合力来代替,显然,平面汇交力系平衡的必要和充分条件是:该力系的合力等于零。如用矢量等式表示,即

$$\sum F_i = 0 \tag{3-3}$$

在平衡情形下,力多边形中最后一力的终点与第一力的起点重合,此时的力多边形称为封闭的力多边形。于是,可得如下结论:平面汇交力系平衡的必要和充分条件是:该力系的力多边形自行封闭,这就是平面汇交力系平衡的几何条件。

求解平面汇交力系的平衡问题时可用图解法,即按比例先画出封闭的力多边形,然后,用尺和量角器在图上量得所要求的未知量;也可根据图形的几何关系,用三角公式计算出所要求的未知量,这种解题方法称为几何法。

【**例3-1**】支架的横梁 AB 与斜杆 DC 彼此以铰链 C 连接,并各以铰链 A、D 连接于铅直墙上,如图 3-2a)所示。已知杆 $AC = CB$,杆 DC 与水平线成 $45°$ 角,铅直载荷 $F = 10\text{kN}$,作用于 B 处。设梁和杆的重量忽略不计,求铰链 A 的约束力和杆 DC 所受的力。

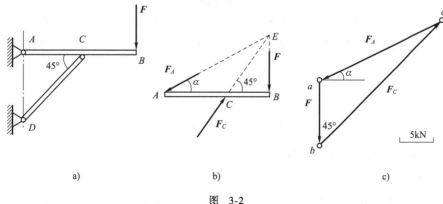

图　3-2

解:选取横梁 AB 为研究对象。横梁在 B 处受载荷 F 作用。DC 为二力杆,它对横梁 C

处的约束力 F_C 的作用线必沿两铰链 D、C 中心的连线。铰链 A 的约束力 F_A 的作用线可根据三力平衡汇交定理确定，即通过另两力的交点 E，如图 3-2b)所示。

根据平面汇交力系平衡的几何条件，这三个力应组成一封闭的力三角形。按照图中力的比例尺，先画出已知力 $ab = F$，再由点 a 作直线平行于 AE，由点 b 作直线平行 CE，这两直线相交于点 c，如图 3-2c)所示。由力三角形 abc 封闭，可确定 F_A 和 F_C 的指向。在力三角形中，线段 bc 和 ca 分别表示力 F_C 和 F_A 的大小，量出它们的长度，按比例换算得

$$F_C = 28.3\text{kN}$$
$$F_A = 22.4\text{kN}$$

通过以上例题，可总结几何法解题的主要步骤如下：

(1)选取研究对象。根据题意，选取适当的平衡物体作为研究对象，并画出简图。

(2)分析受力，画受力图。在研究对象上，画出它所受的全部已知力和未知力（包括约束力）。若某个约束力的作用线不能根据约束特性直接确定（如铰链），而物体又只受三个力作用，则可根据三力平衡必须汇交的条件确定该力的作用线。

(3)作力多边形或力三角形。选择适当的比例尺，作出该力系的封闭力多边形或封闭力三角形。必须注意，作图时总是从已知力开始。根据矢序规则和封闭特点，就可以确定未知力的指向。

(4)求出未知量。用比例尺和量角器在图上量出未知量，或者用三角公式计算出来。

§3.2　平面汇交力系合成与平衡的解析法

解析法是通过力矢在坐标轴上的投影来分析力系的合成及其平衡条件。

1. 力在正交坐标轴系的投影

如图 3-3 所示，已知力 F 与平面内正交轴 x、y 的夹角为 α、β，则力 F 在 x、y 轴上的投影分别为

$$\left.\begin{array}{l} F_x = F\cos\alpha \\ F_y = F\cos\beta \end{array}\right\} \tag{3-4}$$

力在轴上的投影是代数量，当力与轴正向夹角为锐角时，取正值；反之，取负值。

若已知力 F 在两个正交轴上的投影 F_x 和 F_y，如图 3-3 所示，则很容易确定出力 F 的大小和方向。

$$\left.\begin{array}{l} F = \sqrt{F_x^2 + F_y^2} \\ \cos\alpha = \dfrac{F_x}{F}, \cos\beta = \dfrac{F_y}{F} \end{array}\right\} \tag{3-5}$$

式中，α 和 β 分别是力 F 与 x 轴和 y 轴的正向夹角。

2. 力的分解

作用于一个点上的两个力，可由平行四边形法则唯一地合成一个合力；反之，一个力也可由平行四边形法则分解为两个力，这种分解显然不是唯一的。如果按正交轴分解，这种分

解就是唯一的。如图 3-3 所示，$\boldsymbol{F}_x$ 和 $\boldsymbol{F}_y$ 是按正交轴分解的两个分力。

3. 力在正交坐标轴系的投影和力正交分解的分力的关系

区别：力 $\boldsymbol{F}$ 沿正交轴分解的两个分力 $\boldsymbol{F}_x$ 和 $\boldsymbol{F}_y$ 是矢量，有大小、方向、作用线；力在正交轴上的投影 F_x 和 F_y 是代数量，无方向和作用线。

相同：力在正交轴上的投影 F_x、F_y 和正交分解的分力 $\boldsymbol{F}_x$ 和 $\boldsymbol{F}_y$ 的模数相同；投影的正、负号和分力的指向相同。

4. 合力投影定理

平面汇交力系（$\boldsymbol{F}_1$、$\boldsymbol{F}_2$、$\boldsymbol{F}_3$、$\boldsymbol{F}_4$），其多边形及合力矢如图 3-4 所示。各分力矢在 x 轴上的投影为

$$F_{1x} = ab, F_{2x} = bc, F_{3x} = cd, F_{4x} = de, F_{Rx} = ae$$

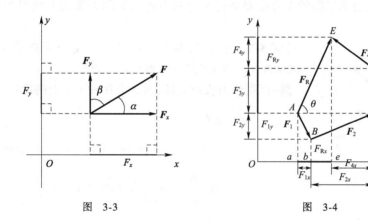

图 3-3　　　　　　　　　　　　图 3-4

因为

$$ae = ab + bc + cd + de$$

所以

$$F_{Rx} = F_{1x} + F_{2x} + F_{3x} + F_{4x} = \sum F_x$$

同理

$$F_{Ry} = \sum F_y$$

式中，F_{Rx}，F_{Ry} 分别是合力矢在 x、y 坐标轴上的投影；$\sum F_x$，$\sum F_y$ 分别是各分力矢在 x、y 坐标轴上的投影的代数和。

合力投影定理：平面汇交力系的合力在某一轴上的投影，等于力系中各力在同一轴上投影的代数和。

5. 平面汇交力系合成的解析法

由合力投影定理

$$\left.\begin{aligned} F_{Rx} &= \sum F_x \\ F_{Ry} &= \sum F_y \end{aligned}\right\} \tag{3-6}$$

合力大小

$$F_R = \sqrt{(F_{Rx})^2 + (F_{Ry})^2} = \sqrt{\left(\sum F_x\right)^2 + \left(\sum F_y\right)^2} \tag{3-7}$$

合力的方向余弦

$$\left.\begin{array}{c} \cos\alpha = \dfrac{F_{Rx}}{F_R} \\[3mm] \cos\beta = \dfrac{F_{Ry}}{F_R} \end{array}\right\} \tag{3-8}$$

也可将合力 $\boldsymbol{F}_R$ 写成解析表达式

$$\boldsymbol{F}_R = F_{Rx}\boldsymbol{i} + F_{Ry}\boldsymbol{j} \tag{3-9}$$

6. 平面汇交力系平衡的解析法

平面汇交力系平衡的充分必要条件是合力 F_R 等于零。由式(3-7)知 F_R 等于零等价于:

$$\left.\begin{array}{c} F_{Rx} = \sum F_x = 0 \\[2mm] F_{Ry} = \sum F_y = 0 \end{array}\right\} \tag{3-10}$$

于是,平面汇交力系平衡的充分必要条件是力系中各力在两坐标轴上投影的代数和均为零。

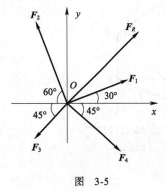

图　3-5

【例3-2】 求如图 3-5 所示平面汇交力系的合力。其中: $F_1 = 200\text{N}, F_2 = 300\text{N}, F_3 = 100\text{N}, F_4 = 250\text{N}$。

解: 根据合力投影定理,得合力在轴 x, y 上的投影分别为

$$F_{Rx} = \sum F_x$$

$$= F_1\cos30° - F_2\cos60° - F_3\cos45° + F_4\cos45°$$

$$= 200\,\frac{\sqrt{3}}{2} - 300\,\frac{1}{2} - 100\,\frac{\sqrt{2}}{2} + 250\,\frac{\sqrt{2}}{2}$$

$$= 129.3\text{N}$$

$$F_{Ry} = \sum F_y$$

$$= F_1\cos60° + F_2\cos30° - F_3\cos45° - F_4\cos45°$$

$$= 200\,\frac{1}{2} + 300\,\frac{\sqrt{3}}{2} - 100\,\frac{\sqrt{2}}{2} - 250\,\frac{\sqrt{2}}{2}$$

$$= 112.3\text{N}$$

合力的大小

$$F_R = \sqrt{F_{Rx}^2 + F_{Ry}^2} = \sqrt{129.3^2 + 112.3^2} = 171.3\text{N}$$

合力与轴 x, y 夹角的方向余弦为

$$\cos\alpha = \frac{F_{Rx}}{F_R} = 0.754$$

$$\cos\beta = \frac{F_{Ry}}{F_R} = 0.656$$

所以,合力与轴 x, y 的夹角分别为

$$\alpha = 40.99°, \beta = 49.01°$$

如图 3-5 所示,合力在图中已经标出。

【例**3-3**】水平力 **F** 作用在刚架的 **B** 点,如图3-6a)所示。如不计刚架重量,试求支座 A 和
D 处的约束力。

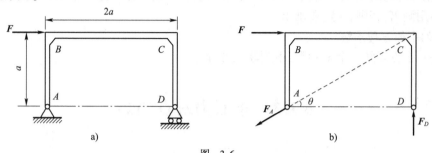

图　3-6

解:(1)取整体 *ABCD* 为研究对象,受力分析如图 3-6b)所示

(2)由平衡方程得

$$\sum F_x = 0,\ -F_A\cos\theta + F = 0$$

$$F_A = \frac{F}{\cos\theta} = \frac{\sqrt{5}F}{2} = 1.\,12F$$

$$\sum F_y = 0,\ -F_A\sin\theta + F_D = 0$$

$$F_D = F_A\sin\theta = \frac{\sqrt{5}F}{2}\cdot\frac{1}{\sqrt{5}} = \frac{F}{2}$$

【例**3-4**】连杆机构 *OABC* 受铅直力 **P** 和水平力 **F** 作用而在图3-7a)示位置平衡。已知
P =4kN,不计连杆自重,求力 **F** 的大小。

解:(1)取铰链 B 为研究对象,AB、BC 均为二力杆,画受力图[图 3-7b)]。

$$\sum F_y = 0,\ P\cos 60° - F_{BA}\cos 60° = 0,\ F_{BA} = P$$

(2)取铰链 A 为研究对象,AB、AO 均为二力杆,画受力图[图 3-7c)]。

$$\sum F_x = 0,\ F_{AB}\cos 30° - F = 0$$

$$F = F_{AB}\cos 30° = F_{BA}\cos 30° = P\cos 30° = \frac{\sqrt{3}P}{2}$$

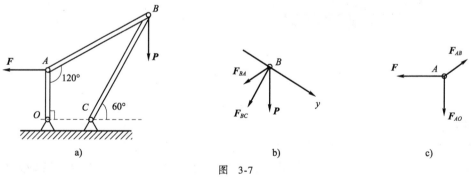

图　3-7

解题步骤及技巧:

(1)根据题意选取研究对象,正确画出其受力图。

说明:力的指向可以假设,如果求出的是负值,则说明力的指向与实际相反。对于二力
杆,一般可设为拉力,如果求出为负值,说明二力杆受压力。

（2）建立投影坐标。

应使所选坐标轴与尽可能多的未知量相垂直，若所选坐标轴为水平或铅直方向，则在受力图中不用画出，否则，一定要画出。

（3）列平衡方程求解。

最好一个方程解一个未知数，不列联立方程。

§3.3　平面力对点的矩

力对刚体的作用效应使刚体的运动状态发生改变（包括移动与转动），其中力对刚体的移动效应可用力矢来度量；而力对刚体的转动效应可用力对点的矩（简称力矩）来度量，即力矩是度量力对刚体转动效应的物理量。

1. 平面力对点的矩

如图 3-8 所示的扳手以螺母中心 O 为转动中心。经验证明，力 $\boldsymbol{F}$ 使扳手的转动效应取决于力 $\boldsymbol{F}$ 的大小、力的作用线到转动中心 O 的距离 d 和力 $\boldsymbol{F}$ 使扳手转动的方向。可用平面力 $\boldsymbol{F}$ 对 O 点的矩来表示这个转动效应。

O 点称为矩心，力的作用线到矩心 O 的距离 d 称为力臂，则在平面问题中力对点的矩的定义如下：

力对点的矩是一个代数量，它的绝对值等于力的大小与力臂的乘积，它的正负可按下法确定：力使物体绕矩心逆时针转向转动时为正，反之为负。力矩的单位为 N·m。

力 $\boldsymbol{F}$ 对于点 O 的矩以记号 $M_O(\boldsymbol{F})$ 表示，于是，计算公式为

$$M_O(\boldsymbol{F}) = \pm Fd \tag{3-11}$$

由图 3-9 可知，力 $\boldsymbol{F}$ 对点 O 的矩的大小也可用三角形 OAB 面积的两倍表示，即

$$M_O(\boldsymbol{F}) = \pm 2A_{\triangle OAB} \tag{3-12}$$

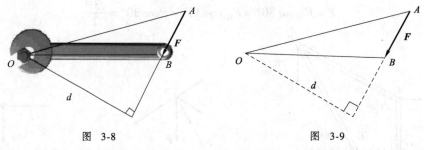

图 3-8　　　　　　　　　　图 3-9

注意：

（1）力矩的大小及正负与矩心位置有关，故应表示出矩心位置。

（2）力对点的矩，不因该力的作用点沿其作用线移动而改变（因力及力臂的大小均未改变）。

（3）当 $d = 0$，即力的作用线通过矩心时，力矩为零。

2. 合力矩定理

定理：平面汇交力系的合力对于平面内任一点之矩等于所有各分力对于该点之矩的代

数和。

$$M_O(\boldsymbol{F}_R) = \sum M_O(\boldsymbol{F}_i) \qquad (3\text{-}13)$$

根据此定理,如图 3-10 所示,将力 $\boldsymbol{F}$ 沿坐标分解得分力 $\boldsymbol{F}_x$、$\boldsymbol{F}_y$,则力对点之矩解析表达式为

$$M_O(\boldsymbol{F}) = M_O(\boldsymbol{F}_x) + M_O(\boldsymbol{F}_y) \qquad (3\text{-}14)$$

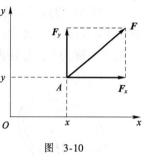

图 3-10

当力臂不好确定时,将力分解来求力对某点之矩较方便。

【例 3-5】如图 3-11a)所示圆柱直齿轮,受到啮合力 $\boldsymbol{F}$ 的作用。设 $F = 1400$N。压力角 $\alpha = 20°$,齿轮的节圆(啮合圆)的半径 $r = 60$mm,试计算力 $\boldsymbol{F}$ 对于轴心 O 的力矩。

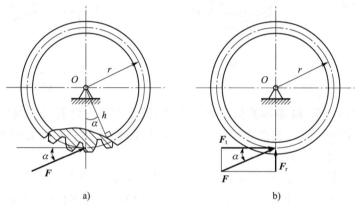

图 3-11

解:方法一,根据力矩的定义求,即

$$
\begin{aligned}
M_O(\boldsymbol{F}) &= Fh = Fr\cos\alpha \\
&= 1400 \times 60 \times \cos20° \\
&= 78.93\text{N} \cdot \text{m}
\end{aligned}
$$

方法二,根据合力矩定理,将力 $\boldsymbol{F}$ 分解为圆周力 $\boldsymbol{F}_t$ 和径向力 $\boldsymbol{F}_r$[图 3-11b)],则

$$
\begin{aligned}
M_O(\boldsymbol{F}) &= M_O(\boldsymbol{F}_r) + M_O(\boldsymbol{F}_t) \\
&= 0 + F_t r \\
&= F\cos\alpha \cdot r \\
&= 1400 \times \cos20° \times 60 \\
&= 78.93\text{N} \cdot \text{m}
\end{aligned}
$$

由此可见,以上两种方法的计算结果是相同的。

§3.4　平面力偶理论

1.力偶与力偶矩

在实践中,我们有时可见到两个大小相等、方向相反、作用线平行而不重合的力作用于

物体的情形。例如,汽车司机用双手转动驾驶盘[图 3-12a)]、电动机的定子磁场对转子作用电磁力使之旋转[图 3-12b)]。

力学中,将这种大小相等、方向相反、作用线平行而不重合的两个力组成的力系,称为力偶,用符号(F, F')表示。力偶中两力作用线间的垂直距离 d(图 3-13),称为力偶臂,力偶所在的平面称为力偶作用面。

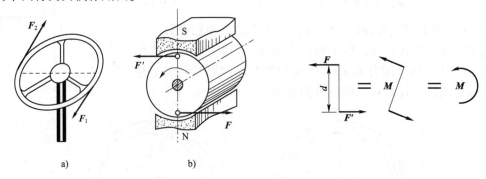

图 3-12   图 3-13

平面力系中最简单、最基本的除了单个力外,就是力偶。力偶只能改变物体的转动状态,力偶不能合成为一个力,自然也不能用一个力来平衡,力偶只能用力偶来平衡。力和力偶是静力学的两个基本要素。

力偶对物体的转动效应,可用力偶矩来度量,即用力偶的两个力对其作用面内某点的矩的代数和来度量。力偶的作用效应决定于力的大小和力偶臂的长短,与矩心的位置无关。力与力偶臂的乘积称为力偶矩,用 M 表示。力偶在平面内的转向不同,其作用效应也不相同。因此,平面力偶对物体的作用效应,由以下两个因素决定:

(1)力偶矩的大小。

(2)力偶在作用平面内的转向。

因此力偶矩可视为代数量,即

$$M = \pm Fd \tag{3-15}$$

力偶矩是力偶使物体转动效果的度量。平面力偶矩是一个代数量,其绝对值等于力的大小与力偶臂的乘积,正负号表示力偶的转向:一般以逆时针转向为正,反之则为负。力偶矩的单位与力矩相同,也是 N·m。

2. 同平面内两力偶的等效定理

定理:在同平面内的两个力偶,如果力偶矩相等,则两力偶彼此等效。

由此可得两个推论:

(1)任一力偶可以在它的作用面内任意移转,而不改变它对刚体的作用。因此,力偶对刚体的作用与力偶在其作用面内的位置无关。

(2)只要保持力偶矩的大小和力偶的转向不变,可以同时改变力偶中力的大小和力偶臂的长短,而不改变力偶对刚体的作用。

由此可见,力偶臂和力的大小都不是力偶的特征量,只有力偶矩是力偶作用的唯一量度。今后常用图 3-13 所示的符号表示力偶,M 为力偶的矩。

3. 平面力偶系的合成与平衡

(1)平面力偶系的合成

设在刚体的某一平面内有两个力偶 M_1，M_2，如图 3-14a)所示，将其等效变换为有公共力偶臂 d 的两个力偶(F_1，F_1')和(F_2，F_2')，如图 3-14b)所示，则

$$F_1 = F_1' = \frac{M_1}{d}, F_2 = F_2' = -\frac{M_2}{d}$$

将其合成为一个力偶，如图 3-14c)所示，则

$$M = Fd = (F_1 - F_2)d = F_1d - F_2d = M_1 + M_2$$

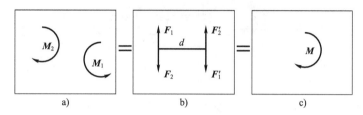

图　3-14

上述结论推广到 n 个力偶的合成，即平面力偶系可以合成一个合力偶，合力偶的力偶矩等于各分力偶矩的代数和，即

$$M = M_1 + M_2 + \cdots + M_n = \sum M_i \tag{3-16}$$

式中，M 为合力偶矩，M_1，M_2，$\cdots$，M_n 为各分力偶矩。

(2)平面力偶系的平衡

由合成结果可知，力偶系平衡时，其合力偶的矩等于零。因此，平面力偶系平衡的必要和充分条件是：所有各力偶矩的代数和等于零，即

$$\sum M_i = 0 \tag{3-17}$$

【例3-6】圆弧杆 AB 与折杆 BCD 在 B 处铰接，A、C 二处均为固定铰支座，结构受力如图 3-15a)所示，图中 $l = 2r$。若 r、M 均为已知，试求 A、C 二处的约束力。

解：(1)受力分析，确定研究对象

圆弧杆两端 A、B 均为铰链，中间无外力作用，因此圆弧杆为二力杆。A、B 二处的约束力 F_A 和 F_B 大小相等、方向相反并且作用线与 AB 连线重合，其受力图如图 3-15b)所示。若以圆弧杆作为研究对象，不能确定未知力的数值。所以，只能以折杆 BCD 作为研究对象。

折杆 BCD 在 B 处的约束力 F_B' 与圆弧杆上 B 处的约束力 F_B 互为作用力与反作用力，故二者方向相反；C 处为固定铰支座，本有一个方向待定的约束力，但由于作用在折杆上的只有一个外加力偶，因此，为保持折杆平衡，约束力 F_C 和 F_B' 必须组成一力偶，与外加力偶平衡，于是折杆的受力如图 3-15c)所示。

(2)应用平衡方程确定约束力

根据平面力偶系平衡方程，对于折杆有

$$\sum M = 0, M + M_{BC} = 0 \tag{a}$$

其中 M_{BC} 为力偶(F_B'，F_C)的力偶矩，即

$$M_{BC} = -F_C d = -F_C \overline{CE} \tag{b}$$

根据图 3-15c)所示之几何关系,有

$$\overline{CE} = \frac{\sqrt{2}}{2}r + \frac{\sqrt{2}}{2}l = \frac{3\sqrt{2}}{2}r \tag{c}$$

将式(c)代入式(b),再代入(a),求得

$$F_C = F_B = F_A = \frac{\sqrt{2}M}{3r}$$

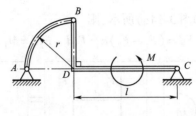

a)

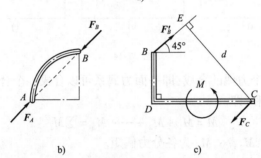

b)　　　　　　　c)

图　3-15

【例3-7】如图3-16a)所示,杆 AB 作用力偶矩 $M_1 = 8\text{kN} \cdot \text{m}$,杆 AB 长为1m, CD 长为0.8m,为使机构保持平衡,试求作用在杆 CD 上的力偶矩 M_2。

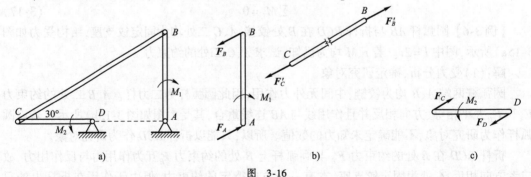

a)　　　　　　　b)　　　　　　　c)

图　3-16

解:(1)选杆 AB 为研究对象,由于 BC 是二力杆,因此杆 AB 的两端受有沿 BC 的约束力 F_A 和 F_B,构成力偶,如图3-16b)所示。由平衡方程

$$\sum M = 0, F_A \cdot l \cdot \sin 60° - M_1 = 0$$

得

$$F_B = F_A = \frac{M_1}{l \cdot \sin 60°} = \frac{8 \times 2}{\sqrt{3}} = 9.24\text{kN}$$

(2)选杆 CD 为研究对象,受力如图3-16c)所示,由平衡方程

$$\sum M = 0, M_2 - F_C \times 0.8\sin 30° = 0$$

由于 $F_A = F_B = F'_B = F'_C = F_C = F_D$，则

$$M_2 = F_C \times 0.8\sin 30° = 9.24 \times 0.8\sin 30° = 3.7\text{kN} \cdot \text{m}$$

本 章 小 结

1. 平面汇交力系的合成

平面汇交力系可以合成为通过汇交点的一个合力。

$$F_R = \sum F_i$$

(1)几何法:力多边形的封闭边表示力系的合力的大小和方向。

(2)解析法:合力的大小和方向根据合力投影定理由下式确定:

$$\begin{cases} F_R = \sqrt{{F_{Rx}}^2 + {F_{Ry}}^2} = \sqrt{\left(\sum F_x\right)^2 + \left(\sum F_y\right)^2} \\ \cos(F_R, i) = \dfrac{F_{Rx}}{F_R} = \dfrac{\sum F_x}{F_R}, \cos(F_R, j) = \dfrac{F_{Ry}}{F_R} = \dfrac{\sum F_y}{F_R} \end{cases}$$

2. 平面汇交力系的平衡

平面汇交力系平衡的充要条件是合力为零。

$$\sum F_i = 0$$

(1)平面汇交力系平衡的几何条件:力的多边形自行封闭。

(2)平面汇交力系平衡的解析条件

力系中各力在直角坐标轴上的投影的代数和均为零。

平面汇交力系的平衡方程:

$$\begin{cases} \sum F_x = 0 \\ \sum F_y = 0 \end{cases}$$

两个独立的平衡方程,可以求解两个未知力。

3. 平面力偶系

(1)合力矩定理:平面汇交力系的合力对力系所在平面内任意点之矩等于力系中各力对同一点之矩的代数和。即

$$M_O(F_R) = \sum M_O(F_i)$$

(2)力偶与力偶矩

力偶:由两个大小相等、方向相反且不共线的平行力组成的力系。

力偶矩:力偶中力的大小与力偶臂的乘积,它是代数量。即

$$M = \pm Fd$$

符号规定:力偶使物体逆时针转动时为正,反之为负。

平面力偶的性质:

①力偶没有合力,不能与一个力等效,也不能与一个力平衡;

②力偶只能与一个力偶等效或平衡;

③力偶矩与矩心点位置无关。

平面力偶的等效定理:在同一平面内两个力偶等效的必要与充分条件是两个力偶矩相等。

(3)平面力偶系的合成

合力偶矩等于力偶系中各力偶矩的代数和。即

$$M = \sum M_i$$

(4)平面力偶系的平衡条件

力偶系中各力偶矩的代数和等于零。

平面力偶系的平衡方程:

$$M = \sum M_i = 0$$

习　　题

3-1　图示结构中,A、C、D 三处均为铰链约束。横杆 AB 在 B 处承受集中载荷 F_P。结构各部分尺寸均示于图中,若已知 F_P 和 l,试求撑杆 CD 的受力以及 A 处的约束力。

3-2　试求机构在图示位置保持平衡时主动力系的关系。

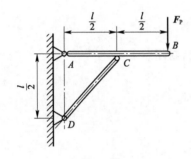

题 3-1 图

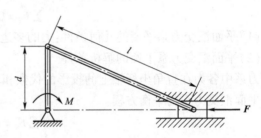

题 3-2 图

3-3　杆 AC、BC 在 C 处铰接,另一端均与墙面铰接,如图所示,F_1 和 F_2 作用在销钉 C 上,$F_1 = 445\text{N}$,$F_2 = 535\text{N}$,不计杆重,试求两杆所受的力。

3-4　在四连杆机构 $ABCD$ 的铰链 B 和 C 上分别作用有力 F_1 和 F_2,机构在图示位置平衡。试求平衡时力 F_1 和 F_2 的大小之间的关系。

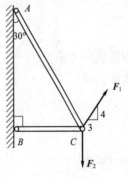

题 3-3 图

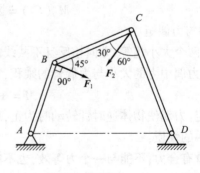

题 3-4 图

3-5　如图所示结构由两弯杆 ABC 和 DE 构成。构件重量不计,图中的长度单位为 cm。已知 F = 200N,试求支座 A 和 E 的约束力。

3-6　已知梁 AB 上作用一力偶,力偶矩为 M,梁长为 l,梁重不计。求在图 a、b、c 三种情况下,支座 A 和 B 的约束力。

3-7　直角杆 CDA 和 BDE 在 D 处铰接,如图所示,系统受力偶 M 作用,各杆自重不计,试求支座 A、B 处的约束力。

3-8　在图示结构中二曲杆自重不计,曲杆 AB 上作用有主动力偶,其力偶矩为 M,试求 A 和 C 点处的约束力。

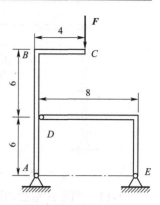

题 3-5 图

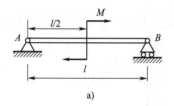

a)

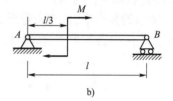

b)

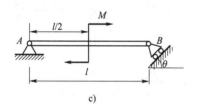

c)

题 3-6 图

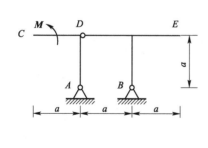

题 3-7 图

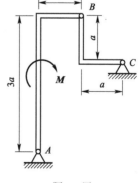

题 3-8 图

3-9　四连杆机构在图示位置平衡。已知 OA = 60cm,BC = 40cm,作用 BC 上的力偶矩大小为 $M_2 = 1$N·m,试求作用在 OA 上的力偶矩大小 M_1 和 AB 所受的力 F_{AB}(各杆重量不计)。

3-10　在图示结构中,各构件的自重都不计,在构件 BC 上作用一力偶矩为 M 的力偶,各尺寸如图所示,求支座 A 的约束力。

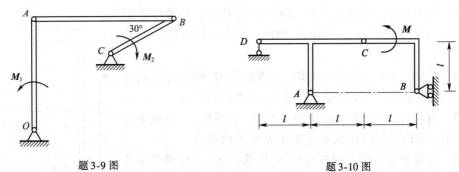

题 3-9 图   题 3-10 图

3-11 两不计重量的薄板支承如图所示,并受力偶矩为 M 的力偶作用,试画出支座 A、F 的约束力方向(包括方位与指向)。

3-12 图示的机构中,由直角弯杆 ACE、BCD 和直杆 DE 铰接而成,不计各杆自重,已知在直杆 DE 上作用力偶矩为 M,试求 A、B、C、D、E 的约束力。

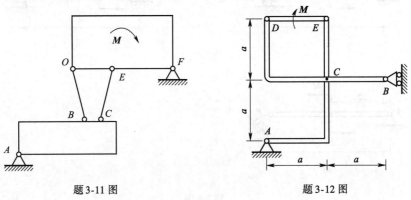

题 3-11 图   题 3-12 图

第4章　平面任意力系

本章主要内容

(1)力的平移定理、力系主矢和主矩的概念。
(2)平面任意力系的简化、简化结果的讨论及应用。
(3)平面任意力系的平衡及应用。
(4)物体系统的平衡及应用。
(5)静定和超静定的概念。

重点

物体系统平衡方程的应用。

工程中经常遇到平面任意力系的问题,即作用在物体上的力的作用线都分布在同一平面内(或近似地分布在同一平面内),并呈任意分布的力系。当物体所受的力都对称于某一平面时,也可将它视作平面任意力系问题。

本章将在前面两章的基础上,详述平面任意力系的简化和平衡问题,并介绍平面简单桁架的内力计算。

§4.1　平面任意力系的简化

1.力的平移定理

力的平移定理是力系向一点简化的依据。

定理: 可以把作用在刚体上点 A 的力 F 平行移到任一点 O,但必须同时附加一个力偶,这个附加力偶的矩等于原来的力 F 对新作用点 O 的矩。

证明: 图4-1a)中的力 F 作用于刚体的点 A。在刚体上任取一点 O,并在点 O 加上两个等值反向的力 F' 和 F'',使它们与力 F 平行,且 $F' = -F''$,如图4-1b)所示。显然,三个力 F、F'、F'' 组成的新力系与原来的一个力 F 等效。同时,这三个力可看作是一个作用在点 O 的力 F' 和一个力偶(F,F'')。这样,就把作用于点 A 的力 F 平移到另一点 O,但同时附加上一个相应的力偶,这个力偶称作附加力偶[图4-1c)]。显然,附加力偶的矩为

$$M_O = Fd$$

其中 d 为附加力偶的臂,也就是点 O 到力 F 的作用线的垂距,因此 Fd 也等于力 F 对点 O 的矩 $M_O(F)$。

　　根据力的平移定理,也可以将平面内的一个力和一个力偶合成为一个力,合成的过程就是图 4-1 的逆过程。

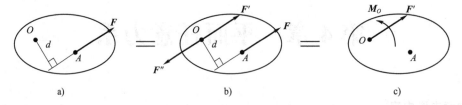

图 4-1

　　力的平移定理不仅是力系向一点简化的依据,而且可用来解释一些实际问题。例如,攻丝时,必须用两手握扳手,而且用力要相等。为什么不允许用一只手扳动扳手呢[图 4-2a)]? 因为作用在扳手 AB 一端的力 F,与作用在点 C 的一个力 F' 和一个矩为 M 的力偶[图 4-2b)]等效。这个力偶使丝锥转动,而这个力 F' 却往往使攻丝不正,甚至折断丝锥。

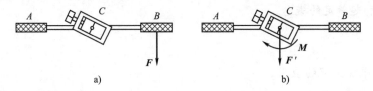

图 4-2

2. 平面任意力系向作用面内一点简化

　　设物体上作用有三个力 F_1、F_2、F_3 和一个力偶 M_4 组成的平面任意力系,如图 4-3a)所示。在平面内任取一点 O,称为简化中心;应用力的平移定理,把各力都平移到点 O。这样,得到作用于点 O 的力 F_1'、F_2'、F_3',以及相应的附加力偶,其矩分别为 M_1、M_2 和 M_3,还有原有力系中的 M_4,如图 4-3b)所示。这些力偶作用在同一平面内,它们的矩分别等于力 F_1、F_2、F_3 对点 O 的矩,即

$$M_1 = M_O(F_1)$$
$$M_2 = M_O(F_2)$$
$$M_3 = M_O(F_3)$$
$$M_4 = M_4$$

　　这样,平面任意力系分解成了两个简单力系:平面汇交力系和平面力偶系。然后,再分别合成这两个力系。

　　平面汇交力系 F_1'、F_2'、F_3' 均可合成为作用线通过点 O 的一个力 F_R',如图 4-3c)所示。即

$$F_R' = F_1' + F_2' + F_3' = F_1 + F_2 + F_3 = \sum F_i \tag{4-1}$$

　　式中,F_R' 为平面任意力系中所有各力的矢量和,称为原力系的主矢,简称主矢。它的大小和方向与简化中心的选择无关。

　　平面力偶系 M_1、M_2、M_3、M_4 可合成为一个力偶,如图 4-3c)所示。这个力偶的矩 M_O 等于各力偶矩的代数和。由于附加力偶矩等于力对简化中心的矩,所以

$$M_O = M_1 + M_2 + M_3 + M_4 = M_O(F_1) + M_O(F_2) + M_O(F_3) + M_4$$
$$= \sum M_O(F_i) \tag{4-2}$$

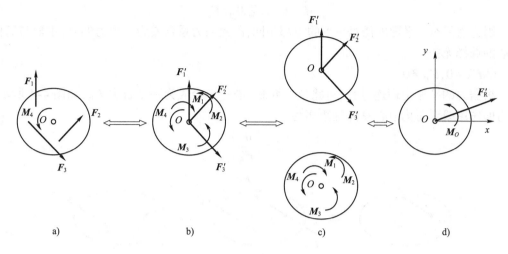

图　4-3

式中，M_O 为平面任意力系对于简化中心 O 的主矩，即 M_O 等于原来各力对点 O 的矩的代数和，它的大小和转向一般与简化中心的选择有关。

在一般情形下，平面任意力系向作用面内任选一点 O 简化，可得一个力和一个力偶，如图 4-3d) 所示，这个力等于该力系的主矢，作用线通过简化中心 O；这个力偶的矩等于该力系对于点 O 的主矩。

取坐标系 Oxy，如图 4-3d) 所示，i、j 为沿 x、y 轴的单位矢量，则力系主矢的解析表达式为

$$F'_R = F'_{Rx} i + F'_{Ry} j = \sum F_x i + \sum F_y j \tag{4-3}$$

式中，F'_{Rx}，F'_{Ry} 分别是主矢在 x、y 坐标轴上的投影；$\sum F_x$，$\sum F_y$ 分别是各分力矢在 x、y 坐标轴上的投影的代数和。

主矢的大小

$$F'_R = \sqrt{(F'_{Rx})^2 + (F'_{Ry})^2} = \sqrt{(\sum F_x)^2 + (\sum F_y)^2} \tag{4-4}$$

主矢的方向余弦

$$\cos\alpha = \frac{F'_{Rx}}{F_R}, \cos\beta = \frac{F'_{Ry}}{F_R} \tag{4-5}$$

3. 平面任意力系简化结果

平面任意力系向作用面内一点简化的结果，可能有四种情况，即：①$F'_R \neq 0$，$M_O = 0$；②$F'_R = 0$，$M_O \neq 0$；③$F'_R \neq 0$，$M_O \neq 0$；④$F'_R = 0$，$M_O = 0$。下面对这几种情况作进一步的分析讨论。

①$F'_R \neq 0$，$M_O = 0$

力系与一个力 F'_R 等效，即原力系简化为一个合力。显然，此时的 F'_R 就是原力系的合力，而合力的作用线恰好通过选定的简化中心 O。

$$F'_R = \sum F_i$$

②$F'_R = 0$，$M_O \neq 0$

力系与一个力偶等效，即力系简化为一个合力偶，其合力偶矩即为主矩，即

$$M = M_O = \sum M_O(\boldsymbol{F}_i)$$

因为力偶对于平面内任意一点的矩都相同,因此当力系合成为一个力偶时,主矩与简化中心的选择无关。

③$\boldsymbol{F}_R' \neq 0, M_O \neq 0$

根据力的平移定理逆过程,可将 $\boldsymbol{F}_R'$ 和 M_O 进一步合成为一个合力 $\boldsymbol{F}_R$,如图4-4所示。合力的作用线到简化中心 O 点的距离为

$$d = \left| \frac{M_O}{\boldsymbol{F}_R'} \right|$$

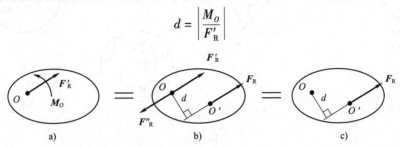

图 4-4

合力矩定理:平面任意力系的合力对于平面内任一点之矩等于所有各分力对于该点之矩的代数和。即

$$M_O(\boldsymbol{F}_R) = \sum M_O(\boldsymbol{F}_i)$$

证明:由图4-4可知

$$M_O(\boldsymbol{F}_R) = F_R d = M_O$$

M_O 为平面任意力系对于简化中心 O 的主矩,即

$$M_O = \sum M_O(\boldsymbol{F}_i)$$

故 $\qquad\qquad M_O(\boldsymbol{F}_R) = \sum M_O(\boldsymbol{F}_i)$

④$\boldsymbol{F}_R' = 0, M_O = 0$

此时力系处于平衡状态。下节讨论。

由以上讨论可知,不平衡的平面任意力系的简化结果只能是一个力或一个力偶。

4. 平面任意力系的简化结果的应用

(1)固定端(插入端)支座的约束力

现利用平面任意力系向一点简化的方法,分析固定端(插入端)支座的约束力。

固定端约束是建筑中常见的一种约束类型,例如:如图4-5a)所示的房屋的雨篷和图4-5b)所示的车刀和工件分别夹持在刀架和卡盘上固定不动,这种约束称为固定端或插入端支座,其简图如图4-5c)所示。

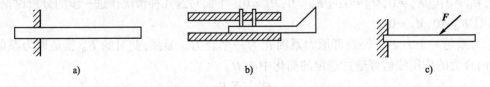

图 4-5

固定端支座对物体的作用,是在接触面上作用了一群约束力。在平面问题中,这些力为

一平面任意力系,如图 4-6a) 所示。将这群力向作用平面内点 A 简化得到一个力和一个力偶,如图 4-6b) 所示。一般情况下这个力的大小和方向均为未知量,可用两个未知分力来代替。因此,在平面力系情况下,固定端 A 处的约束作用可简化为两个约束力 F_{Ax}、F_{Ay} 和一个矩为 M_A 的约束力偶,如图 4-6c) 所示。固定端支座除了限制物体在水平方向和铅直方向移动外,还能限制物体在平面内转动。

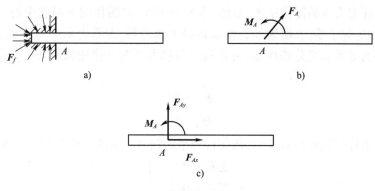

图　4-6

（2）确定分布载荷的合力及合力作用点

利用合力矩定理,可以很方便地确定出分布载荷的合力作用线的位置。沿直线且垂直于该直线分布的同向线载荷,其合力的大小等于载荷图形的面积,方向与分布载荷相同,合力作用线通过载荷图的形心。三角形分布载荷、均布载荷的合力和合力作用线的位置如图 4-7a)、b) 所示;梯形分布载荷,如图 4-7c) 所示,可由均布载荷和三角形分布载荷叠加而成。

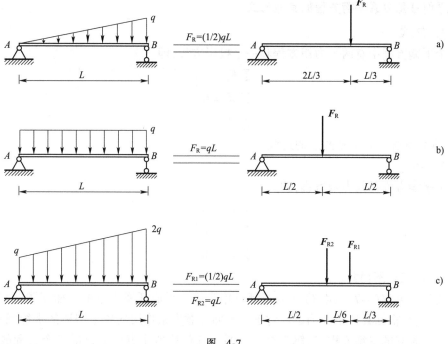

图　4-7

§4.2　平面任意力系的平衡

1. 平面任意力系的平衡条件与平衡方程

根据平面任意力系的简化结果,显然,主矢等于零,表明作用于简化中心 O 的汇交力系为平衡力系;主矩等于零,表明附加力偶系也是平衡力系,即原力系必为平衡力系。即平面任意力系平衡的必要和充分条件是:力系的主矢和力系对其作用面内任一点的主矩都等于零,即

$$\left.\begin{array}{l} \boldsymbol{F}'_{\mathrm{R}x} = 0 \\ M_O = 0 \end{array}\right\} \tag{4-6}$$

这些平衡条件可用解析式表示,从而得到平面任意力系的平衡方程的基本形式为

$$\left.\begin{array}{l} \sum F_x = 0 \\ \sum F_y = 0 \\ \sum M_0(\boldsymbol{F}) = 0 \end{array}\right\} \tag{4-7}$$

由此可得结论,平面任意力系平衡的解析条件是:所有各力在两个任选的坐标轴上的投影的代数和分别等于零,以及各力对于任意一点的矩的代数和也等于零。式(4-7)称为平面任意力系的平衡方程。

式(4-7)有三个方程,只能求解三个未知数。

2. 平面任意力系平衡方程的其他形式

(1)二矩式

三个平衡方程中有两个力矩方程和一个投影方程,即

$$\left.\begin{array}{l} \sum F_x = 0 \\ \sum M_A = 0 \\ \sum M_B = 0 \end{array}\right\} \tag{4-8}$$

条件:x 轴不得垂直于 A、B 两点的连线。

(2)三矩式

三个平衡方程都是力矩方程,即

$$\left.\begin{array}{l} \sum M_A = 0 \\ \sum M_B = 0 \\ \sum M_C = 0 \end{array}\right\} \tag{4-9}$$

条件:A、B、C 三点不得共线。

上述三组方程(4-7)、(4-8)、(4-9)都可用来解决平面任意力系的平衡问题。究竟选用哪一组方程,须根据具体条件确定。对于受平面任意力系作用的单个刚体的平衡问题,只可以写出三个独立的平衡方程,求解三个未知量。任何第四个方程只是前三个方程的线性组合,因而不是独立的,可以利用这个方程来校核计算的结果。

需要说明的是,在具体应用时,如果所列平衡方程能解出新的未知量,则它一定是独立的。在这种情况下,可以不必考虑平衡方程的限制条件。

受到约束的物体,在外力的作用下处于平衡,应用力系的平衡方程可以求出未知约束力。

求解过程按照以下步骤进行:

(1)根据题意选取研究对象,取出分离体。

(2)分析研究对象的受力情况,正确地在分离体上画出受力图。

(3)应用平衡方程求解未知量。

应当注意判断所选取的研究对象受到何种力系作用,所列出的方程个数不能多于该种力系的独立平衡方程个数,并注意列方程时力求一个方程中只出现一个未知量,尽量避免解联立方程。

【例4-1】已知:悬臂梁如图 4-8a)所示,$F = 5\text{kN}$,$q = 8\text{kN/m}$,$\alpha = 30°$,$L = 3\text{m}$,求:A 端约束力。

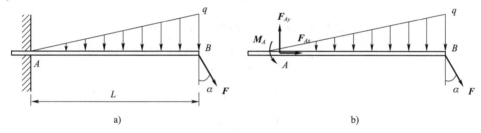

图　4-8

解:以 AB 为研究对象,画受力图 4-8b)。属平面任意力系,有三个未知量。

$$\sum F_x = 0, F_{Ax} + F \cdot \sin 30° = 0$$

$$F_{Ax} = -F \cdot \sin 30° = -\frac{F}{2} = -2.5\text{kN}$$

负值表示和假设的受力方向相反。

$$\sum F_y = 0, F_{Ay} - F\cos 30° - \frac{1}{2}qL = 0$$

$$F_{Ay} = F\cos 30° + \frac{1}{2}qL$$

$$= 5 \times \frac{\sqrt{3}}{2} + \frac{1}{2} \times 8 \times 3 = 16.33\text{kN}$$

$$\sum M_A = 0, M_A - F\cos 30° \times L - \frac{1}{2}qL \times \frac{2}{3}L = 0$$

$$M_A = F\cos 30° \times L + \frac{1}{2}qL \times \frac{2}{3}L$$

$$= 5 \times \frac{\sqrt{3}}{2} \times 3 + \frac{1}{2} \times 8 \times 3 \times \frac{2}{3} \times 3 = 37\text{kN} \cdot \text{m}$$

【例4-2】简支梁 AB 的支承和受力如图 4-9a)所示,已知:$q = 2\text{kN/m}$,力偶矩 $M = 2\text{kN} \cdot \text{m}$,梁的跨度 $l = 6\text{m}$,$\theta = 30°$。若不计梁的自重,试求 A、B 支座的约束力。

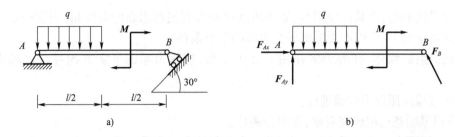

图 4-9

解：以 AB 为研究对象,画受力图 4-9b)。属平面任意力系,有三个未知量,可以求解。为避免列联立方程,先对 A 点列力矩方程。

$$\sum M_A = 0, F_B \cdot \cos30° \cdot l - \frac{1}{2}q\left(\frac{l}{2}\right)^2 - M = 0$$

$$F_B = \frac{11}{9}\sqrt{3}\text{kN}$$

$$\sum F_y = 0, F_{Ay} + F_B\cos30° - q \cdot \frac{l}{2} = 0$$

$$F_{Ay} = \frac{25}{6}\text{kN}$$

$$\sum F_x = 0, F_{Ax} - F_B\sin30° = 0$$

$$F_{Ax} = \frac{11}{18}\sqrt{3}\text{kN}$$

平衡方程解得的结果均为正值,说明图 4-9b)中所设约束力的方向均与实际方向相同。

【例 4-3】 如图 4-10a),已知:杆重不计,均质三角板重 W,各边长为 a,M 为已知,求:三杆对板的约束力。

解：以三角板为研究对象,画受力[图 4-10b)]。属平面任意力系,有三个未知量,可以求解。图中 A、B、C 三点均为两个力的交点,故利用三矩式求解可以不用解联立方程。

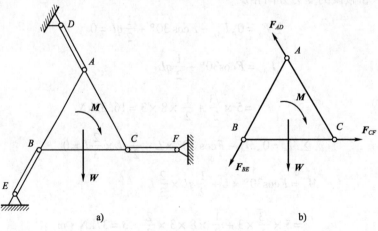

图 4-10

$$\sum M_A = 0, F_{CF} \cdot \frac{\sqrt{3}}{2}a - M = 0$$

$$F_{CF} = \frac{2\sqrt{3}M}{3a}$$

$$\sum M_B = 0, F_{AD} \cdot \frac{\sqrt{3}}{2}a - M - W \cdot \frac{a}{2} = 0$$

$$F_{AD} = \frac{2\sqrt{3}M}{3a} + \frac{\sqrt{3}}{3}W$$

$$\sum M_C = 0, F_{BE} \cdot \frac{\sqrt{3}}{2}a - M + W \cdot \frac{a}{2} = 0$$

$$F_{BE} = \frac{2\sqrt{3}M}{3a} - \frac{\sqrt{3}}{3}W$$

§4.3　刚体系统的平衡

1. 静定和超静定问题

工程中,如组合构架、三铰拱等结构,都是由几个物体组成的系统。当物体系统平衡时,组成该系统的每一个物体都处于平衡状态,因此对于每一个受平面任意力系作用的物体,均可写出三个平衡方程。如物体系统由 n 个物体组成,则共有 $3n$ 个独立方程。当系统中有的物体受平面汇交力系或平面平行力系作用时,则系统的平衡方程数目相应减少。当系统中的未知量数目等于独立平衡方程的数目时,则所有未知数都能由平衡方程求出,这样的问题称为静定问题。显然前面列举的各例都是静定问题。在工程实际中,有时为了提高结构的刚度和坚固性,常常增加多余的约束,因而使这些结构的未知量的数目多于平衡方程的数目,未知量就不能全部由平衡方程求出,这样的问题称为超静定问题或静不定问题。系统未知量数目与独立平衡方程数目的差称为超静定次数。对于超静定问题,必须考虑物体因受力作用而产生的变形,加列某些补充方程后才能使方程的数目等于未知量的数目。超静定问题已超出刚体静力学的范围,须在材料力学和结构力学中研究。

应当指出的是,这里说的静定与超静定问题,是对整个系统而言的。若从该系统中取出一分离体,它的未知量的数目多于它的独立平衡方程的数目,并不能说明该系统就是超静定问题,而要分析整个系统的未知量数目和独立平衡方程的数目。

图 4-11 是单个物体 AB 梁的平衡问题,对 AB 梁来说,所受各力组成平面任意力系,可列 3 个独立的平衡方程。图 4-11a)中的梁有 3 个未知约束力,等于独立的平衡方程的数目,属于静定问题;图 4-11b)中的梁有 4 个约束力,多于独立的平衡方程数目,属于一次超静定问题。图 4-12 是由两个物体 AB、BC 组成的连续梁系统。AB、BC 都可列 3 个独立的平衡方程,AB、BC 作为一个整体虽然也可列 3 个平衡方程,但是并非是独立的,因此该系统一共可列 6 个独立的平衡方程。图 4-12a)、图 4-12b)中的系统分别有 6 个和 7 个约束力(约束力偶),于是,它们分别是静定问题和一次超静定问题。

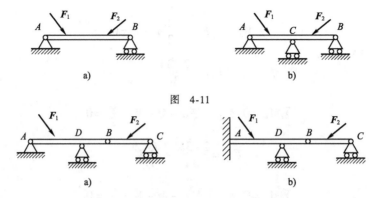

图　4-11

图　4-12

2. 刚体系统的平衡

由两个或两个以上的刚体所组成的系统,称为刚体系统。工程中的各类机构或结构,当研究其运动效应时,其中的各个构件或部件均被视为刚体,这时的结构或机构即属于刚体系统。

刚体系统平衡问题的特点是:仅仅考察系统的整体或某个局部(单个刚体或局部刚体系统),不能确定全部未知力。

为了解决刚体系统的平衡问题,需将平衡的概念加以扩展,即:系统若整体是平衡的,则组成系统的每一个局部以及每一个刚体也必然是平衡的。

根据这一重要概念,应用平衡方程,即可求解刚体系统的平衡问题。求解刚体系统平衡问题时,应当根据问题的特点和待求未知量,可以选取整个系统为研究对象,也可以选取每个刚体或其中部分刚体为研究对象,有目的地列出平衡方程,并使每一个平衡方程中的未知量个数尽可能少,最好是只含有一个未知量,以避免解联立方程。下面举例说明。

【例 4-4】 如图 4-13a)所示结构,杆重不计。已知:$L = 4.5\text{m}$,$q = 3\text{kN/m}$,$P = 6\text{kN}$,$M = 4.5\text{kN·m}$。试求固定端 E 处的约束力。

解: 分析:整体受力如图 4-13b)所示,E 为固定端,有 3 个未知量,B 处为滚动铰支座,有 1 个未知量,只能列出 3 个独立的平衡方程,不能完全求解,故应将系统拆开讨论。

(1)分析 AC,受力如图 4-13c)所示。

$$\sum M_C = 0, M + qL \times \frac{L}{2} - F_B L = 0$$

$$F_B = \frac{M}{L} + q\frac{L}{2} = 7.75\text{kN}$$

(2)分析整体,受力如图 4-13b)所示。

$$\sum F_x = 0, F_{Ex} + P = 0$$

$$F_{Ex} = -P = -6\text{kN}$$

$$\sum F_y = 0, F_{Ey} + F_B - 3qL = 0$$

$$F_{Ey} = 3qL - F_B = 32.75\text{kN}$$

$$\sum M_E = 0, M + M_E + 3qL \times \frac{3L}{2} - F_B \times 3L - PL = 0$$

$$M_E = F_B \times 3L + PL - M - 3qL \times \frac{3L}{2} = -146.25 \text{kN} \cdot \text{m}$$

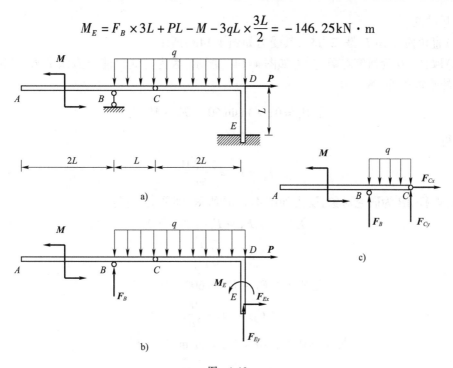

图　4-13

【**例 4-5**】在如图 4-14a)所示平面构架中,A 处为固定端,E 处为固定铰支座,杆 AB、ED 与直角曲杆 BCD 铰接。已知杆 AB 受均布载荷作用,载荷集度为 q,杆 ED 受一矩为 M 的作用。若不计杆的重量及摩擦,试求 A、E 两处的约束力。

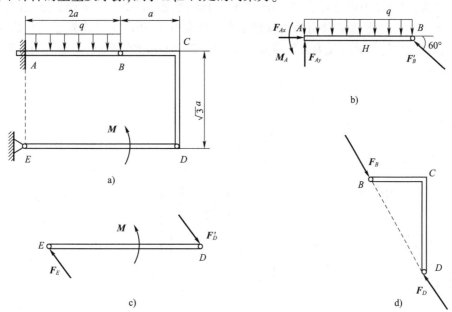

图　4-14

解:分析:整体中 A 为固定端,有 3 个未知量,E 处为固定铰支座,有 2 个未知量,故应将系统拆开讨论。

（1）直角曲杆 *BCD* 是二力杆，其受力如图 4-14d）所示。

（2）取杆 *ED* 为研究对象，受力如图 4-14c）所示，因为力偶只能与力偶平衡。根据平面力偶系的平衡条件，有

$$\sum M_D = 0, \quad -3a\sin 60° \cdot F_E + M = 0$$

解得

$$F_E = F'_D = \frac{2\sqrt{3}M}{9a}$$

（3）取杆 *AB* 为研究对象，受力如图 4-14b）所示，列平衡方程：

$$\sum F_x = 0, \quad F_{Ax} - F'_B\cos 60° = 0$$

$$F_{Ax} = \frac{\sqrt{3}M}{9a}$$

$$\sum F_y = 0, \quad F_{Ay} + F'_B\sin 60° - 2aq = 0$$

$$F_{Ay} = 2aq - \frac{M}{3a}$$

$$\sum M_A = 0, \quad M_A - a\times 2aq + 2a\sin 60° \cdot F'_B = 0$$

$$M_A = 2qa^2 - \frac{2}{3}M$$

【例 4-6】 结构如图 4-15a）所示，自重不计。已知：$F = 2\text{kN}$，$CD = DB = a$，*DE* 段绳处于水平。试求 *A*、*C* 处的约束力。

解：分析：取整体为研究对象，受力图如图 4-15b）所示，*A*、*C* 为固定铰支座，各有 2 个未知量，共计 4 个未知量，而整体分析可知属于平面任意力系，可求解的未知量的个数为 3 个，不能完全求解出来，但通过受力分析可知 *A*、*C* 均为 3 个未知力的交点，分别对两点取矩可得两个未知量。

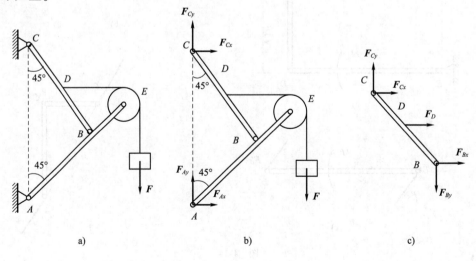

a)　　　　　b)　　　　　c)

图 4-15

(1)取整体为研究对象,受力图如图 4-15b)所示。

$$\sum M_C = 0, F_{Ax} \cdot 2\sqrt{2}a - F \cdot 3a\frac{\sqrt{2}}{2} = 0$$

$$F_{Ax} = 1.5\text{kN}$$

$$\sum M_A = 0, -F_{Cx} \cdot 2\sqrt{2}a - F \cdot 3a\frac{\sqrt{2}}{2} = 0$$

$$F_{Cx} = -1.5\text{kN}$$

就整体而言,此时还有 2 个未知量,但只有一个方程,不能都求出来,需要拆开分析。

(2)取 CB 为研究对象,受力图如图 4-15c)所示,F_{Cx}、F_D 已知,只有 3 个未知量,CB 受力是平面任意力系,3 个未知量可解。题目只让求 A、C 处受力,B 点受力不需求,故可对 B 点列力矩方程。

$$\sum M_B = 0, -F_D \cdot \frac{\sqrt{2}}{2}a - F_{Cx} \cdot \frac{\sqrt{2}}{2}2a - F_{Cy} \cdot \frac{\sqrt{2}}{2}2a = 0$$

$$F_{Cy} = 0.5\text{kN}$$

(3)再取整体为研究对象,受力图如图 4-15b)所示。

$$\sum F_y = 0, F_{Cy} + F_{Ay} - F = 0$$

$$F_{Ay} = 1.5\text{kN}$$

解题技巧:

最好一个方程解一个未知数,不列联立方程。

(1)若列投影方程,应使所选投影轴与尽可能多的未知量相垂直,若所选投影轴为水平或铅直方向,则在受力图中不用画出,否则,一定要画出。

(2)若列力矩方程,应使所选矩心是尽可能多未知量的交点。

(3)求约束力偶,必列力矩方程。

§4.4 平面桁架

1. 理想桁架及其基本假设

桁架是一种由直杆彼此在两端焊接、铆接、榫接或用螺栓连接而成的几何形状不变的稳定结构,具有用料省、结构轻、可以充分发挥材料的作用等优点,广泛应用于工程中房屋的屋架、桥梁、电视塔、起重机、油井架等。图 4-16 与图 4-17 所示分别为屋顶桁架和桥梁桁架。所有杆件轴线位于同一平面的桁架称为平面桁架,杆件轴线不在同一平面内的桁架称为空间桁架,各杆轴线的交点称为节点。本节仅限于研究平面桁架。

研究桁架的目的在于计算各杆件的内力,把它作为设计桁架或校核桁架的依据。为了简化计算,同时使计算结果安全可靠,工程中常对平面桁架作如下基本假设:

(1)节点抽象化为光滑铰链连接。

(2)所有载荷都作用在桁架平面内,且作用于节点上。

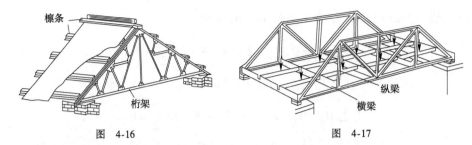

图 4-16 图 4-17

（3）杆件自重不计。如果需要考虑杆件自重时，将其均分等效加于两端节点上。

满足以上三点假设的桁架称为理想桁架。桁架的每根杆件都是二力杆，它们或者受拉，或者受压。在计算桁架各杆受力时，一般假设各杆都受拉，然后根据平衡方程求出它们的代数值，当其值为正时，说明为拉杆，为负则为压杆。实践证明，基于以上理想模型的计算结果与实际情况相差较小，可以满足工程设计的一般要求。

2. 计算桁架内力的节点法和截面法

1）节点法

依次取桁架各节点为研究对象，通过其平衡方程，求出杆件内力的方法称为节点法。节点法适用于求解全部杆件内力的情况。

节点法的解题步骤一般为：先取桁架整体为研究对象，求出支座约束力；再从只连接两根杆的节点入手，求出每根杆的内力；然后依次取其他节点为研究对象（最好只有两个未知力），求出各杆内力。

下面举例说明。

【例 4-7】 试用节点法求图 4-18a）所示桁架中各杆的内力。

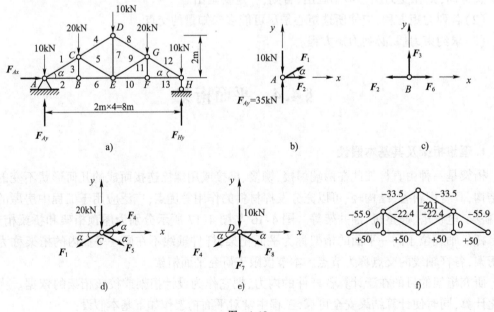

图 4-18

解： 首先求支座 A、H 的约束力。由整体受力图 4-18a），列平衡方程：

$$\sum F_x = 0, F_{Ax} = 0$$

$$\sum M_H = 0, -F_{Ay} \times 8 + 10 \times 8 + 20 \times 6 + 10 \times 4 + 20 \times 2 = 0$$

$$F_{Ay} = 35 \text{kN}$$

$$\sum F_y = 0, F_{Ay} + F_{Hy} - 10 - 20 - 10 - 20 - 10 = 0$$

$$F_{Hy} = 35 \text{kN}$$

其次,从节点 A 开始,逐个截取桁架的节点画受力图,进行计算。

选取节点 A,画受力图如图 4-18b)所示,列平衡方程:

$$\sum F_y = 0, F_1 \sin\alpha - 10 + 35 = 0$$

$$\sum F_x = 0, F_1 \cos\alpha + F_2 = 0$$

解得

$$F_1 = -55.9 \text{kN}, F_2 = 50 \text{kN}$$

选取节点 B,画受力图如图 4-18c)所示,列平衡方程:

$$\sum F_y = 0, F_3 = 0$$

$$\sum F_x = 0, F_6 - F_2 = 0$$

解得

$$F_3 = 0, F_6 = 50 \text{kN}$$

选取节点 C,画受力图如图 4-18d)所示,列平衡方程:

$$\sum F_y = 0, F_4 \sin\alpha - F_5 \sin\alpha - F_1 \sin\alpha - 20 = 0$$

$$\sum F_x = 0, F_4 \cos\alpha + F_5 \cos\alpha - F_1 \cos\alpha = 0$$

解得

$$F_4 = -33.6 \text{kN}, F_5 = -22.4 \text{kN}$$

选取节点 D,画受力图如图 4-18e)所示,列平衡方程:

$$\sum F_y = 0, -F_7 - F_4 \sin\alpha - F_8 \sin\alpha - 10 = 0$$

$$\sum F_x = 0, F_8 \cos\alpha - F_4 \cos\alpha = 0$$

解得

$$F_7 = -20 \text{kN}, F_8 = -33.5 \text{kN}$$

由于结构和载荷都对称,所以左右两边对称位置的杆件的内力相同,故计算半个桁架即可。现将各杆的内力标在各杆的旁边,如图 4-18f)所示。图中正号表示拉力,负号表示压力,力的单位为 kN,读者可取节点 H 校核。

桁架中内力为零的杆件称为零杆,如上例中的 3 杆、11 杆就是零杆,出现零杆的情况可归结如下:

(1)不在一直线上的两杆节点上无载荷作用时[图 4-19a)],则该两杆的内力都等于零。

(2)三杆节点上无载荷作用时[图 4-19b)],如果其中有两杆在一直线上,则另一杆必为零杆。

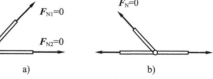

图　4-19

上述结论都不难由节点平衡条件得到证明。在分析桁架时,可先利用上述原则找出零杆,这样可使计算工作简化。

2)截面法

截面法是假想地用一截面把桁架切开,分为两部分,取其中任一部分为研究对象,列出其平衡方程求出被切杆件的内力。

当只需求桁架指定杆件的内力,而不需求全部杆件内力时,应用截面法比较方便。由于平面任意力系只有 3 个独立平衡方程,因此截断杆件的数目一般不要超过 3 根。同时还应注意截面不能截在节点上,否则,节点的一部分对另一部分的作用力不好表示。

【例 4-8】 试用截面法求图 4-20a)所示桁架[与例 4-7 同]中 8、9、10 三杆的内力。

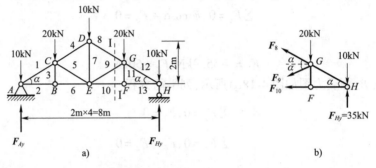

图 4-20

解:首先求出支座约束力。由例 4-7 已求得

$$F_{Ay} = F_{Hy} = 35\text{kN}$$

然后假想用截面 I-I 将 8、9、10 三杆截断,取桁架右半部分为研究对象,如图 4-20b)所示。为求得 F_{10},可取 F_8 和 F_9 两未知力的交点 G 为矩心,由 $\sum M_G = 0$ 得

$$-F_{10} \times 1 - 10 \times 2 + 35 \times 2 = 0$$

解得

$$F_{10} = 50\text{kN}$$

为了求得 F_9,可取 F_8 和 F_{10} 两未知力的交点 H 为矩心,由 $\sum M_H = 0$ 得

$$F_9 \cos\alpha \times 1 + F_9 \sin\alpha \times 2 + 20 \times 2 = 0$$

解得

$$F_9 = -22.4\text{kN}$$

最后求 F_8,由 $\sum F_x = 0$ 得

$$F_8 \cos\alpha + F_9 \cos\alpha + F_{10} = 0$$

解得

$$F_8 = -33.5\text{kN}$$

本 章 小 结

(1)力的平移定理:平移一力的同时必须附加一力偶,附加力偶的矩等于原来的力对新作用点的矩。

（2）平面任意力系向平面内任选一点 O 简化，一般情况下，可得一个力和一个力偶，这个力等于该力系的主矢，即

$$F'_R = \sum F_i$$

作用线通过简化中心 O。这个力偶的矩等于该力系对于点 O 的主矩，即

$$M_O = \sum M_O(F_i)$$

（3）平面任意力系向平面内任选一点 O 简化，最终可简化为表 4-1 所列 4 种情况之一。

平面任意力系的简化结果　　　　　　　　表 4-1

F_R（主矢）	M_O（主矩）	合成的最简结果	简 化 结 果
$F'_R \neq 0$	$M_O \neq 0$	合力	$F_R = F'_R$，但不过简化中心 O，作用线距点 O 为 $\overline{OO'} = d = \left\| \dfrac{M_O}{F_R} \right\|$
	$M_O = 0$		$F_R = F'_R$，且过简化中心 O
$F'_R = 0$	$M_O \neq 0$	合力偶	其矩为 M_O，而且大小、转向与简化中心 O 的位置无关
	$M_O = 0$	平衡	力系平衡

（4）平面任意力系平衡的必要充分条件，见表 4-2。

平面任意力系平衡的必要充分条件　　　　　　　　表 4-2

几何条件		$F'_R = 0$　　　$M_O = 0$	
解析条件（平衡方程）	基本式	$\sum F_x = 0$ $\sum F_y = 0$ $\sum M_O(F) = 0$	应用条件：O 为 xy 平面内任意点
	二矩式	$\sum F_x = 0$ 或 $\sum F_y = 0$ $\sum M_A(F) = 0$ $\sum M_B(F) = 0$	应用条件：A、B 两点的连线不垂直于 x 轴（或 y 轴）
	三矩式	$\sum M_A(F) = 0$ $\sum M_B(F) = 0$ $\sum M_C(F) = 0$	应用条件：A、B、C 三点不共线

（5）物体系统的平衡方程，通过选取整体或部分作为研究对象，进行受力分析，列平衡方程求解未知量。

（6）桁架由二力杆铰接构成。求平面静定桁架各杆内力的两种方法：

①节点法：逐个考虑桁架中所有节点的平衡，应用平面汇交力系的平衡方程求出各杆的内力。应注意每次选取的节点其未知力的数目不宜多于 2。

②截面法：截断待求内力的杆件，将桁架截割为两部分，取其中的一部分为研究对象，应用平面任意力系的平衡方程求出被截割各杆件的内力。应注意每次截割的内力未知的杆件数目不宜多于 3。

习　　题

4-1　将图示平面任意力系向点 O 简化，并求力系合力的大小及其与原点 O 的距离 d。

已知 $P_1 = 150\text{N}, P_2 = 200\text{N}, P_3 = 300\text{N}$，力偶的臂等于 8cm，力偶的力 $F = 200\text{N}$。

4-2 图示平面力系，已知：$P = 200\text{N}, Q = 80\text{N}, M = 300\text{N} \cdot \text{m}$，欲使力系的合力 F_R 通过 O 点，试求作用在 D 点的水平力 T 为多大。

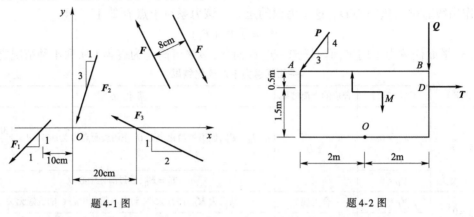

题 4-1 图　　　　　　　　　　　　题 4-2 图

4-3 试求图示各梁支座的约束力。设力的单位为 kN，力偶矩的单位为 kN·m，长度单位为 m，分布载荷集度为 kN/m。

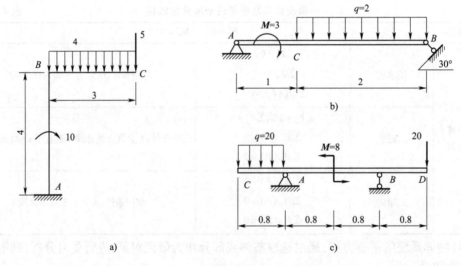

a)　　　　　　　　　　　　c)

题 4-3 图

4-4 AB 梁一端砌在墙内，在自由端装有滑轮用以匀速吊起重物 D，设重物的重量为 G，又 AB 长为 b，斜绳与铅垂线成 α 角，求固定端的约束力。

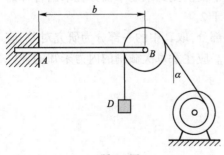

题 4-4 图

4-5 由 AC 和 CD 构成的复合梁通过铰链 C 连接，它的支承和受力如图所示。已知均布载荷集度 $q = 10\text{kN/m}$，力偶矩 $M = 40\text{kN} \cdot \text{m}, a = 2\text{m}$，不计梁重，试求支座 A、B、D 的约束力和铰链 C 所受的力。

4-6 由杆 AB、BC 和 CE 组成的支架和滑轮 E 支持着物体。物体重 12kN。D 处亦为铰链连接，尺寸如图所示。试求固定铰支座 A 和滚动铰支座 B 的约束力以及杆 BC 所受的力。

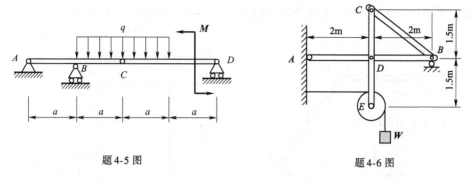

题4-5 图　　　　　　题4-6 图

4-7　起重构架如图所示,尺寸单位为 mm。滑轮直径 $d=200\text{mm}$,钢丝绳的倾斜部分平行于杆 BE。吊起的载荷 $W=10\text{kN}$,其他重量不计,求固定铰支座 A、B 的约束力。

4-8　AB、AC、DE 三杆连接如图所示。DE 杆上有一插销 F 套在 AC 杆的导槽内。求在水平杆 DE 的 E 端有一铅垂力 F 作用时,AB 杆上所受的力。设 $AD=DB$,$DF=FE$,$BC=DE$,所有杆重均不计。

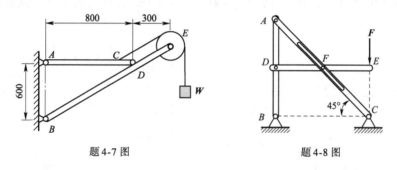

题4-7 图　　　　　　题4-8 图

4-9　构架尺寸如图所示(尺寸单位为 m),不计各杆件自重,载荷 $F=60\text{kN}$。求 A、E 铰链的约束力及杆 BD、BC 的内力。

4-10　三角架如图所示,$P=1\text{kN}$,试求支座 A、B 的约束力。

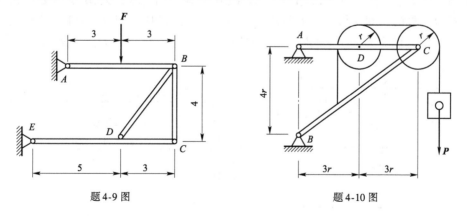

题4-9 图　　　　　　题4-10 图

4-11　三铰拱架尺寸及所受载荷如图所示。已知:$F_1=10\text{kN}$,$F_2=12\text{kN}$,$M=25\text{kN·m}$,$q=2\text{kN/m}$,$\theta=60°$,求铰支座 A 和 B 的约束力。

4-12 滑轮支架系统如图所示。滑轮与支架 *ABC* 相连，*AB* 和 *BC* 均为折杆，*B* 为销钉。设滑轮上绳的拉力 $P=500\text{N}$，不计各构件的自重。求各构件给销钉 *B* 的力。

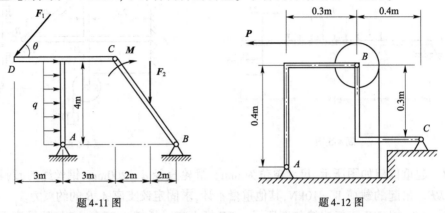

题4-11 图   题4-12 图

4-13 试求图示多跨梁 *A*、*C* 处的约束力。已知：$M=8\text{kN}\cdot\text{m}$，$q=4\text{kN/m}$。

4-14 平面构架由 *AB*、*BC*、*CD* 三杆用铰链 *B*、*C* 连接，其他支承及载荷如图所示。力 *F* 作用于 *CD* 杆的中点 *E*。已知 $F=8\text{kN}$，$q=4\text{kN/m}$，$a=1\text{m}$，各杆自重不计。试求固定端 *A* 处的约束力。

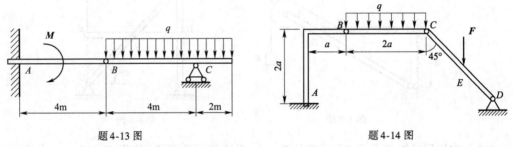

题4-13 图   题4-14 图

4-15 三个半拱相互铰接，其尺寸、支承和受力情况如图所示。设各拱自重均不计，试计算支座 *B* 的约束力。

4-16 图示平面构架由杆 *AB*、*BD* 及 *DE* 组成，*A* 端为固定端约束，*B* 及 *D* 处用光滑圆柱铰链连接，*BD* 杆的中间支承 *C* 及 *E* 端均为滚动铰支座，已知集中力 $F=10\text{kN}$，均布载荷的集度 $q=5\text{kN/m}$，力偶矩大小 $M=30\text{kN}\cdot\text{m}$，各构件自重不计。试求 *A*、*C*、*E* 三处的约束力。

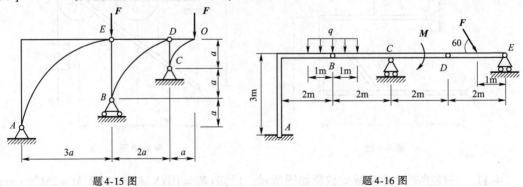

题4-15 图   题4-16 图

4-17 试判断图示结构中所有零杆。

4-18 试用节点法求图示桁架中各杆件的内力。

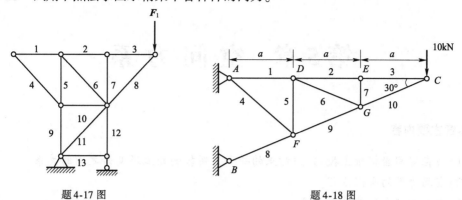

题 4-17 图 题 4-18 图

4-19 试用节点法求图示桁架中各杆件的内力。

4-20 试用截面法求图示桁架中 1、2 杆的内力。

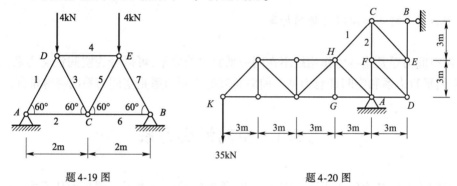

题 4-19 图 题 4-20 图

4-21 试求图示桁架中 3、4、5、6 杆件的内力。

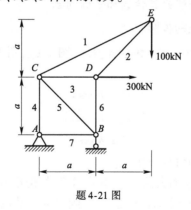

题 4-21 图

第5章 空间力系

本章主要内容

(1)力在空间坐标轴上投影、力对点的矩和力对轴的矩以及两者之间的关系。
(2)空间力系的平衡方程。
(3)重心的概念及其计算方法。

重点

空间力对点之矩和对轴之矩的计算。

所谓空间力系是指各力作用线不在同一平面内的力系,可以分为空间汇交力系、空间力偶系、空间平行力系和空间任意力系。前面研究的平面力系是空间力系的特殊情况。

§5.1 空间汇交力系

若空间力系中各力的作用线汇交于一点,称为空间汇交力系。同平面任意力系一样,需要力在坐标轴上投影的基础来研究其合成和平衡问题。

1. 力在空间直角坐标轴上的投影

若已知力 F 与坐标轴之间的方向角为 α、β、γ(图 5-1),则力在 3 个直角坐标轴上的投影分别为

$$\left.\begin{aligned} F_x &= F\cos\alpha \\ F_y &= F\cos\beta \\ F_z &= F\cos\gamma \end{aligned}\right\} \tag{5-1}$$

利用该式投影的方法称为直接投影法。

若力 F 与坐标轴 Ox 和 Oy 的夹角 α、β 不易确定时,但已知力 F 与坐标轴间的方位角 γ 与 ϕ(图 5-2),则力 F 可先投影到 Oxy 平面上,得到力 F_{xy},然后再把这个力投影到 x、y 轴上,得

$$\left.\begin{aligned} F_x &= F\sin\gamma\cos\phi \\ F_y &= F\sin\gamma\sin\phi \\ F_z &= F\cos\gamma \end{aligned}\right\} \tag{5-2}$$

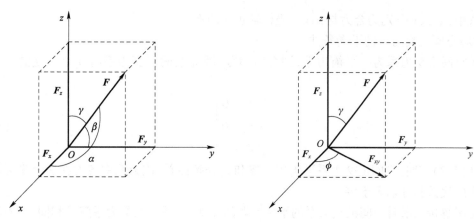

图 5-1   图 5-2

由式(5-2)计算投影的方法称为二次投影法。但需注意,力在坐标轴上的投影为一代数量,而力在一平面上的投影应为一矢量,这是因为在平面上的投影量不能简单由坐标轴的正负来确定其方向。

若已知力 F 在坐标轴上的投影 F_x、F_y、F_z,则该力的大小和方向余弦为

$$F = \sqrt{F_x{}^2 + F_y{}^2 + F_z{}^2} \tag{5-3}$$

$$\left.\begin{aligned} \cos\alpha &= \frac{F_x}{F} \\[4pt] \cos\beta &= \frac{F_y}{F} \\[4pt] \cos\gamma &= \frac{F_z}{F} \end{aligned}\right\} \tag{5-4}$$

力 F 可以用矢量表达:$F = F_x i + F_y j + F_z k$,式中,$i$、$j$、$k$ 为 x、y、z 轴的单位矢量。

2. 空间汇交力系的合成与平衡

(1)空间汇交力系的合成

设物体受到一空间汇交力系作用,与平面汇交力系类似,空间汇交力系的合成方法也有两种,即几何法和解析法。但在用几何法合成时,由于所作出的力多边形不在同一平面内,所以实际运用起来较困难,故一般不使用该方法,而采用解析法。

根据平面汇交力系的简化结果,很容易得知空间汇交力系合成的结果是一个合力,合力大小为

$$F_R = \sqrt{\left(\sum F_x\right)^2 + \left(\sum F_y\right)^2 + \left(\sum F_z\right)^2} \tag{5-5}$$

合力方向根据 3 个方向余弦确定:

$$\left.\begin{aligned} \cos\alpha &= \frac{\sum F_x}{F_R} \\[4pt] \cos\beta &= \frac{\sum F_y}{F_R} \\[4pt] \cos\gamma &= \frac{\sum F_z}{F_R} \end{aligned}\right\} \tag{5-6}$$

式中，α、β、γ 分别为合力与 x、y、z 坐标轴正向的夹角。

（2）空间汇交力系的平衡条件

若空间汇交力系为一平衡力系，则合力为零，因此空间汇交力系有 3 个独立的平衡方程，即

$$\left. \begin{array}{l} \sum F_x = 0 \\ \sum F_y = 0 \\ \sum F_z = 0 \end{array} \right\} \tag{5-7}$$

式（5-7）表明，空间汇交力系平衡的必要和充分条件是：该力系中各力在 3 个坐标轴上的投影的代数和分别等于零。

应用解析法求解空间汇交力系的平衡问题的步骤，与平面汇交力系问题相同，只不过需列出 3 个独立的平衡方程，可求解 3 个未知量。

§5.2　力对点之矩和力对轴之矩

在平面力系中，力对点之矩可用代数量来表示，那么在空间力系中又该如何描述呢？

1. 空间力系中力对点之矩的矢量表示

在平面力系中，只需用一代数量即可表示出力对点之矩的全部要素，即大小和转向。这是因为力矩的作用面是一固定面。而在空间问题中研究力对点之矩时，不仅要考虑力矩的大小和转向，还要考虑力和矩心所在平面的方位。当该作用面的空间方位不同时，即使力矩

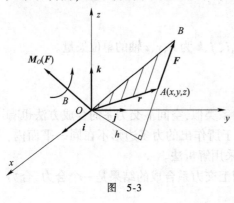

图 5-3

的大小相同，对刚体的作用效果也可完全不同。所以在空间问题中，力对点之矩是由力矩的大小、力矩作用面的方位及力矩在作用面的转向这三个要素所决定的。而用一代数量是无法将这三要素表示出来的，故须用一矢量来表示，称为力矩矢。力 F 对点 O 之矩记作 $M_O(F)$，如图 5-3 所示，该力矩矢通过矩心 O，且垂直于力矩作用面（即三角形 OAB 所在平面），其方向由右手螺旋法则确定：即右手四指与力 F 对点 O 之矩的转动方向一致，则拇指所指方向即为力矩矢的方向，力矩的大小为

$$|M_O(F)| = Fh = 2A_{\triangle OAB} \tag{5-8}$$

若以 r 表示矩心 O 到力 F 作用点 A 的矢径，则

$$M_O(F) = r \times F \tag{5-9}$$

式（5-9）称为力对点之矩的矢积表达式。它表明：力对点的矩矢等于矩心到力的作用点的矢径与该力的矢积。

将式（5-9）展开，得到

$$M_O(F) = r \times F = \begin{vmatrix} i & j & k \\ x & y & z \\ F_x & F_y & F_z \end{vmatrix}$$

$$= (yF_z - zF_y)i + (zF_x - xF_z)j + (xF_y - yF_x)k \qquad (5\text{-}10)$$

必须指出,由于力矩矢的大小和方向均与矩心的位置有关,故力矩矢的始端必须在矩心而不可任意移动,所以,力矩矢为一定位矢量。

2. 力对轴之矩

在工程实际中,经常遇到刚体绕定轴转动的情形,为度量力对绕定轴转动刚体的作用效果,必须了解力对轴之矩的概念。

如图 5-4 所示,若想计算力 F 对 z 轴的力矩,可将 F 分解为平行于 z 轴的力 F_z 和垂直于 z 轴的力 F_{xy}。由经验可知,分力 F_z 对 z 轴无矩,因为这两者平行。根据合力矩定理,则力 F 对 z 轴的力矩,即为 F_{xy} 对 z 轴的力矩。而 F_{xy} 对 z 轴的力矩,就是其在 Oxy 平面内的投影对交点 O 的矩,即 $M_z(F) = \pm F_{xy}d$。

因此,空间力 F 对 z 轴的力矩可转化成平面上力对点的矩,它是一代数量,其大小等于力在垂直于该轴平面内的投影对于轴与平面交点之矩,其转向可按右手螺旋法则确定。

力对轴之矩是力使刚体绕轴转动效应的度量,其单位为 N·m。

须注意:当力与某轴相交或平行时(即力与坐标轴共面时),则力对该轴的矩为零。

若已知力 F 在坐标轴上的投影 F_x、F_y、F_z 及该力作用点的坐标 x、y、z,如图 5-5 所示,则力 F 对各坐标轴的矩可表示为

$$\left.\begin{array}{l} M_x(F) = yF_z - zF_y \\ M_y(F) = zF_x - xF_z \\ M_z(F) = xF_y - yF_x \end{array}\right\} \qquad (5\text{-}11)$$

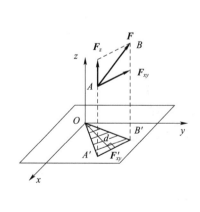

图 5-4

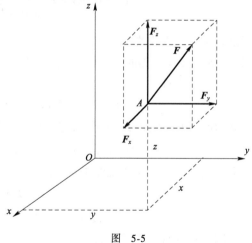

图 5-5

3. 力对点之矩与力对轴之矩的关系

根据力对点之矩的公式可知,单位矢量 i、j、k 前面的 3 个系数,应分别表示力对点之矩 $M_O(F)$ 在 3 个坐标轴上的投影,即

$$[M_O(F)]_x = yF_z - zF_y$$
$$[M_O(F)]_y = zF_x - xF_z$$ (5-12)
$$[M_O(F)]_z = xF_y - yF_x$$

显然,力对点之矩在通过该点的任意坐标轴上的投影,等于力对该轴之矩,即

$$[M_O(F)]_x = M_x(F)$$
$$[M_O(F)]_y = M_y(F)$$ (5-13)
$$[M_O(F)]_z = M_z(F)$$

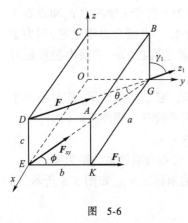

图 5-6

【例 5-1】长方体的尺寸 $a = 0.5\text{m}, b = 0.4\text{m}, c = 0.3\text{m}$, 在其上作用有力 F 和 F_1,其中 $F = 80\text{N}, F_1 = 100\text{N}$,方向如图 5-6 所示。试分别计算:①$F$ 在 x、y、z 轴上的投影;②力 F 对 x、y、z 轴的矩;③力 F_1 对 z_1 轴的矩。

解:(1)力 F 在 x、y、z 轴上的投影

直接投影法:设力 F 与 x、y、z 轴正向之间的夹角分别为 α、β、γ,则力 F 在 x、y、z 轴上的投影分别为

$$F_x = F\cos\alpha = F\frac{-a}{\sqrt{a^2 + b^2 + c^2}} = -40\sqrt{2}\text{N}$$

$$F_y = F\cos\beta = F\frac{b}{\sqrt{a^2 + b^2 + c^2}} = 30\sqrt{2}\text{N}$$

$$F_z = F\cos\gamma = F\frac{-c}{\sqrt{a^2 + b^2 + c^2}} = -24\sqrt{2}\text{N}$$

读者可以尝试用二次投影法来求。

(2)力 F 对 x、y、z 轴的矩

应用合力矩定理

$$M_x(F) = M_x(F_x) + M_x(F_y) + M_x(F_z)$$

注意到 F_x 和 x 轴平行,F_z 通过 x 轴,它们对该轴的矩都为零,有

$$M_x(F) = M_x(F_y) = -F_y c = -9.6\sqrt{2}\text{N}\cdot\text{m}$$

类似地可求出力 F 对另外两轴的矩分别为

$$M_y(F) = 0$$
$$M_z(F) = M_z(F_y) = F_y a = 16\sqrt{2}\text{N}\cdot\text{m}$$

读者也可用力矩的解析表达式来求。

(3)力 F_1 对 z_1 轴的矩

根据力对点的矩和力对轴的矩的关系,可得到

$$M_{z_1}(F_1) = [M_G(F_1)]_{z_1} = F_1 a\cos\gamma_1 = -15\sqrt{2}\text{N}\cdot\text{m}$$

§5.3 空间任意力系的平衡条件

1. 空间任意力系的平衡条件

根据平面任意力系向任一点简化的理论,可知空间任意力系向任一点简化后,一般得到一个力和一个力偶,此力和力偶分别是空间任意力系的主矢和主矩。因此空间任意力系平衡的必要和充分条件是:力系的主矢和对任一点的主矩同时为零,即

$$F'_R = \sum F_i = 0, M_O = \sum M_O(F_i) = 0 \tag{5-14}$$

主矢和主矩大小的计算式分别为

$$F'_R = \sqrt{(\sum F_x)^2 + (\sum F_y)^2 + (\sum F_z)^2} \tag{5-15}$$

$$M_O = \sqrt{[\sum M_x(F)]^2 + [\sum M_y(F)]^2 + [\sum M_z(F)]^2} \tag{5-16}$$

因此,空间任意力系有 6 个独立的平衡方程

$$\left.\begin{aligned} \sum F_x &= 0 \\ \sum F_y &= 0 \\ \sum F_z &= 0 \\ \sum M_x(F) &= 0 \\ \sum M_y(F) &= 0 \\ \sum M_z(F) &= 0 \end{aligned}\right\} \tag{5-17}$$

即:空间力系平衡的必要和充分条件是力系中所有各力在 3 个坐标轴中每一个轴上投影的代数和等于零,以及这些力对各轴之矩的代数和也等于零。

应当注意:

(1)空间任意力系有 6 个独立平衡方程,因而只能求解 6 个未知量。

(2)由空间任意力系的平衡方程可知,在实际应用平衡方程解题时,所选各投影轴不必一定正交,取矩的轴也不必一定与投影轴重合。此外,还可用力矩方程取代投影方程,但独立平衡方程总数仍然是 6 个。

在实际空间力系的平衡问题求解中,对每个研究对象,独立平衡方程总数应不超过 6 个。因此,在平衡问题求解时,应仔细分析物体的受力特点,选取合适的平衡方程。

2. 空间平行力系的平衡方程

如图 5-7 所示,物体受一空间平行力系作用而平衡,设各力作用线与 z 轴平行,则力系中各力在 x 轴和 y 轴上的投影以及各力对 z 轴的矩都恒等于零,

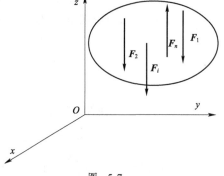

图 5-7

因此公式(5-17)退化成为 3 个方程,于是,空间平行力系的平衡方程为

$$\left.\begin{array}{l} \sum F_z = 0 \\ \sum M_x(\boldsymbol{F}) = 0 \\ \sum M_y(\boldsymbol{F}) = 0 \end{array}\right\} \tag{5-18}$$

【例5-2】 正方体各边长 a,在 4 个顶点 O、A、B、C 分别作用着大小都等于 F 的 4 个力 $\boldsymbol{F}_1$、$\boldsymbol{F}_2$、$\boldsymbol{F}_3$、$\boldsymbol{F}_4$,方向如图 5-8a)所示,试求该力系向 O 点简化结果及力系的合成结果。

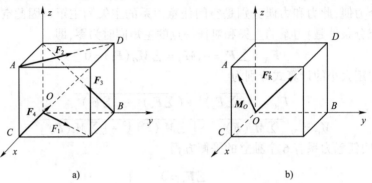

图 5-8

解: 选取坐标系 $Oxyz$,各力在 x、y、z 轴上投影的代数和分别是

$$\sum F_x = F_1\cos 45° - F_2\cos 45° = 0$$

$$\sum F_y = F_1\cos 45° + F_2\cos 45° - F_3\cos 45° + F_4\cos 45° = \sqrt{2}F$$

$$\sum F_z = F_3\cos 45° + F_4\cos 45° = \sqrt{2}F$$

可求出主矢 $\boldsymbol{F}'_R$ 的大小和方向

$$F'_R = \sqrt{(\sum F_x)^2 + (\sum F_y)^2 + (\sum F_z)^2} = 2F$$

$$\cos(\boldsymbol{F}'_R, \boldsymbol{i}) = \frac{\sum F_x}{F'_R} = 0$$

$$\cos(\boldsymbol{F}'_R, \boldsymbol{j}) = \frac{\sum F_y}{F'_R} = \frac{\sqrt{2}}{2}$$

$$\cos(\boldsymbol{F}'_R, \boldsymbol{k}) = \frac{\sum F_z}{F'_R} = \frac{\sqrt{2}}{2}$$

可见,主矢 $\boldsymbol{F}'_R$ 在平面 yOz 内,并与 y 和 z 轴都成45°,即沿图 5-8b)中的对角线 OD。
各力对 x、y、z 轴的矩的代数和分别为

$$\sum M_x = -aF_2\cos 45° + aF_3\cos 45° = 0$$

$$\sum M_y = -aF_2\cos 45° - aF_4\cos 45° = -\sqrt{2}aF$$

$$\sum M_z = aF_2\cos 45° + aF_4\cos 45° = \sqrt{2}aF$$

力系对点 O 的主矩 $\boldsymbol{M}_O$ 的大小和方向余弦分别为

$$M_O = \sqrt{(\sum M_x)^2 + (\sum M_y)^2 + (\sum M_z)^2} = 2aF$$

$$\cos(\boldsymbol{M}_O, \boldsymbol{i}) = \frac{\sum M_x}{M_O} = 0, \quad \cos(\boldsymbol{M}_O, \boldsymbol{j}) = \frac{\sum M_y}{M_O} = -\frac{\sqrt{2}}{2}, \quad \cos(\boldsymbol{M}_O, \boldsymbol{k}) = \frac{\sum M_z}{M_O} = \frac{\sqrt{2}}{2}$$

可见主矩也在平面 yOz 内,并与 y 和 z 轴分别成135°和45°夹角。

【例5-3】 图5-9a)所示正方形薄板自重不计。已知,边长为 L,在板面内作用有力 F 和力偶矩为 M 的力偶。$ABCDA'B'C'D'$ 组成一正方体。试求链杆1、2的内力。

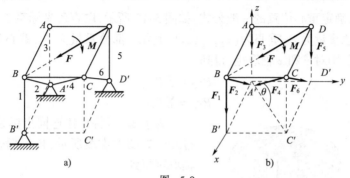

图 5-9

解: (1)取薄板 $ABCD$ 为研究对象,其受力图如图5-9b)所示。一般可写出3个投影平衡方程和3个力矩平衡方程求解。有时写力矩平衡方程比投影平衡方程较简便,这些取矩的轴也不一定相互垂直,一般应使选取的轴与尽可能多的未知力平行或相交。

(2)列写平衡方程

$$\sum M_{A'D'} = 0, \quad F_1 L + (F\cos 45°)L = 0, \quad F_1 = -\frac{\sqrt{2}}{2}F$$

$$\sum F_y = 0, \quad -(F_4\cos\theta)\cos 45° - F\cos 45° = 0$$

其中

$$\cos\theta = \frac{\sqrt{2}}{\sqrt{3}}$$

得到

$$F_4 = -\sqrt{\frac{3}{2}}F$$

$$\sum M_{DD'} = 0, \quad -M - F_2\cos 45°L - F_4\cos\theta\frac{\sqrt{2}}{2}L = 0$$

解得

$$F_2 = F - \frac{\sqrt{2}M}{L}$$

§5.4 重 心

1. 重心的概念

在地球附近的物体都受到地球对它的作用力,也就是物体的重力。重力作用于物体内每一微小部分,是一个分布力系。对于工程中一般的物体,这种分布的重力可足够精确地视为空间平行力系,一般所谓的重力,就是这个空间平行力系的合力。不变形的物体在地球表面无论怎样放置,其平行分布重力的合力作用线,都通过此物体上一个确定的点,这一点称为物体的重心。重心有确定的位置,与物体在空间的位置无关。

重心的位置在工程上有着重要的意义,例如要使起重机稳定,其重心的位置应满足一定的条件。飞机、轮船及车辆等的运动稳定性也与重心的位置有密切的关系,因此在土建、水利和机械设计工程中常要确定重心的位置。

2. 物体重心的坐标公式

现在来导出确定重心位置的一般公式,如图 5-10 所示,取直角坐标系 $Oxyz$,设物体由若干个部分组成,总重量为 P,重心为 (x_C, y_C, z_C),其第 i 部分重量为 P_i,重心为 (x_i, y_i, z_i),根据合力矩定理,分别对 y 和 x 轴取矩,得到

$$Px_C = \sum P_i x_i$$
$$Py_C = \sum P_i y_i$$

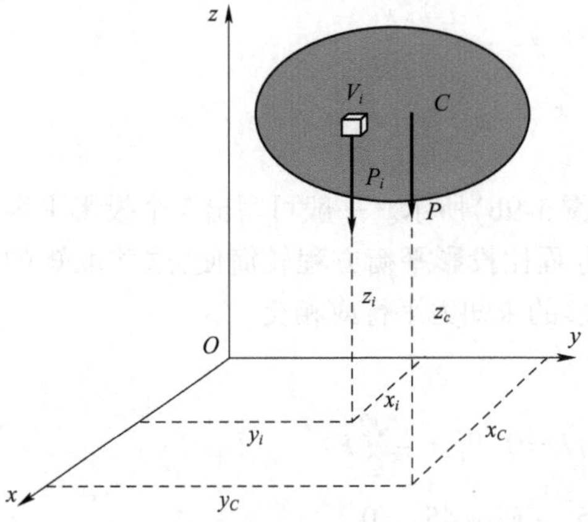

为求 z_C,可将物体连同坐标系一起绕 x 轴转过 $90°$,如图中虚线所示,再根据合力矩定理对 x 轴取矩得到

$$Pz_C = \sum P_i z_i$$

根据以上三式可得出计算重心的公式,即

$$
\left.
\begin{aligned}
x_C &= \frac{\sum P_i x_i}{P}\\[4pt]
y_C &= \frac{\sum P_i y_i}{P}\\[4pt]
z_C &= \frac{\sum P_i z_i}{P}
\end{aligned}
\right\}
\tag{5-19}
$$

图　5-10

若物体是均质的,微元的密度为 ρ_i,微元的体积为 V_i,整个物体的体积为 V,物体的密度为 ρ,代入上式得到

$$
\left.
\begin{aligned}
x_C &= \frac{\sum V_i x_i}{V}\\[4pt]
y_C &= \frac{\sum V_i y_i}{V}\\[4pt]
z_C &= \frac{\sum V_i z_i}{V}
\end{aligned}
\right\}
\tag{5-20}
$$

可见,均质物体的重心位置完全取决于物体的几何形状,与重量无关,此时物体的重心就是物体几何中心——形心。但需注意,重心和形心的物理意义不同,是两个不同的概念。只有当物体均质时,重心和形心位置才重合。若是非均质物体,则其重心和形心不会重合。

若为均质板,则采用上述方法即可求得形心坐标公式:

$$
\left.
\begin{aligned}
x_C &= \frac{\sum A_i x_i}{A}\\[4pt]
y_C &= \frac{\sum A_i y_i}{A}\\[4pt]
z_C &= \frac{\sum A_i z_i}{A}
\end{aligned}
\right\}
\tag{5-21}
$$

3. 确定物体重心的方法

（1）简单几何形状物体的重心

如均质物体有对称面，或对称轴，或对称中心，不难看出，该物体的重心在对称面，或对称轴，或对称中心上。如椭球体、椭圆面或三角形的重心都在其几何中心上，平行四边形的重心在其对角线的交点上。简单形状物体的重心可从工程手册上查到。

（2）组合法求重心

①分割法

若一个物体由几个简单形状的物体组合而成，而这些物体的重心是已知的，那么整个物体的重心可以根据公式（5-19）求出。

【例 5-4】 试求均质 z 形截面重心的位置，其尺寸如图 5-11 所示，单位为 mm。

解： 取坐标轴如图所示，将该图形分割为三个矩形（例如用 ab 和 cd 两线分割）。以 C_1、C_2、C_3 表示这些矩形的重心，而以 A_1、A_2、A_3 表示它们的面积。以 x_1、y_1；x_2、y_2；x_3、y_3 分别表示 C_1、C_2、C_3 的坐标。由图可得到

$x_1 = -15$，$y_1 = 45$，$A_1 = 300$；$x_2 = 4$，$y_2 = 30$，$A_2 = 400$；$x_3 = 15$，$y_3 = 5$，$A_3 = 300$

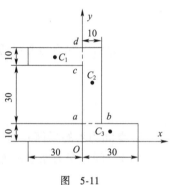

图 5-11

代入公式可求得该截面重心的坐标 x_C、y_C 为

$$x_C = \frac{A_1 x_1 + A_2 x_2 + A_3 x_3}{A_1 + A_2 + A_3} = 2\,\text{mm}$$

$$y_C = \frac{A_1 y_1 + A_2 y_2 + A_3 y_3}{A_1 + A_2 + A_3} = 27\,\text{mm}$$

②负面积法

若在物体内或薄板内切去一部分（例如有空穴或孔的物体），则这类物体的重心，仍可应用与分割法相同的公式来求得，只是切去部分的体积或面积应取负值。

③用实验方法测定重心的位置

工程中一些外形复杂或质量分布不均的物体很难用计算方法求其重心，此时可用实验方法测定重心位置，如悬挂法和称重法。

本 章 小 结

本章讨论了空间力系的平衡条件、平衡方程及其应用，其基本方法与平面任意力系的方法相同。

1. 力在空间直角坐标轴上的投影

（1）直接投影法：$F_x = F\cos\alpha$，$F_y = F\cos\beta$，$F_z = F\cos\gamma$

（2）二次投影法：$F_x = F\sin\gamma\cos\phi$，$F_y = F\sin\gamma\sin\phi$，$F_z = F\cos\gamma$

2. 力矩的计算

(1) 空间力对点的矩是一矢量

$$M_O(F) = r \times F = \begin{vmatrix} i & j & k \\ x & y & z \\ F_x & F_y & F_z \end{vmatrix}$$

(2) 力对轴的矩是一代数量

$$M_x(F) = yF_z - zF_y$$
$$M_y(F) = zF_x - xF_z$$
$$M_z(F) = xF_y - yF_x$$

(3) 力对点的矩与力对通过该点的轴的矩的关系

$$[M_O(F)]_x = M_x(F)$$
$$[M_O(F)]_y = M_y(F)$$
$$[M_O(F)]_z = M_z(F)$$

3. 空间力系的平衡方程

(1) 空间汇交力系平衡方程

$$\sum F_x = 0, \sum F_y = 0, \sum F_z = 0$$

(2) 空间任意力系平衡方程

$$\sum F_x = 0, \sum F_y = 0, \sum F_z = 0$$
$$\sum M_x(F) = 0, \sum M_y(F) = 0, \sum M_z(F) = 0$$

(3) 空间平行力系平衡方程

$$\sum F_z = 0, \sum M_x(F) = 0, \sum M_y(F) = 0$$

4. 均质等厚物体重心的坐标公式

$$x_C = \frac{\sum A_i x_i}{A}, y_C = \frac{\sum A_i y_i}{A}, z_C = \frac{\sum A_i z_i}{A}$$

习　题

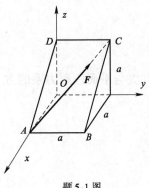

题 5-1 图

5-1　直角三棱柱尺寸如图所示,沿其斜面 ABCD 的对角线 AC 有一力 F 作用。已知:$F = 692$N, $a = 20$cm,试求力 F 对 3 个坐标轴的矩。

5-2　在边长为 a 的正方体上作用有 3 个力,如图所示,已知 $F_1 = 6$kN, $F_2 = 2$kN, $F_3 = 4$kN,试求各力在 3 个坐标轴上的投影。

5-3　在边长为 $a = 1$m 的正方体顶点 A 和 B 处,分别作用力 F_1 和 F_2,如图所示。已知 $F_1 = F_2 = 1$kN,试求:①此二力在坐标轴上的投影和对坐标轴的矩;②力系向点 O 的简化结果(以解析式给出)。

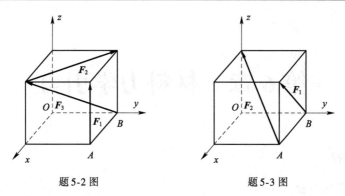

题 5-2 图　　　　　　　　题 5-3 图

5-4　求图示截面形心的位置。(图中尺寸单位为 mm)

5-5　在图示的均质板中,已知:$L=60\text{mm}$,$R=60\text{mm}$。试求平面图形的形心坐标。(提示:半圆形的形心到圆心的距离 $h=\dfrac{4R}{3\pi}$)

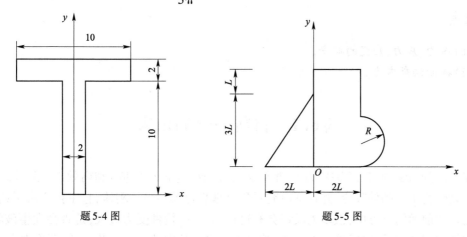

题 5-4 图　　　　　　　　题 5-5 图

第6章 材料力学引言

本章主要内容

(1)材料力学的引出。
(2)材料力学的任务。
(3)材料力学的基本假设和基本概念。
(4)杆件变形的基本形式。

重点

(1)内力、应力、应变的概念。
(2)截面法求内力。

§6.1 材料力学的由来

在前面静力学中,曾经讲到力有两大效应:外效应(运动效应)和内效应(变形效应)。静力学只研究了力的外效应,并且其研究对象是理想化模型——刚体,它主要解决了约束力的问题。在前面的学习中,很多人或许会有这样的疑问,构件受力过大,是否会发生破坏,也就是构件的安全问题,要回答这个问题,就必须研究力的内效应。涉及变形,理论力学(包括静力学、运动学、动力学)无能为力,材料力学则当仁不让。材料力学研究物体受力后的内在表现,即变形规律和破坏特征,它回答了安全功能如何保证的问题。变形是指物体内部各质点之间的相对位置变化、尺寸和形状的改变。变形分为弹性变形和塑性变形,外力解除以后可消失的变形称为弹性变形;外力解除以后不能消失的变形称为塑性变形,也称为残余变形或永久变形。在外力作用下,一切固体都将发生变形,称为变形固体,简称变形体,材料力学是变形体力学最早的分支。由质点到刚体再到变形体,是人类认识逐步深化的结果。从学科发展观的角度来看,材料力学的出现,是力学学科发展的必然结果。

§6.2 材料力学的任务和研究内容

材料力学的任务是研究构件的承载能力和材料的力学性质,在既安全又经济的条件下,为构件选择合适的材料,确定合理的截面形状和尺寸提供计算理论与方法。衡量构件承载能力有三方面要求:

(1) 强度：构件抵抗破坏的能力，不因发生断裂或过量的塑性变形而失效。

(2) 刚度：构件抵抗弹性变形的能力，不因发生过大的弹性变形而失效。

(3) 稳定性：构件保持原有平衡状态的能力，不因发生因平衡形式的突然变弯而失效。

不同材料制成的构件，其承载能力不一样。构件的强度、刚度、稳定性与制作构件的材料有关。通过材料力学的研究，力求合理解决安全与经济之间的矛盾，在材料选择和截面设计上恰到好处。

材料力学的研究内容可以从三方面来讲：

(1) 理论部分：研究物体在外力作用下的内部力学响应，即构件的内力、应力和变形分析，这些都是强度、刚度和稳定性分析的基础。

(2) 实验部分：实验是材料力学的重要组成部分，通过实验研究材料在外力作用下的力学性能和失效行为，确定材料抵抗破坏和变形的能力。同时实验也是验证理论和解决理论分析难于处理的问题的重要手段。

(3) 应用部分：基本理论和实验两部分内容的结合，成为工程设计的重要组成部分，即根据安全与经济的控制条件（以后各章要介绍的强度条件、刚度条件和稳定性条件）为构件选择合适的材料，设计出合理的截面形状和尺寸。

§6.3　材料力学的基本假设

为了研究的方便，抓住主要性质，忽略次要性质，材料力学对变形固体作如下四个基本假设：

1. 连续性假设

含义：认为组成物体的物质毫无空隙地充满整个物体的几何容积。

作用：可用连续函数来表示此物体的各力学量，如内力、应力、应变和位移等变化。

实际情况：宏观连续，微观不连续。

2. 均匀性假设

含义：认为物体内任何部分的力学性质相同、均匀分布。

作用：可以从小到大（为研究一个整体，可取一小部分研究），也可以从大到小（大尺寸试件测试的力学性能可应用到任何微小部分）研究。

实际情况：宏观均匀，微观不均匀。

3. 各向同性假设

含义：认为物体在一点处各个方向具有相同的力学性能。

作用：研究问题时不必考虑方向性，即材料力学性能与坐标方向无关。

实际情况：多数各向异性，少数各向同性。

4. 小变形假设

含义：材料力学所研究的构件在载荷作用下的变形与原始尺寸相比甚小。

作用：对构件进行受力分析时可忽略其变形。

实际情况:多数大变形,少数小变形。

§6.4　材料力学的研究对象

按空间三个方向的几何特征,变形固体大致可分为:①块体:空间三个方向具有相同量级的尺度[图6-1a)];②壳体:空间一个方向尺度远小于其他两个方向的尺度,且至少有一个方向的曲率为零[图6-1b)];③板:空间一个方向的尺度远小于其他两个方向的尺度,且各处曲率均为零[图6-1c)];④杆:空间一个方向的尺度远大于其他两个方向的尺度[图6-1d)]。

杆按轴线可分为:①直杆:轴线是直线[图6-1d)];②曲杆:轴线是曲线[图6-2a)]。杆按横截面可分为:①等截面杆:横截面均相同[图6-1d)];②变截面杆:横截面沿轴线变化[图6-2b)]。

将等截面的直杆称为等直杆,材料力学主要研究等直杆。

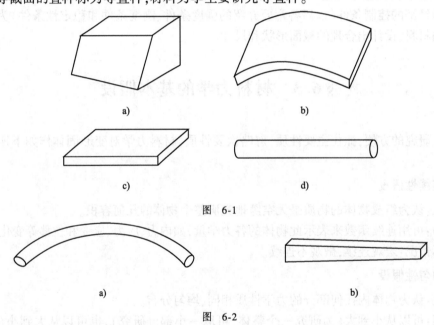

a)　　　　　　　　　　b)

c)　　　　　　　　　　d)

图　6-1

a)　　　　　　　　　　b)

图　6-2

§6.5　材料力学的基本概念

1. 内力

内力的定义:在外力作用下,构件内部各部分之间因相对位置改变而引起的附加的相互作用力。内力的特点:①连续分布于截面上各处;②随外力的变化而变化。用以显示和求解内力的方法是截面法,其步骤为:①截:在待求内力的截面处假想地将构件截分为两部分[图6-3a)];②取:以其中一部分为研究对象——分离体[图6-3b)];③代:用内力代替弃去部分对分离体的作用,通常为分布内力系[图6-3b)],为研究方便,一般简化为主矢和主矩

［图6-3c)］来处理,根据具体问题,可进一步分解为内力分量和内力偶矩分量［图6-3d)］;
④平:对分离体列出平衡方程,求解出内力分量和内力偶矩分量。

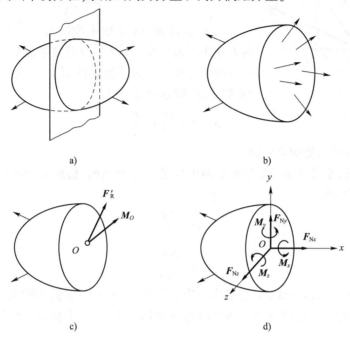

图　6-3

比较图6-4a)、b)的两杆,其材料、长度均相同,根据截面法知道,两杆所受的内力相同,均为 $F_N = F$,但显然粗杆更为安全。这也就是说,内力无法作为评估强度的物理量,因此,有必要引进新的力学量作为评估强度的指标。实践证明,杆件的强度与内力在截面上的分布和在某点处的聚集程度有关,由此引出应力的概念。

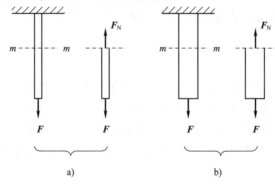

图　6-4

2. 应力

应力的定义:截面上一点处内力的聚集程度,是反映一点处内力强弱程度的基本量。应力的单位是 Pa,$1Pa = 1N/m^2$,实际工程中,常用 MPa 和 GPa,$1MPa = 10^6 Pa$,$1GPa = 10^9 Pa$。

为了研究应力,在图6-5 所示的截面上围绕任一点 K 取微小面积 ΔA,作用在该面积上

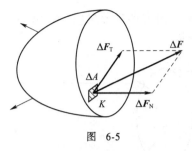

图 6-5

内力的合力为 $\Delta \boldsymbol{F}$,这样 ΔA 上内力的平均集度为

$$\bar{p} = \frac{\Delta F}{\Delta A} \tag{6-1}$$

式中,$\bar{p}$ 称为 ΔA 上的平均应力。一般来说,截面上的内力并非均匀分布,所以平均应力不能真实表明内力在某一点的强弱程度。为了确定截面上任一点 K 的应力,可令 ΔA 趋于零,即取极限,这样

$$p = \lim_{\Delta A \to 0} \frac{\Delta F}{\Delta A} = \frac{\mathrm{d}F}{\mathrm{d}A} \tag{6-2}$$

式中,p 称为 K 点处的全应力。

将 $\Delta \boldsymbol{F}$ 分解为沿截面法线和切线的两个分量 $\Delta \boldsymbol{F}_{\mathrm{N}}$ 和 $\Delta \boldsymbol{F}_{\mathrm{T}}$,仿照式(6-1),将 $\Delta \boldsymbol{F}_{\mathrm{N}}$ 和 $\Delta \boldsymbol{F}_{\mathrm{T}}$ 分别除以 ΔA,可以得到

$$\bar{\sigma} = \frac{\Delta F_{\mathrm{N}}}{\Delta A} \tag{6-3}$$

$$\bar{\tau} = \frac{\Delta F_{\mathrm{T}}}{\Delta A} \tag{6-4}$$

式中,$\bar{\sigma}$ 和 $\bar{\tau}$ 分别称为 ΔA 上的平均正应力和平均切应力,它们实际上是平均应力 $\bar{p}$ 的法向分量和切向分量。将沿截面法向的应力分量称为正应力,沿截面切向的应力分量称为切应力。

仿照式(6-2),对式(6-3)和(6-4)取极限,得到

$$\sigma = \lim_{\Delta A \to 0} \frac{\Delta F_{\mathrm{N}}}{\Delta A} = \frac{\mathrm{d}F_{\mathrm{N}}}{\mathrm{d}A} \tag{6-5}$$

$$\tau = \lim_{\Delta A \to 0} \frac{\Delta F_{\mathrm{T}}}{\Delta A} = \frac{\mathrm{d}F_{\mathrm{T}}}{\mathrm{d}A} \tag{6-6}$$

式中,σ 和 τ 分别称为 K 点处的正应力和切应力,显然

$$p^2 = \sigma^2 + \tau^2 \tag{6-7}$$

3. 应变

应变的定义:衡量变形程度的基本量,是无量纲的量。对于构件任一点的变形,只有线变形和角变形两种基本变形,分别由正应变(即线应变)和切应变(即角应变)来度量。

正应变是单位长度上的变形量,其物理意义是构件上一点沿某一方向变形量的大小。若图 6-6 中棱边 ka 各点处的变形程度相同,可以用相对变形来描述其变形程度为

$$\bar{\varepsilon} = \frac{\Delta u}{\Delta s} \tag{6-8}$$

式中,$\bar{\varepsilon}$ 称为棱边 ka 的平均正应变,Δs 是 ka 的原长,Δu 是 ka 的改变量(即绝对变形)。若棱边 ka 各点处的变形程度不相同,可令 Δs 趋于零,即取极限,这样

$$\varepsilon = \lim_{\Delta s \to 0} \frac{\Delta u}{\Delta s} = \frac{\mathrm{d}u}{\mathrm{d}s} \tag{6-9}$$

式中,ε 称为 k 点沿棱边 ka 方向的正应变。

切应变是微体相邻棱边所夹直角的改变量,一般用 γ 表示(图 6-7)。

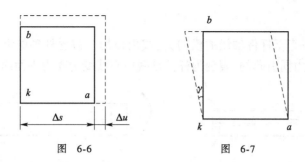

图 6-6　　　　　　　　图 6-7

4. 应力与应变之间的相互关系

一点的应力与一点的应变之间存在对应的关系,实验结果表明:在弹性范围内加载,正应力与正应变存在线性关系

$$\sigma = E\varepsilon \tag{6-10}$$

上述关系称为胡克(Hooke)定律,式中,E 称为材料的弹性模量或杨氏模量,单位是 Pa。在弹性范围内加载,切应力与切应变也存在线性关系

$$\tau = G\gamma \tag{6-11}$$

上述关系称为剪切胡克定律,式中,G 称为材料的切变模量或剪切弹性模量,单位是 Pa。

§6.6　杆件变形的基本形式

杆件在不同受力情况下,将产生各种不同的变形,但是,不管变形如何复杂,不外乎如下四种基本变形之一或者几种基本变形的组合。

1. 轴向拉伸和压缩

变形形式是由大小相等、方向相反、作用线与杆件轴线重合的一对力引起的,表现为杆件长度的伸长[图 6-8a)]或缩短[图 6-8b)]。

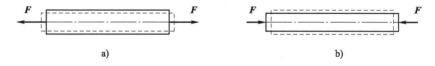

a)　　　　　　　　　　　　　　　b)

图　6-8

2. 剪切

变形形式是由大小相等、方向相反、相互平行的一对力引起的,表现为受剪杆件的两部分沿外力作用方向发生相对错动(图 6-9)。

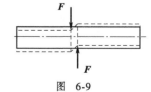

图 6-9

3. 扭转

变形形式是由大小相等、转向相反、作用面都垂直于杆轴的一对力偶引起的,表现为杆件的任意两个横截面发生绕轴线的相对转动(图 6-10)。

4. 弯曲

变形形式是由垂直于杆件轴线的横向力,或由作用于包含杆轴的纵向平面内的一对大小相等、方向相反的力偶引起的,表现为杆件轴线由直线变为受力平面内的曲线(图 6-11)。

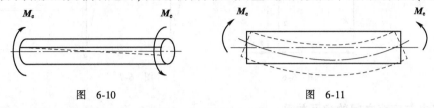

图　6-10　　　　　　　　　　　　　图　6-11

如果杆件同时发生两种或两种以上基本变形,则称为组合变形。

本 章 小 结

本章对材料力学发展的必然性、研究任务、基本假设、基本概念等作了一个概述,对静力学和材料力学的衔接、区别等进行了说明。同时,对材料力学的内力求解方法——截面法进行了介绍。

(1)材料力学研究构件的强度、刚度和稳定性。

(2)材料力学研究对象是变形体,主要是杆件,并且是基于连续性、均匀性、各向同性和小变形四个基本假设。

(3)内力是在外力作用下,构件内部各部分之间因相对位置改变而引起的附加的相互作用力。内力分析是评估构件强度、刚度和稳定性的基础。截面法是内力分析的方法,分为四个步骤:截、取、代、平。

(4)应力是反映一点处内力强弱程度的基本量,应变是衡量变形程度的基本量。在弹性范围内,正应力与正应变满足胡克定律,切应力与切应变满足剪切胡克定律。

(5)杆件的四种基本变形是轴向拉伸和压缩、剪切、扭转和弯曲。

第7章 轴向拉伸与压缩

本章主要内容

(1)拉(压)杆的内力、应力计算。
(2)拉(压)杆变形、应变、位移计算。
(3)材料在拉伸和压缩时的力学性能。
(4)拉(压)杆的强度校核。

重点

拉(压)杆的强度校核。

§7.1 轴向拉伸与压缩的概念及实例

轴向拉伸与压缩的杆件在实际工程中经常遇到,例如,图7-1所示起吊装置中的 AB 杆承受轴向拉伸;图7-2所示三角支架中的 AB 杆承受轴向拉伸,BC 杆承受轴向压缩。虽然从杆件的外形上看各有差异,加载方式也不相同,但通过对其形状和受力情况进行简化,可得到如图7-3所示计算简图。轴向拉伸是在轴向力作用下,杆件产生伸长变形;轴向压缩是在轴向力作用下,杆件产生缩短变形。

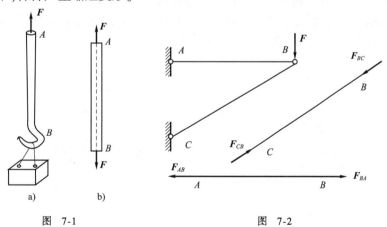

图 7-1   图 7-2

通过上述实例得知,轴向拉伸与压缩具有如下特点:
(1)受力特点:作用在杆件两端的外力(合力)大小相等,方向相反,与杆件轴线重合。
(2)变形特点:杆件变形是沿轴线的方向伸长或缩短。

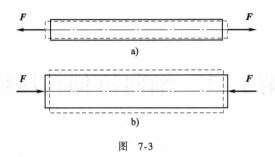

图　7-3

§7.2　拉(压)杆的轴力和轴力图

1. 拉(压)杆横截面上的内力——轴力

构件的强度、刚度和稳定性,都与构件的内力密切相关。正如上一章介绍,分析构件内力的基本方法是截面法。

在轴向外力 F 作用下的等直杆,如图7-4a)所示,求解横截面 $m-m$ 的内力。

采用截面法求解内力的步骤为:

截:在截面 $m-m$ 处假想将杆截断[图7-4a)]。

取:保留左半部分或右半部分为分离体[图7-4b)、c)]。

代:移去部分对保留部分的作用,用内力来代替,其合力 F_N[图7-4b)、c)]。

平:对于留下部分 I 来说,截面 $m-m$ 上的内力 F_N 就成为外力。由于原等直杆处于平衡状态,故截开后各部分仍应维持平衡。根据保留部分的平衡条件得杆件任一截面 $m-m$ 上的内力,其作用线也与杆的轴线重合,即垂直于横截面并通过其形心,故称这种内力为轴力,用符号 F_N 表示。

若取部分 II 为分离体,则由作用与反作用原理可知,部分 II 截开面上的轴力与前述部分上的轴力数值相等而方向相反[图7-4b)、c)]。同样,也可以从分离体的平衡条件来确定。

轴力符号规定:拉力为正[图7-5a)];压力为负[图7-5b)]。

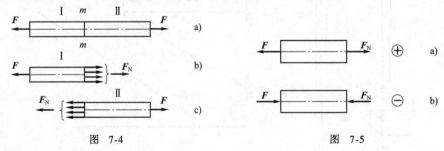

图　7-4　　　　　　　　　　　图　7-5

2. 轴力图

当杆受多个轴向外力作用时[图7-6a)],因为 AB 段的轴力与 BC 段的轴力不相同,所以需要分段进行求解轴力。在集中力作用点进行分段,可以分为两段,每段上的内力是相等的,在两段上分别任意取两个截面,即截面 $m-m$ 和截面 $n-n$[图7-6a)],分别按照"截、取、代、平"的步骤进行求解。

(1)求 AB 段杆内某截面 m – m 的轴力,则假想用一平面沿 m – m 处将杆截开,设取左段为分离体[图7-6b)],以 F_{NI} 代表该截面上的轴力。于是,根据平衡条件

$$\sum F_x = 0, F_{NI} = -F$$

负号表示的方向与 F_{NI} 原假定的内力方向相反,即为压力。

(2)求 BC 段杆内某截面 n – n 的轴力,则在 n – n 处将杆截开,仍取左段为分离体[图7-6c)],以 F_{NII} 代表该截面上的轴力。于是,根据平衡条件

$$\sum F_x = 0, F_{NII} - 2F + F = 0, F_{NII} = F$$

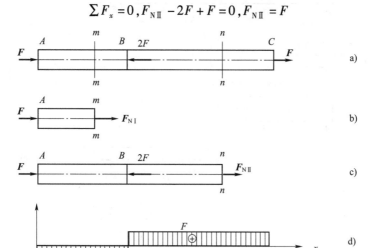

图　7-6

在多个力作用时,由于各段杆轴力的大小及正负号各异,所以为了形象地表明各截面轴力的变化情况,通常将其绘成"轴力图"。其作法是:以杆的端点为坐标原点,取平行杆轴线的坐标轴为 x 轴,称为基线,其值代表截面位置;取 F_N 轴为纵坐标轴,其值代表对应截面的轴力值。正值绘在基线上方,负值绘在基线下方,如图7-6d)所示。轴力图的基本要求如下:

(1)与杆平行且对齐。

(2)标明轴力的性质(F_N)。

(3)画出轴力沿轴线的变化规律。

(4)标明轴力的正负号。

(5)标明轴力的数值。

(6)标明轴力的单位。

【例7-1】一等直杆及其受力情况如图7-7a)所示,试作杆的轴力图。

解:(1)首先对杆件进行受力分析,求出约束力 F_R[图7-7b)]。由整个杆的平衡方程

$$\sum F_x = 0, -F_R - 40 + 55 - 25 + 20 = 0$$

得

$$F_R = 10kN$$

(2)分四段,任取四个截面求各段轴力。

①取 1-1 截面左段为分离体[图7-7c)],并设轴力 F_{N1} 为拉力。

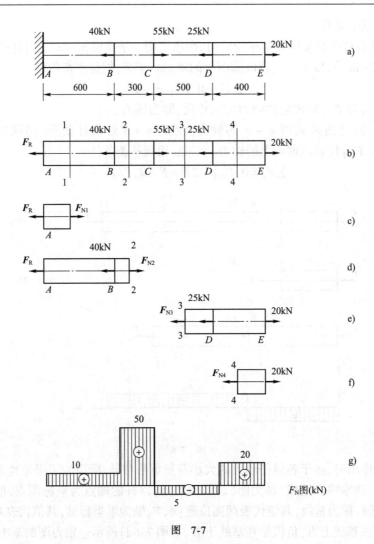

图　7-7

$$\sum F_x = 0, F_{N1} = F_R = 10\text{kN}$$

其结果为正值,故 F_{N1} 为拉力。

②取 2-2 截面左段为分离体[图 7-7d)],并设轴力 F_{N2} 为拉力。

$$\sum F_x = 0, F_{N2} = F_R + 40 = 50\text{kN}$$

③取 3-3 截面右段为分离体[图 7-7e)],并设轴力 F_{N3} 为拉力。

$$\sum F_x = 0, -F_{N3} - 25 + 20 = 0$$

$$F_{N3} = -5\text{kN}$$

结果为负值,说明原假定的 F_{N3} 的指向与实际相反,应为压力。

④取 4-4 截面右段为分离体[图 7-7f)],并设轴力 F_{N4} 为拉力。

$$\sum F_x = 0, F_{N4} = F_4 = 20\text{kN}$$

轴力图如图 7-7g)所示。$F_{N\max}$ 发生在 BC 段内的任一横截面上,其值为 50kN。

讨论:由轴力图可见,在集中力作用的截面上,截面的轴力有突变,突变值就是该集中力。

§7.3　拉(压)杆的应力

如上一章所述,轴力不是直接衡量拉(压)杆强度的指标,强度还和横截面的面积有关,必须用横截面上的应力来度量杆件的强度。

1. 拉(压)杆横截面上的应力

(1)实验现象:实验是研究应力的主要途径。如图 7-8a)为一等直杆,假定在未受力前在该杆侧面作相邻的两条横向线 ab 和 cd,然后使杆受缓慢加载的拉力 **F** 作用[图 7-8b)]发生变形,并可观察到两横向线平移到 $a'b'$ 和 $c'd'$ 的位置且仍垂直于轴线。

(2)假设:上述实验现象说明杆件的任一横截面上各点的变形是相同的,即变形前是平面的横截面,变形后仍保持为平面且仍垂直于杆的轴线,这就是平面假设。

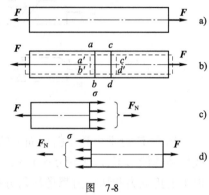

图　7-8

(3)推论:根据平面假设,变形相同,则横截面上所有各点受力相同,由此可推断横截面上各点处的正应力 σ 相等[图 7-8c)、d)]。由静力学求合力的概念

$$F_N = \int_A \sigma dA = \sigma \int_A dA = \sigma A \tag{7-1}$$

即拉(压)杆横截面上正应力 σ 计算公式

$$\sigma = \frac{F_N}{A} \tag{7-2}$$

式中,F_N 为轴力,A 为杆的横截面面积。由式(7-2)知,正应力的正负号取决于轴力的正负号,若 F_N 为拉力,则 σ 为拉应力;若 F_N 为压力,则 σ 为压应力,并规定拉应力为正,压应力为负。

2. 拉(压)杆斜截面上的应力

考察一橡皮拉杆模型,其表面画有一正置小方格和一斜置小方格,分别如图 7-9a)、b)所示。

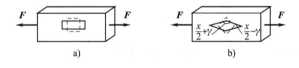

图　7-9

受力后,正置小方块的直角并未发生改变,而斜置小方格变成了菱形,直角发生变化。这种现象表明,在拉(压)杆件中,虽然横截面上只有正应力,但在斜截面方向却产生切应变,这种变形必然与斜截面上的切应力有关。

为确定拉(压)杆斜截面上的应力,可以用假想截面沿斜截面方向将杆截开

［图 7-10a）］，斜截面法线与杆轴线的夹角设为 θ。考察截开后任意部分的平衡，求得该斜截面上的总内力为 $F_R = F$，如图 7-10b）所示，将其分解为沿斜截面法线和切线方向上的分量 F_N 和 F_S［图 7-10c）］：

$$\left.\begin{array}{l} F_N = F\cos\theta \\ F_S = F\sin\theta \end{array}\right\} \tag{7-3}$$

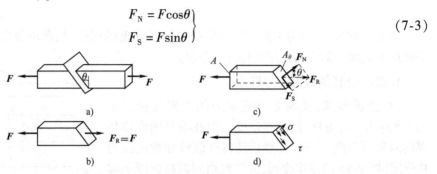

图 7-10

F_N 和 F_S 分别由整个斜截面上的正应力和切应力所组成［图 7-10d）］。在轴向均匀拉伸或压缩的情形下，两个相互平行的相邻斜截面之间的变形也是均匀的，因此，可以认为斜截面上的正应力和切应力都是均匀分布的。于是斜截面上正应力和切应力分别为

$$\left.\begin{array}{l} \sigma_\theta = \dfrac{F_N}{A_\theta} = \dfrac{F\cos\theta}{A_\theta} = \sigma\cos^2\theta \\[2mm] \tau_\theta = \dfrac{F_S}{A_\theta} = \dfrac{F\sin\theta}{A_\theta} = \dfrac{1}{2}\sigma\sin2\theta \end{array}\right\} \tag{7-4}$$

式中，σ 为杆横截面上的正应力，由式(7-2)确定。A_θ 为斜截面面积

$$A_\theta = \frac{A}{\cos\theta}$$

上述结果表明，杆件承受拉伸或压缩时，横截面上只有正应力，无切应力；斜截面上则既有正应力又有切应力。而且，对于不同倾角的斜截面，其上的正应力和切应力各不相同。θ 角的符号规则：杆轴线 x 轴逆时针转到 θ 截面的外法线时，θ 为正，反之为负。切应力的符号规则：对分离体内一点产生顺时针力矩的切应力为正，反之为负。

根据式(7-4)，在 $\theta = 0$ 的截面（即横截面）上，σ_θ 取最大值，即

$$\sigma_{\theta\max} = \sigma = \frac{F}{A} \tag{7-5}$$

在 $\theta = 45°$ 的斜截面上，τ_θ 取最大值，即

$$\tau_{\theta\max} = \tau_{45°} = \frac{\sigma}{2} = \frac{F}{2A} \tag{7-6}$$

在这一斜截面上，除切应力外，还存在正应力，其值为

$$\sigma_{45°} = \frac{\sigma}{2} = \frac{F}{2A} \tag{7-7}$$

【例 7-2】 图 7-11a）所示横截面为正方形的砖柱分上、下两段，柱顶受轴向压力 F 作用。上段柱重为 G_1，下段柱重为 G_2。已知：$F = 10\text{kN}$，$G_1 = 2.5\text{kN}$，$G_2 = 10\text{kN}$，求上、下段柱的底截面 $a\text{-}a$ 和 $b\text{-}b$ 上的应力。

解: (1)先分别求出截面 $a\text{-}a$ 和 $b\text{-}b$ 的轴力。应用截面法，假想用平面在截面 $a\text{-}a$ 和 $b\text{-}b$

处截开,取上部为分离体[图7-11b)、c)]。根据平衡条件可求得

截面 a-a

$$\sum F_y = 0, F_{Na} = -F - G_1 = -10 - 2.5 = -12.5\text{kN}$$

负号表示压力。

截面 b-b

$$\sum F_y = 0, F_{Nb} = -3F - G_1 - G_2 = -3 \times 10 - 2.5 - 10 = -42.5\text{kN}$$

负号表示压力。

(2)求应力,由式(7-2)

$$\sigma = \frac{F_N}{A}$$

分别将截面 a-a 和 b-b 的轴力 F_{Na}、F_{Nb} 和面积 A_a、A_b 代入,得

截面 a-a

$$\sigma_a = \frac{F_{Na}}{A_a} = \frac{-12.5 \times 10^3}{0.24 \times 0.24} = -2.17 \times 10^5 \text{Pa} = -0.217\text{MPa}$$

负号表示压应力。

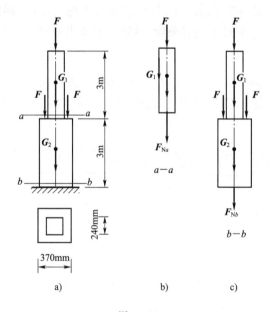

图 7-11

截面 b-b

$$\sigma_b = \frac{F_{Nb}}{A_b} = \frac{-42.5 \times 10^3}{0.37 \times 0.37} = -3.10 \times 10^5 \text{Pa} = -0.310\text{MPa}$$

负号表示压应力。

3. 圣维南原理

圣维南原理指出:如果杆端两种外加力静力学等效,则距离加力点稍远处,静力学等效对应力分布的影响很小,可以忽略不计。这一思想最早是由法国科学家圣维南(Saint-Venant)于1855和1856年研究弹性力学问题时提出的。1885年布辛涅斯克(Boussinesq)将这

一思想加以推广,并称之为圣维南原理。当然,圣维南原理也有不适用的情形,这已超出本书的范围。

如图 7-12 所示,轴向拉(压)杆横截面上各点处的正应力 σ 均匀分布的结论,只在离外力作用点较远处(约大于杆的横向尺寸)才正确。

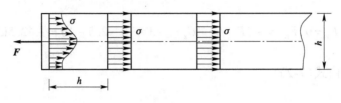

图　7-12

§7.4　拉(压)杆的变形和胡克定律

应力是拉(压)杆强度的指标,拉(压)杆即使应力不超过限度,即强度安全,但变形大也是不可行的,因此还要满足变形不超过限度,这就需要求出变形——伸长量或缩短量。

1. 绝对变形

实验表明,杆件在轴向拉力或压力的作用下,沿轴线方向将发生伸长或缩短,同时,横向(与轴线垂直的方向)必发生缩短或伸长,如图 7-13 和图 7-14 所示,图中实线为变形前的形状,虚线为变形后的形状。

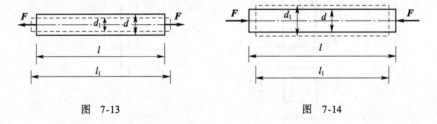

图　7-13   图　7-14

设 l 与 d 分别为杆件变形前的长度和直径,l_1 与 d_1 为变形后的长度和直径,则变形后的长度改变量 Δl 和直径改变量 Δd 将分别为

$$\Delta l = l_1 - l \tag{a}$$

$$\Delta d = d_1 - d \tag{b}$$

Δl 和 Δd 称为杆件的绝对纵向和横向伸长或缩短,即总的伸长量或缩短量,其单位为 m。规定 Δl 和 Δd 伸长为正,缩短为负。

实验表明,在弹性变形范围内,杆件的伸长 Δl 与力 F 及杆长 l 成正比,与截面面积 A 成反比,即

$$\Delta l \propto \frac{Fl}{A} \tag{c}$$

引进比例常数 E,则有

$$\Delta l = \frac{Fl}{EA} \tag{d}$$

由于 $F = F_N$，故上式可改写为

$$\Delta l = \frac{F_N l}{EA} \tag{7-8}$$

这一关系式称为胡克定律。式中的比例常数 E 就是弹性模量，EA 称为杆的抗拉（压）刚度。

在轴力为分段常数，横截面均沿轴线不变的情况下，杆的总变形 Δl 可按下面的公式计算：

$$\Delta l = \sum_{i=1}^{n} \frac{F_{Ni} l_i}{EA} \tag{7-9}$$

在轴力和横截面均沿轴线变化的情况下，拉（压）杆任意横截面上的应力 $\sigma(x)$ 和全杆的变形 Δl 可按下面的公式计算：

$$\sigma(x) = \frac{F_N(x)}{A(x)} \tag{7-10}$$

$$\Delta l = \int_0^l \frac{F_N(x)}{EA} \mathrm{d}x \tag{7-11}$$

2. 相对变形

杆的变形程度用每单位长度的伸长来表示，即绝对伸长量除以杆件的初始尺寸，称为线应变，并用符号 ε 表示。对轴力为常量的等直杆，其纵、横方向的线应变分别为

$$\varepsilon = \frac{\Delta l}{l} \tag{7-12}$$

$$\varepsilon' = \frac{\Delta d}{d} \tag{7-13}$$

ε 为纵向线应变，ε' 为横向线应变，它们都是无量纲的量。ε 和 ε' 的正负号分别与 Δl 和 Δd 一致，因此规定：拉应变为正，压应变为负。

将式（7-8）改写成

$$\frac{\Delta l}{l} = \frac{1}{E} \frac{F_N}{A} \tag{e}$$

由于 $\varepsilon = \frac{\Delta l}{l}$，$\sigma = \frac{F_N}{A}$，可得

$$\varepsilon = \frac{\sigma}{E} \text{或} \sigma = E\varepsilon \tag{7-14}$$

此式表明，在弹性变形范围内，应力与应变成正比。式（7-8）、（7-14）均称为胡克定律。

实验结果表明，在弹性变形范围内，横向线应变与纵向线应变之间保持一定的比例关系，以 v 代表它们的比值之绝对值

$$v = \left| \frac{\varepsilon'}{\varepsilon} \right| \tag{7-15}$$

v 称为泊松比,它是无量纲常数,其值随材料而异,可由实验测定。

考虑到纵向线应变与横向线应变的正负号恒相反,故有

$$\varepsilon' = -v\varepsilon \tag{7-16}$$

弹性模量 E 和泊松比 v 都是材料的弹性常数。

【例 7-3】如图 7-15a)所示一等直钢杆,材料的弹性模量 $E = 210\text{GPa}$。试计算:①每段的伸长;②每段的线应变;③全杆总伸长。

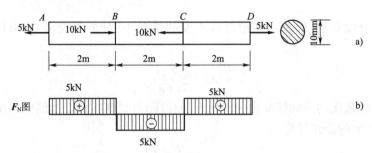

图 7-15

解:(1)求出各段轴力,并作轴力图[图 7-15b)]。

(2)AB 段的伸长 Δl_{AB}:由式(7-8)得

$$\Delta l_{AB} = \frac{F_{NAB}l_{AB}}{EA} = \frac{5 \times 10^3 \times 2}{210 \times 10^9 \times \dfrac{\pi \times 10^2 \times 10^{-6}}{4}} = 0.000607\text{m} = 0.607\text{mm}$$

BC 段的伸长

$$\Delta l_{BC} = \frac{F_{NBC}l_{BC}}{EA} = \frac{-5 \times 10^3 \times 2}{210 \times 10^9 \times \dfrac{\pi \times 10^2 \times 10^{-6}}{4}} = -6.07 \times 10^{-4}\text{m} = -0.607\text{mm}$$

CD 段的伸长

$$\Delta l_{CD} = \frac{F_{NCD}l_{CD}}{EA} = \frac{5 \times 10^3 \times 2}{210 \times 10^9 \times \dfrac{\pi \times 10^2 \times 10^{-6}}{4}} = 6.07 \times 10^{-4}\text{m} = 0.607\text{mm}$$

(3)AB 段的线应变 ε_{AB}:由式(7-12)得

$$\varepsilon_{AB} = \frac{\Delta l_{AB}}{l_{AB}} = \frac{0.000607}{2} = 3.035 \times 10^{-4}$$

BC 段的线应变

$$\varepsilon_{BC} = \frac{\Delta l_{BC}}{l_{BC}} = \frac{-0.000607}{2} = -3.035 \times 10^{-4}$$

CD 段的线应变

$$\varepsilon_{CD} = \frac{\Delta l_{CD}}{l_{CD}} = \frac{0.000607}{2} = 3.035 \times 10^{-4}$$

(4)全杆总伸长

$$\Delta l_{AD} = \Delta l_{AB} + \Delta l_{BC} + \Delta l_{CD} = 0.607 - 0.607 + 0.607 = 0.607\text{mm}$$

§7.5 材料在拉伸和压缩时的力学性能

材料的力学性能也称为机械性能,是指材料在外力作用下表现出的变形、破坏等方面的特性,由实验来测定。通过拉伸与压缩实验,可以测得材料从开始受力到最后破坏的全过程中应力和变形之间的关系曲线,称为应力—应变曲线。应力—应变曲线全面描述了材料从开始受力到最后破坏过程中的力学性态。

1. 低碳钢拉伸时的力学性能

(1)标准试样

为了得到应力—应变曲线,需要将给定的材料作成标准试样,在材料试验机上进行拉伸或压缩实验。拉伸试样可以是圆柱形的,如图 7-16a) 所示;若实验材料为板材,则采用板状试样,为了避免试样的尺寸和形状对实验结果的影响以及便于实验结果相互比较,在实验中采用比例试样,如图 7-16b) 所示。其中 L_0 称为标准长度或标距,d_0 为圆柱形试样标距内的初始直径,A_0 为板试样标距内的初始横截面面积。关于比例试样,国家标准《金属材料 拉伸试验 第 1 部分:室温试验方法》(GB/T 228.1—2010) 中有详细的规定。对于圆截面比例试样,规定 $L_0 = 5d_0$ 或 $L_0 = 10d_0$。L_0 为试样原始标距,d_0(2010 年国家标准,用 d 表示)为试样直径。我国标准规定:对长试样 $L_0 = 10d_0$;对短试样 $L_0 = 5d_0$。圆柱形试样一般取 $d_0 = 10\mathrm{mm}$,$L_0 = 100\mathrm{mm}$;或 $d_0 = 10\mathrm{mm}$,$L_0 = 50\mathrm{mm}$。

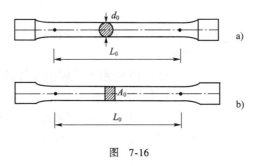

图 7-16

实验时,试样通过卡具或夹具安装在试验机上,如图 7-17 所示。试验机通过上下夹头的相对移动将轴向载荷加在试样上。

(2)实验设备

通常使用的设备称为万能试验机,如图 7-18 所示。WDW-100 型电子万能材料试验机主体结构为双丝杠门式结构,可进行双空间实验,其中上空间为拉伸空间,下空间为压缩空间,进行实验力校准时应将标准测力计放在工作台上。主机的右侧为计算机控制显示部分。

WDW-100 型电子万能材料试验机采用交流伺服电机及调速系统一体化结构驱动皮带轮减速系统,经减速后带动精密丝杠副进行加载。电气部分包括负荷测量系统和位移测量系统。所有的控制参数及测量结果均可以在计算机屏幕上实时显示,可计算试样的弹性模量、抗拉强度、断后延伸率等参数,并具有过载保护等功能。

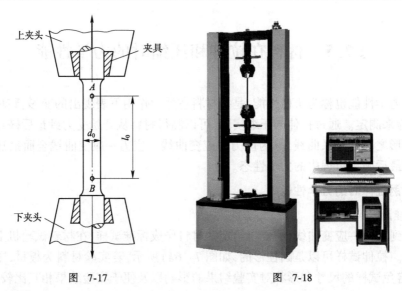

图 7-17   图 7-18

（3）实验方法

当载荷 F 增加时，试样标距的两端截面之间的距离亦增加，标距由 L_0 变为 L，其伸长量为 $\Delta L = L - L_0$。通过力与变形的测量装置，试验机可以自动测量并记录所加载荷 F 以及相应的伸长量 ΔL，得到 F-ΔL 曲线，称为拉伸曲线。将 F 和 ΔL 分别除以试样加载前的横截面面积 A_0 和标距 L_0，得到试样横截面上的正应力 σ 及相应的正应变 ε，在 σ-ε 坐标中便得到所需要的应力—应变曲线，又称为 σ-ε 曲线。现代化的试验机可以自动地绘制出应力—应变曲线。

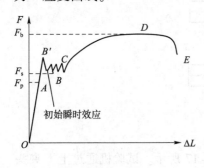

图 7-19

（4）低碳钢试件拉伸时的应力—应变曲线及其力学性能

图 7-19 所示为低碳钢试件的 F-ΔL 拉伸图，描述了载荷与变形间的关系。

图 7-20 表示的低碳钢 σ-ε 曲线是根据图 7-19 而得的，其纵坐标实质上是名义应力，并不是横截面上的实际应力。

对低碳钢拉伸试验所得到的 σ-ε 曲线（图 7-20）进行研究，大致可分为以下四个阶段。

第Ⅰ阶段——弹性阶段：试件的变形完全是弹性的，全部卸除载荷后，试件将恢复其原长，因此称这一阶段为弹性阶段。

在弹性阶段内 a 点是应力与应变成正比即符合胡克定律的最高限，与之对应的应力则称为材料的比例极限，用 σ_p 表示。弹性阶段的最高点 a' 是卸载后不发生塑性变形的极限，而与之对应的应力则称为材料的弹性极限，并以 σ_e 表示。

第Ⅱ阶段——屈服阶段：超过弹性极限以后，应力 σ 有幅度不大的波动，应变急剧地增加，这一现象通常称为屈服或流动，这一阶段则称为屈服阶段或流动阶段。在此阶段，试件表面上将可看到大约与试件轴线呈 45°方向的条纹，它们是由于材料沿试件的最大切应力面发生滑移而出现的，故通常称为滑移线。

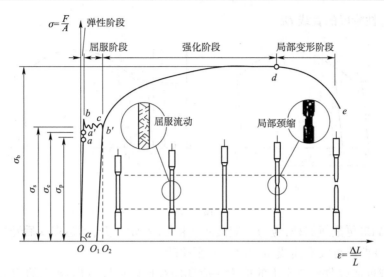

图　7-20

在屈服阶段里,其最高点 b 的应力称为上屈服极限,而最低点 c 的应力则称为下屈服极限,上屈服极限的数值不稳定,而下屈服极限值则较为稳定。因此,通常将下屈服极限称为材料的屈服极限或流动极限,并以 σ_s 表示。

第Ⅲ阶段——强化阶段:应力经过屈服阶段后,由于材料在塑性变形过程中不断发生强化,使试件主要产生塑性变形,且比在弹性阶段内变形大得多,可以较明显地看到整个试件的横向尺寸在缩小。因此,这一阶段称为强化阶段。σ-ε 曲线中的 d 是该阶段的最高点,即试件中的名义应力达到了最大值,d 点的名义应力称为材料的强度极限,以 σ_b 表示。

第Ⅳ阶段——局部变形阶段:当应力达到强度极限后,试件某一段内的横截面面积显著地收缩,出现如图 7-20 所示的"颈缩"现象。颈缩出现后,使试件继续变形所需的拉力减小,应力—应变曲线相应呈现下降,最后导致试件在颈缩处断裂。

对低碳钢来讲,屈服极限 σ_s 和强度极限 σ_b 是衡量材料强度的两个重要指标。

为了衡量材料塑性性质的好坏,通常以试样断裂后标距的残余伸长量 ΔL_1(即塑性伸长 $L_1 - L$),与标距 L 的比值 δ(百分数)来表示:

$$\delta = \frac{\Delta L_1}{L} \times 100\% \qquad (7\text{-}17)$$

δ 称为延伸率或伸长率,低碳钢的 $\delta = 20\% \sim 30\%$。此值的大小表示材料在拉断前能发生的最大塑性变形程度,它是衡量材料塑性的一个重要指标。工程上,一般将 $\delta < 5\%$ 的材料定为脆性材料。

另一个衡量塑性性质好坏的指标是

$$\psi = \frac{A - A_1}{A} \times 100\% \qquad (7\text{-}18)$$

式中,A_1 是拉断后颈缩处的截面面积,A 是变形前标距范围内的截面面积,ψ 称为断面收缩率,低碳钢的 $\psi = 60\% \sim 70\%$。

塑性材料拉伸实验时,当载荷超过弹性范围后,例如达到图 7-21 所示应力—应变曲线上的 d 点后卸载,这时,应力—应变曲线将沿着直线 dd' 卸载至横坐标上的点 d'。直线 dd' 平行于初始线弹性阶段的直线 Ob。

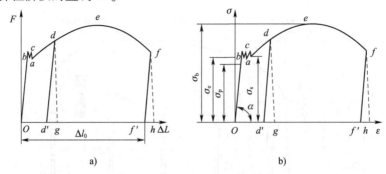

图 7-21

卸载后,如果再重新加载,应力—应变曲线将沿着 dd' 上升,到达点 d 后开始出现塑性变形,应力—应变曲线继续沿曲线 def 变化,直至拉断。

通过卸载再加载曲线与原来的应力—应变曲线比较可以看出:d 点的应力数值远远高于 a 点的应力数值,即比例极限有所提高,而断裂时的塑性变形却有所降低,这种现象称为冷作硬化。工程上常利用冷作硬化来提高某些构件在弹性范围内的承载能力。

2. 其他塑性材料在拉伸时的力学性能

塑性材料的种类很多,除低碳钢外,还有高碳钢、中碳钢和合金钢等材料。对于没有明显屈服阶段的塑性材料,工程上通常以产生 0.2% 残余应变时所对应的应力值作为屈服强度指标,称为名义屈服极限,以 $\sigma_{0.2}$ 表示(图 7-22)。

3. 铸铁拉伸时的力学性能

铸铁是脆性材料的典型代表,图 7-23 所示就是脆性材料灰口铸铁在拉伸时的 $\sigma\text{-}\varepsilon$ 曲线,是一段微弯曲线,没有明显的直线部分。一般来说,脆性材料在受拉过程中没有屈服阶段,也不会发生颈缩现象。其断裂时的应力即为拉伸强度极限,它是衡量脆性材料拉伸强度的唯一指标。

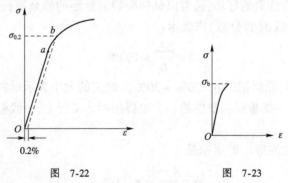

图 7-22   图 7-23

4. 低碳钢压缩时的力学性能

用金属材料作压缩试验时,试件一般作成短圆柱形,长度为直径的 1.5 ~ 3 倍,如图 7-24 所示。

图 7-25 所示实线为低碳钢压缩时的 $\sigma\text{-}\varepsilon$ 图。实验表明,低碳钢压缩时的弹性模量 E 和

屈服极限 σ_s 都与拉伸时大致相同。屈服阶段以后,试样越压越扁,横截面积不断增大,试样抗压能力也不断提高,因为得不到压缩时的强度极限。

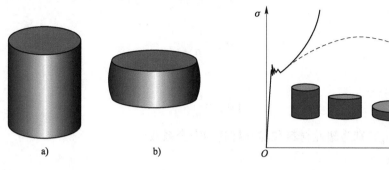

图　7-24

图　7-25

5.铸铁压缩时的力学性能

图 7-26 所示为铸铁压缩时的 $\sigma\text{-}\varepsilon$ 图。试样在较小的变形下破坏,破坏断面的法线与轴线方向大致成45°～55°的倾角,表明试样沿斜截面因相对错动而破坏,铸铁的抗压强度比它的抗拉强度高4～5倍。其他脆性材料如混凝本、石料等,抗压强度也远高于抗拉强度。脆性材料抗拉强度低,塑性性能差,但抗压能力强,常常作为抗压构件的材料,广泛用于机床的机身、机座等零部件。

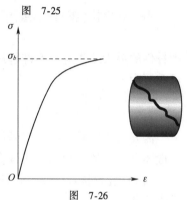

图　7-26

§7.6　强度条件、安全系数和许用应力

1. 极限应力

材料丧失正常工作能力时的应力,称为极限应力,以 σ_u 表示。对于塑性材料,当应力达到屈服极限 σ_s 时,将发生较大的塑性变形,此时虽未发生破坏,但因变形过大将影响构件的正常工作,引起构件失效,所以把 σ_s 定为极限应力,即 $\sigma_u = \sigma_s$。对于脆性材料,因塑性变形很小,断裂就是破坏的标志,故以强度极限作为极限应力,即 $\sigma_u = \sigma_b$。

2. 安全因数及许用应力

为了保证构件有足够的强度,它在载荷作用下所引起的应力(称为工作应力)的最大值应低于极限应力,考虑到在设计计算时的一些近似因素,如载荷值的确定是近似的;计算简图不能精确地符合实际构件的工作情况;实际材料的均匀性不能完全符合计算时所作的理想均匀假设;公式和理论都是在一定的假设下建立起来的,所以有一定的近似性;结构在使用过程中偶尔会遇到超载的情况,即受到的载荷超过设计时所规定的标准载荷等诸多因素的影响,都会造成偏于不安全的后果,所以,为了安全起见,应把极限应力除以一个大于 1 的系数,以 n 表示,称为安全系数或安全因数,所得结果称为许用应力,用 $[\sigma]$ 表示,即

$$[\sigma] = \frac{\sigma_u}{n} \tag{7-19}$$

对于塑性材料有

$$[\sigma] = \frac{\sigma_s}{n_s} \tag{7-20}$$

对于脆性材料有

$$[\sigma] = \frac{\sigma_b}{n_b} \tag{7-21}$$

式中，n_s 和 n_b 分别为塑性材料和脆性材料的安全系数。

3. 强度条件

为了确保拉（压）杆不致因强度不足而破坏，其强度条件为

$$\sigma_{max} \leqslant [\sigma] \tag{7-22}$$

即杆件的最大工作应力不许超过材料的许用应力。对于等直杆，拉伸（压缩）时的强度条件可改写为

$$\frac{F_{Nmax}}{A} \leqslant [\sigma] \tag{7-23}$$

需要指出的是，在工程问题中，如工作应力略高于 $[\sigma]$，但超出的部分不足 $[\sigma]$ 的 5%，一般还是允许的。根据上述强度条件，可以解决下列三种强度计算问题：

（1）强度校核：已知载荷、杆件尺寸及材料的许用应力，根据式（7-22）检验杆件能否满足强度条件。

（2）截面选择：已知载荷及材料的许用应力，按强度条件选择杆件的横截面面积或尺寸，即确定杆件所需的最小横截面面积。将式（7-23）改写为

$$A \geqslant \frac{F_{Nmax}}{[\sigma]} \tag{7-24}$$

（3）确定许用载荷：已知杆件的横截面面积及材料的许用应力，确定许用载荷。先由式（7-23）确定最大轴力，即

$$F_{Nmax} \leqslant [\sigma]A \tag{7-25}$$

然后再利用平衡方程求许用载荷。

【例 7-4】 如图 7-27a）所示三铰屋架的计算简图，屋架的上弦杆 AC 和 BC 承受竖向均布载荷 q 作用，$q = 4.5 \text{kN/m}$。下弦杆 AB 为圆截面钢拉杆，材料为 Q235 钢，其长 $l = 8.5\text{m}$，直径 $d = 16\text{mm}$，屋架高度 $h = 1.5\text{m}$，Q235 钢的许用应力 $[\sigma] = 170\text{MPa}$。试校核拉杆的强度。

解：（1）求约束力：由屋架整体的平衡条件

$$\sum M_A = 0, \quad F_{RB}l - \frac{1}{2}ql^2 = 0$$

得

$$F_{RB} = \frac{1}{2}ql = 0.5 \times 4.5 \times 8.5 = 19.125 \times 10^3 \text{N} = 19.125\text{kN}$$

根据结构对称有

$$F_{RA} = F_{RB} = 19.125\text{kN}$$

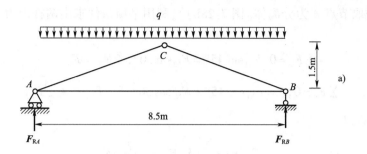

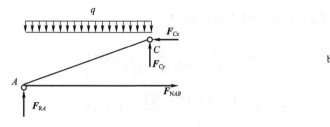

图　7-27

（2）求拉杆的轴力 F_{NAB}：用截面法，取半个屋架为分离体［图7-27b）］，由平衡方程

$$\sum M_C = 0, F_{NAB}h + \frac{1}{2}q\left(\frac{l}{2}\right)^2 - F_{RA}\frac{l}{2} = 0$$

得

$$F_{NAB} = (-0.5 \times 4.5 \times 4.25^2 + 19.125 \times 4.25)/1.5 = 27.1\text{kN}$$

（3）求拉杆横截面上的工作应力 σ

$$\sigma = \frac{F_{NAB}}{A} = \frac{27.1 \times 10^3}{\frac{\pi}{4}(16 \times 10^{-3})^2} = 134.85 \times 10^6\text{Pa} = 134.85\text{MPa}$$

（4）强度校核

$$\sigma = 134.85\text{MPa} < [\sigma]$$

满足强度条件，故拉杆的强度是安全的。

【例7-5】图7-28a）所示桁架，受铅垂载荷 F 作用，杆1和杆2的横截面均为圆形，其直径分别为 $d_1 = 15\text{mm}$，$d_2 = 20\text{mm}$，材料的许用应力均为 $[\sigma] = 150\text{MPa}$。试确定此桁架的许用载荷 $[F]$。

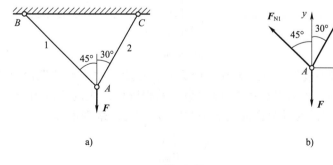

图　7-28

解:(1)截取节点 A 为分离体[图 7-28b)],利用平衡条件求出两杆内力 F_{N1} 和 F_{N2} 与外力 F 的关系:

$$\sum F_x = 0, F_{N1}\sin 45° = F_{N2}\sin 30°, \sqrt{2}F_{N1} = F_{N2} \tag{a}$$

$$\sum F_y = 0, F = F_{N1}\cos 45° + F_{N2}\cos 30°, F = F_{N1}\frac{\sqrt{2}}{2} + \frac{\sqrt{3}}{2}F_{N2} \tag{b}$$

由(a)、(b)得

$$F_{N1} = \frac{\sqrt{2}}{1+\sqrt{3}}F, F_{N2} = \frac{2}{1+\sqrt{3}}F$$

(2)分别由强度条件求出两杆的许用轴力:

$$\sigma_1 = \frac{F_{N1}}{A_1} = \frac{4\sqrt{2}F}{\pi d_1^2\left(1+\sqrt{3}\right)} \leqslant [\sigma]$$

$$F \leqslant \frac{[\sigma]\pi d_1^2\left(1+\sqrt{3}\right)}{4\sqrt{2}} = 51.22\text{kN}$$

$$\sigma_2 = \frac{F_{N2}}{A_2} = \frac{4\times 2F}{\pi d_2^2\left(1+\sqrt{3}\right)} \leqslant [\sigma]$$

$$F \leqslant \frac{[\sigma]\pi d_2^2\left(1+\sqrt{3}\right)}{8} = 64.39\text{kN}$$

所以此桁架的许用载荷$[F] = 51.22\text{kN}$。

§7.7　应力集中的概念

如图 7-29 所示由杆件截面骤然变化(或几何外形局部不规则)而引起的局部应力骤增现象,称为应力集中。

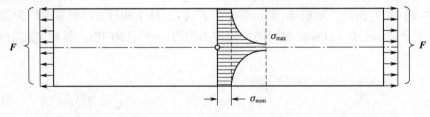

图　7-29

在杆件外形局部不规则处的最大局部应力 σ_{max} 必须借助于弹性理论、计算力学或实验应力分析的方法求得。在工程实际中,应力集中的程度用最大局部应力 σ_{max} 与该截面上的名义应力 σ_{nom}(轴向拉压时即为截面上的平均应力)的比值来表示,即

$$K_{t\sigma} = \frac{\sigma_{max}}{\sigma_{nom}} \tag{7-26}$$

这一比值 $K_{t\sigma}$ 称为理论应力集中因数,其下标 σ 表示是正应力。

在动载荷作用下,不论是塑性材料,还是脆性材料制成的杆件,都应考虑应力集中的影响。

本 章 小 结

1.轴向拉(压)杆横截面上的应力计算公式

$$\sigma = \frac{F_{\mathrm{N}}}{A}$$

2.轴向拉(压)杆斜截面上的应力计算公式

$$\left.\begin{array}{l} \sigma_{\theta} = \sigma\cos^2\theta \\ \tau_{\theta} = \dfrac{\sigma}{2}\sin2\theta \end{array}\right\}$$

θ 角的符号规则:杆轴线 x 轴逆时针转到 θ 截面的外法线时,θ 为正,反之为负。

切应力的符号规则:对分离体内一点产生顺时针力矩的切应力为正,反之为负。

当 $\theta = 0°$ 时,正应力最大,即横截面上的正应力是所有截面上正应力中的最大值。当 $\theta = \pm45°$ 时,切应力达到极值。

3.轴向拉伸与压缩时的变形计算与胡克定律

当轴力为分段常数,横截面均沿轴线不变的情况下,轴向拉(压)杆的总变形 Δl 可按下面的公式计算:

$$\Delta l = \sum_{i=1}^{n} \frac{F_{\mathrm{N}i}l_i}{EA}$$

上式为杆件拉伸(压缩)时的胡克定律,式中的 E 称为材料的弹性模量,EA 称为抗拉(压)刚度。

用应力与应变表示的胡克定律:

$$\sigma = E\varepsilon$$

在弹性范围内,杆件的横向应变 ε' 和轴向应变 ε 有如下的关系:

$$\varepsilon' = -\nu\varepsilon$$

式中,ν 称为泊松比。

4.材料在拉伸和压缩时的力学性质

(1)低碳钢在拉伸时的力学性质

①低碳钢应力—应变曲线分为四个阶段:弹性阶段,屈服阶段,强化阶段和局部变形阶段。

②低碳钢在拉伸时的三个现象:屈服(或流动)现象,颈缩现象和冷作硬化现象。

③低碳钢在拉伸时的四个应力值:

比例极限 σ_{p}:应力应变成比例的最大应力。

弹性极限 σ_{e}:材料只产生弹性变形的最大应力。

屈服极限 σ_{s}:屈服阶段相应的应力。

强度极限 σ_{b}:材料能承受的最大应力。

④低碳钢在拉伸时的两个塑性指标:

延伸率 δ

$$\delta = \frac{L_1 - L}{L} \times 100\%$$

工程上,通常将 $\delta \geqslant 5\%$ 的材料称为塑性材料,将 $\delta < 5\%$ 的材料称为脆性材料。

断面收缩率 ψ

$$\psi = \frac{A - A_1}{A} \times 100\%$$

(2)工程中对于没有明显屈服阶段的塑性材料,通常以产生 0.2% 残余应变时所对应的应力值作为屈服极限,以 $\sigma_{0.2}$ 表示,称为名义屈服极限。

(3)灰铸铁是典型的脆性材料,其拉伸强度极限较低。

(4)材料在压缩时的力学性质:

①低碳钢压缩时弹性模量 E 和屈服极限 σ_s 与拉伸时相同,不存在抗压强度极限。

②灰铸铁压缩强度极限比拉伸强度极限高得多,是良好的耐压、减震材料。

(5)极限应力:塑性材料以屈服极限 σ_s (或 $\sigma_{0.2}$)为其极限应力,脆性材料以强度极限 σ_b 为其极限应力。

5.应用强度条件对拉(压)杆进行强度校核、截面设计及许用载荷的计算。

(1)强度校核

$$\sigma_{max} = \frac{F_{Nmax}}{A} \leqslant [\sigma]$$

(2)截面选择

$$A \geqslant \frac{F_{Nmax}}{[\sigma]}$$

(3)确定许用载荷

$$F_{Nmax} \leqslant [\sigma] A$$

然后再利用平衡方程求许用载荷。

习　　题

7-1　作图示杆件的轴力图。

7-2　作图示杆件的轴力图。已知: $F = 3 kN$ 。

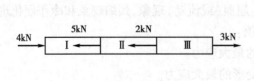

题7-1图　　　　　　　　　　　　题7-2图

7-3　作图示杆件轴力图。

7-4　等直杆轴向载荷如图所示。已知杆的横截面面积 $A = 10\text{cm}^2$，材料的弹性模量 $E = 200\text{GPa}$，试计算杆 AB 的总变形和各段的应力、应变。

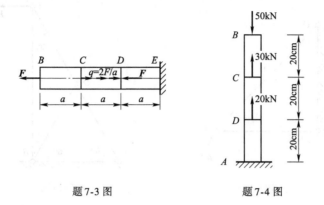

题 7-3 图　　　　　　　　题 7-4 图

7-5　如图所示，钢质圆杆的直径 $d = 10\text{mm}$，$F = 5.0\text{kN}$，弹性模量 $E = 210\text{GPa}$。试求杆内最大应变和杆的总伸长。

7-6　图示等直拉杆的横截面为圆形，直径 $d = 50\text{mm}$，轴向载荷 $F = 200\text{kN}$。

(1)计算互相垂直的截面 AB 和 BC 上的正应力和切应力；

(2)计算杆内的最大正应力和最大切应力。

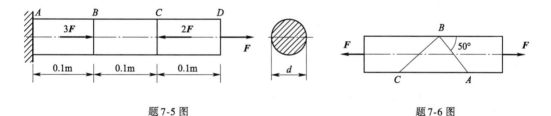

题 7-5 图　　　　　　　　　　　　　　题 7-6 图

7-7　图示桁架，受铅垂载荷 $F = 50\text{kN}$ 作用，杆 1 和杆 2 的横截面均为圆形，其直径分别为 $d_1 = 15\text{mm}$，$d_2 = 20\text{mm}$，材料的许用应力均为 $[\sigma] = 150\text{MPa}$。试校核桁架的强度。

7-8　图示受力结构中，AB 为直径 $d = 10\text{mm}$ 的圆截面钢杆，从杆 AB 的强度考虑，此结构的许用载荷 $[F] = 6.28\text{kN}$。若杆 AB 的强度安全系数 $n = 1.5$，试求此材料的屈服极限。

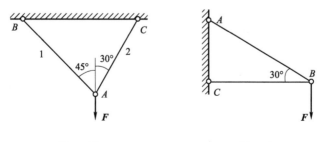

题 7-7 图　　　　　　　　题 7-8 图

7-9　图示桁架在点 B 上作用一方向可变化的集中力 F，该力与铅垂线间的夹角 θ 的变化范围为 $-90° \le \theta \le 90°$。杆 1 和杆 2 的横截面面积 A 相同，许用应力 $[\sigma]$ 也相同。试求 θ

为多大时,许用载荷 [*F*] 为最大,其最大值为多少?

7-10 图示木制桁架受水平力 *F* 作用,已知 *F* = 80kN,许用拉应力和压应力分别为 $[\sigma]^+ = 8\text{MPa}$,$[\sigma]^- = 10\text{MPa}$,试设计杆 *AB* 和杆 *CD* 的横截面面积。

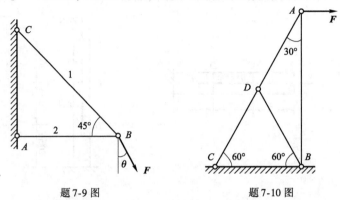

题 7-9 图   题 7-10 图

第8章 连接件的实用计算

本章主要内容

(1)剪切和挤压的概念。
(2)连接件计算的基本方法和假设。
(3)连接件的强度校核。

重点

剪切面和挤压面的确定。

为保证工程中一些连接件的正常工作,经常需要进行连接件的剪切强度、挤压强度计算。本章首先确定连接件的剪切面和挤压面,再探讨采用实用计算方法对剪切和挤压进行强度计算。

§8.1 剪切与挤压的概念

剪切是杆件变形的基本形式之一。工程结构中常采用连接件,其主要承受剪切的作用,产生剪切变形,挤压伴随剪切而发生。工程中常见的连接件主要有螺栓、铆钉、销钉、销轴、键块等,如图8-1~图8-4所示的结构图和受力示意图。连接件的体积一般都比较小,但对整体结构的牢固和安全却起着重要的作用。

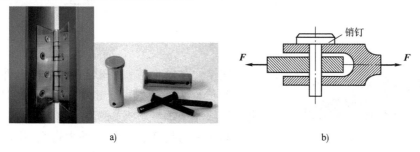

a)   b)

图 8-1

剪切变形的主要受力特点是:构件受到与其轴线相互垂直的大小相等、方向相反、作用线相距很近的一对外力的作用,如图8-5a)所示的铆钉结构。构件的变形表现为:位于两作用力之间的构件横截面发生相对的位错,如图8-5b)所示,铆钉产生位错的横截面 m-n 称为剪切面。

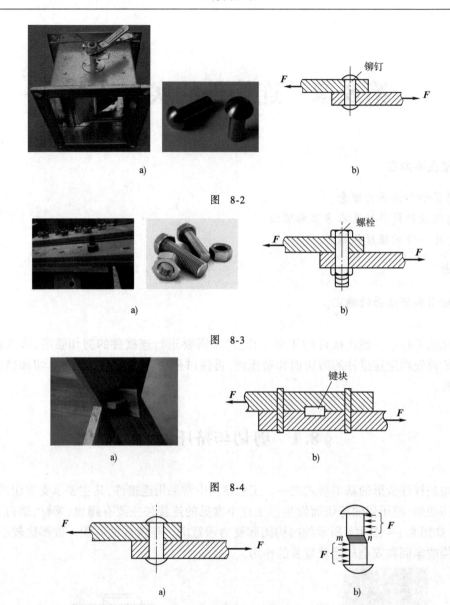

图　8-2

图　8-3

图　8-4

图　8-5

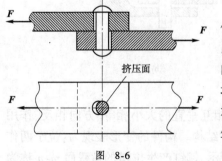

图　8-6

连接件在发生剪切变形的同时,连接件和被连接件之间传递力的接触面上也将受到较大的压力作用,出现局部的压缩变形,这种现象称为挤压。发生挤压的接触面称为挤压面。如果外力过大,构件在局部区域内会产生塑性变形而破坏。如图 8-6 所示,铆钉在承受剪切作用的同时,铆钉圆柱表面与钢板孔壁间产生相互挤压作用,使得构件接触面产生塑性变形。

由于连接件一般尺寸都不大,构件的变形和应力分布比较复杂,难以从理论上计算它们的真实工作应力。因此,工程中通常采用实用计算方法来解决连接件的强度问题,即:对连接件的受力和应力分析进行合理的简化,计算出各部分的"名义应力";对连接件进行破坏实验,采用同样的计算方法,由破坏载荷确定材料的极限应力。以下两节以铆钉为例说明剪切和挤压的实用计算方法。

§8.2　剪切的实用计算

图 8-5 所示用铆钉连接的两块钢板结构,从接头中取出铆钉,其受力如图 8-7a)所示,m-n 为剪切面。在 m-n 处截开并取下部为分离体[图 8-7b)],根据分离体受力平衡可知,剪切面 m-n 上存在沿截面的内力 F_S,根据 $\sum F_x = 0$,$F_S = F$,F_S 称为剪力。剪切面 m-n 上与内力相对应的应力为切应力 τ,如图 8-7c)所示。

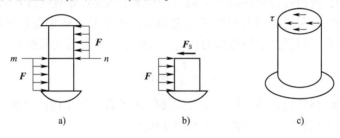

图　8-7

工程中采用的实用计算方法,假定应力在剪切面上是均匀分布的,因此切应力

$$\tau = \frac{F_S}{A} \tag{8-1}$$

称之为计算切应力,或者名义切应力。式中,A 是剪切面的面积。

根据剪切破坏实验,可以求得材料的剪切极限应力,除以安全系数后得到许用切应力 $[\tau]$,因此建立剪切强度条件为

$$\tau = \frac{F_S}{A} \leqslant [\tau] \tag{8-2}$$

§8.3　挤压的实用计算

连接件与被连接件之间在相互的挤压变形中,挤压面上传递的压力称为挤压力,用 F_{bs} 表示。由挤压力引起的应力称为挤压应力,方向垂直于挤压面,用 σ_{bs} 表示。如图 8-8a)所示,铆钉受挤压时,挤压面为半个圆柱面,该面上挤压应力分布不均匀,最大应力发生于半圆柱接触面的中点,两旁挤压应力逐步减小,趋向于零。如此分布的挤压应力的精确计算是比较困难的。

工程中对于挤压应力的计算和强度分析仍采用实用计算方法。以实际挤压面在垂直于挤压力方向上的正投影面积作为有效挤压面积 A_{bs},如图 8-8b)所示,假定挤压应力在有效挤压面积上均匀分布,则挤压应力为

$$\sigma_{bs} = \frac{F_{bs}}{A_{bs}} \tag{8-3}$$

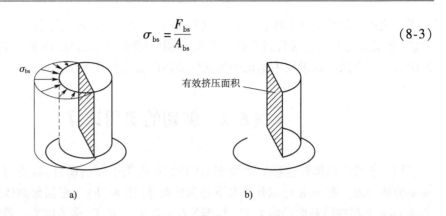

图 8-8

　　挤压应力过大,连接件接触的局部区域会产生塑性变形,导致连接松动或破坏,使构件丧失正常的工作能力,因此必须考虑挤压强度问题。由实验可确定连接件材料的挤压极限应力,除以安全系数后得到许用挤压应力 $[\sigma_{bs}]$,从而建立挤压强度条件为

$$\sigma_{bs} = \frac{F_{bs}}{A_{bs}} \le [\sigma_{bs}] \tag{8-4}$$

　　需要注意的是,挤压应力是连接件和被连接件之间的相互作用。因此,当构件材料不同时,应校核其中许用挤压应力较低的构件的挤压强度。

　　【例 8-1】 如图 8-9a)所示接头,已知销钉直径 $d = 20mm$,板厚 $t = 30mm$,材料的许用切应力 $[\tau] = 50MPa$,许用挤压应力 $[\sigma_{bs}] = 80MPa$,接头受到拉力 $F = 40kN$ 的作用,试校核销钉的强度。若强度不够,销钉的直径应改为多大?

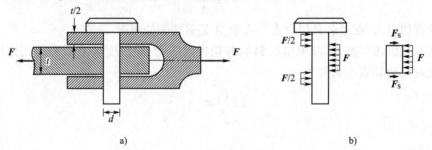

图 8-9

　　解: 如图 8-9b)所示,销钉剪切面的面积和面内剪力分别为

$$A = \frac{\pi d^2}{4}, F_S = \frac{F}{2}$$

有效挤压面积和挤压力分别为

$$A_{bs} = dt, F_{bs} = F$$

切应力大小为

$$\tau = \frac{F_S}{A} = \frac{2F}{\pi d^2} = \frac{2 \times 40 \times 10^3}{3.14 \times 20^2 \times 10^{-6}} = 63.7MPa > [\tau]$$

不符合剪切强度条件。

　　若将销钉直径改为 d_1,由剪切强度条件

$$\tau = \frac{F_S}{A} = \frac{2F}{\pi d_1^2} \leqslant [\,\tau\,]$$

得

$$d_1 \geqslant \sqrt{\frac{2F}{\pi[\,\tau\,]}} = \sqrt{\frac{2 \times 40 \times 10^3}{3.14 \times 50 \times 10^6}} = 0.023\mathrm{m} = 23\mathrm{mm}$$

由挤压强度条件

$$\sigma_{bs} = \frac{F_{bs}}{A_{bs}} = \frac{F}{t d_1} \leqslant [\,\sigma_{bs}\,]$$

得

$$d_1 \geqslant \frac{F}{t[\,\sigma_{bs}\,]} = \frac{40 \times 10^3}{30 \times 10^{-3} \times 80 \times 10^6} = 0.017\mathrm{m} = 17\mathrm{mm}$$

综上,选择直径为 23mm 的销钉,既满足剪切强度条件,又满足挤压强度条件。

【**例 8-2**】拉力 $F = 80\mathrm{kN}$ 的螺栓连接如图 8-10a)所示。已知 $b = 80\mathrm{mm}$，$t = 10\mathrm{mm}$，$d = 22\mathrm{mm}$，螺栓的许用切应力 $[\tau] = 120\mathrm{MPa}$，许用挤压应力 $[\sigma_{bs}] = 100\mathrm{MPa}$，钢板的许用拉应力 $[\sigma] = 170\mathrm{MPa}$。假设每个螺栓受力相等,试校核接头的强度。

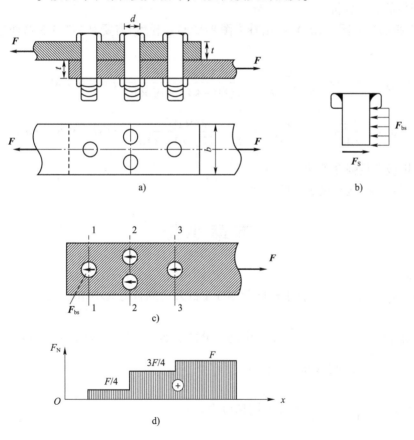

图　8-10

解:(1)受力分析

选择螺栓上半部分和下层钢板为研究对象,并对其进行受力分析,如图 8-10b)、c)所示,得到

$$F_S = F_{bs} = \frac{F}{4}$$

(2)螺栓剪切、挤压强度分析

螺栓的剪切面和有效挤压面的面积为

$$A = \frac{\pi d^2}{4}, A_{bs} = dt$$

剪切强度计算为

$$\tau = \frac{F_S}{A} = \frac{F}{\pi d^2} = \frac{80 \times 10^3}{3.14 \times 22^2 \times 10^{-6}} = 52.6\text{MPa} < [\tau]$$

挤压强度计算为

$$\sigma_{bs} = \frac{F_{bs}}{A_{bs}} = \frac{F}{4td} = \frac{80 \times 10^3}{4 \times 10 \times 22 \times 10^{-6}} = 90.9\text{MPa} < [\sigma_{bs}]$$

因此,螺栓满足强度条件。

(3)钢板的强度分析

根据钢板的受力图 8-10c),画出轴力图 8-10d)。显然,需要对 2-2、3-3 截面进行强度计算,即

$$\sigma_{2-2} = \frac{F_{N,2-2}}{A_{2-2}} = \frac{3F/4}{(b-2d)t} = \frac{3 \times 80 \times 10^3}{4 \times (80-44) \times 10 \times 10^{-6}} = 166.7\text{MPa} < [\sigma]$$

$$\sigma_{3-3} = \frac{F_{N,3-3}}{A_{3-3}} = \frac{F}{(b-d)t} = \frac{80 \times 10^3}{(80-22) \times 10 \times 10^{-6}} = 137.9\text{MPa} < [\sigma]$$

因此,钢板满足强度条件。

综上校核结果,接头满足强度条件。

本 章 小 结

1. 剪切

(1)受力特点:作用在垂直于构件两侧面上的外力的合力大小相等、方向相反,作用线相距很近。

(2)变形特点:介于这两个作用力中间部分的截面,有发生相对错动的趋势。

切应力:$\tau = \frac{F_S}{A}$,A 为剪切面的面积;

强度条件:$\tau = \frac{F_S}{A} \leqslant [\tau]$,$[\tau]$ 为许用切应力。

2. 挤压

挤压应力:$\sigma_{bs} = \frac{F_{bs}}{A_{bs}}$,$A_{bs}$ 为有效挤压面积;

强度条件: $\sigma_{bs} = \dfrac{F_{bs}}{A_{bs}} \leq [\sigma_{bs}]$,$[\sigma_{bs}]$ 为许用挤压应力。

习 题

8-1 图示螺栓接头,已知 $F = 100\text{kN}$,$t = 8\text{mm}$,螺栓直径 $d = 16\text{mm}$,材料的许用切应力 $[\tau] = 120\text{MPa}$,许用挤压应力 $[\sigma_{bs}] = 200\text{MPa}$,试求所需螺栓的个数。

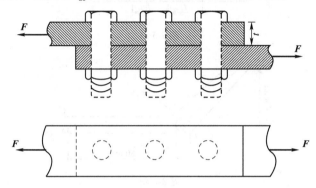

题 8-1 图

8-2 图示冲床的冲头,在力 **F** 的作用下冲剪钢板。设板厚 $t = 10\text{mm}$,板材料的许用切应力 $[\tau] = 300\text{MPa}$。试计算冲剪一个直径 $d = 20\text{mm}$ 的圆孔所需的冲力。

8-3 图示螺钉受到拉力 **F** 的作用,已知材料的许用压应力 $[\tau]$ 与许用应力 $[\sigma]$ 的关系满足 $[\tau] = 0.75[\sigma]$,试按剪切强度和拉伸强度求螺杆直径 d 与螺帽高度 h 之间的合理比值。

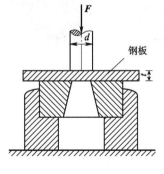

题 8-2 图

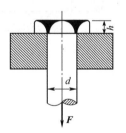

题 8-3 图

8-4 正方形截面的混凝土柱,横截面的边长 $b = 200\text{mm}$,基底为边长 $a = 1\text{m}$ 的正方形混凝土板。柱受到 $F = 120\text{kN}$ 轴向压力的作用,如图所示。假设地基对混凝土板的约束力均匀分布,混凝土的许用切应力 $[\tau] = 1.5\text{MPa}$,试求混凝土基底板最小厚度 t 为多少时,柱不至于穿过基底板。

8-5 矩形截面的木拉杆的榫卯接头如图所示。已知 $F = 50\text{kN}$,截面宽度 $b = 250\text{mm}$。木材的顺纹

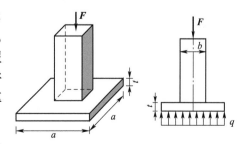

题 8-4 图

许用切应力 $[\tau]=1\mathrm{MPa}$，顺纹许用挤压应力 $[\sigma_{bs}]=10\mathrm{MPa}$。试求接头处所需的尺寸 l 和 a。

8-6　图示杠杆机构，B 处为螺栓连接。若螺栓的许用切应力 $[\tau]=98\mathrm{MPa}$，试根据剪切强度分析确定螺栓的直径。

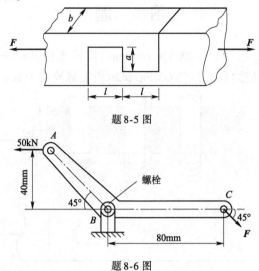

题 8-5 图

螺栓

题 8-6 图

8-7　图示零件和平键连接，轴的半径 $d=75\mathrm{mm}$，平键的尺寸为 $b=20\mathrm{mm}$，$h=12\mathrm{mm}$，$l=120\mathrm{mm}$，轴传递的力偶矩 $M=2\mathrm{kN}\cdot\mathrm{m}$，平键材料的许用切应力 $[\tau]=80\mathrm{MPa}$，许用挤压应力 $[\sigma_{bs}]=100\mathrm{MPa}$。试校核该平键的强度。

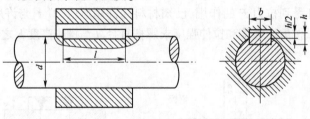

题 8-7 图

第9章 扭 转

本章主要内容

(1)外力偶矩的计算、扭矩图的绘制。
(2)切应力互等定理。
(3)圆轴扭转时横截面上应力计算。
(4)相对扭转角的概念及其计算。
(5)圆轴扭转时的强度和刚度校核。

重点

(1)扭矩图的绘制。
(2)圆轴扭转时的强度和刚度校核。

本章主要介绍扭转变形的圆轴的内力、应力和变形计算,以及扭矩图的画法、应力的分布规律和圆截面的极惯性矩、抗扭截面系数的求解,并在此基础上建立扭转的强度条件和刚度条件。

§9.1 扭转的概念

扭转是杆件的基本变形之一。在工程实际中,受扭的杆件很多,如搅拌机轴、汽车传动轴、电动机轴、方向盘操纵杆等,如图9-1所示。工程中把以扭转变形为主的杆件称为轴。

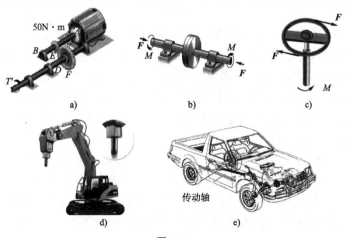

图 9-1

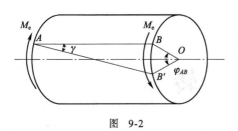

图 9-2

轴所受外力的特点是在垂直于杆轴线的平面内作用有大小相等、转向相反的一对力偶,如图9-2所示。轴的变形特点是:杆件的各横截面绕其轴线发生相对转动,这种变形形式称为扭转。扭转时杆件任意两个横截面绕轴线相对转动的角度称为两截面间的相对扭转角或扭转角,用 φ 表示,图9-2中的角 φ_{AB} 就是截面 B 相对于截面 A 的相对扭转角。同时,轴表面上的纵向线 AB,在外力作用下变为斜线 AB',倾斜角度为 γ,称为剪切角或切应变。

工程实际中,扭转变形为主的杆件,同时还可能伴有拉压、弯曲等其他变形,属于组合变形。如果其他变形不大,往往可以忽略或者暂时不考虑该因素的影响。

§9.2　扭矩与扭矩图

研究轴受扭时的强度和变形之前,首先需要确定作用在轴上的力偶矩的大小。使杆件产生扭转变形的力偶矩称为外力偶矩,用 M_e 表示,数值上等于杆件所受外力对杆轴的力矩。轴横截面上产生的相应的内力,称为扭矩,用符号 T 表示。外力偶矩和扭矩的单位是 N·m。

1. 扭矩和扭矩图

已知作用于轴上的外力偶矩,若想求任意横截面上的内力,仍然采用截面法。如图9-3a)所示,一圆轴在一对大小相等、转向相反、作用面与杆轴线垂直的外力偶作用下产生扭转变形。欲求该轴任意横截面 n-n 处的内力,用一假想的截面在横截面 n-n 处断开,取左侧分离体为研究对象,如图9-3b)所示。左侧分离体 A 端作用一个矩为 M_e 的外力偶,为保持平衡,在断开的横截面上必然存在一个与之平衡的内力偶 T,平衡方程为

$$\sum M_x = 0, T - M_e = 0$$

得

$$T = M_e$$

若取 n-n 截面右侧为分离体,如图9-3c)所示,根据以上求解步骤,求得 n-n 截面上的扭矩与上述结果大小相等,但转动方向相反,它们是作用力与反作用力的关系。

为使左右分离体求得的同一横截面上扭矩正负号一致,对扭矩 T 的正负号按右手螺旋法则作如下规定:右手四指顺着扭矩的转向握住轴线,大拇指背离分离体,指向截面外法线方向时,扭矩为正;反之,大拇指指向分离体则扭矩为负,如图9-4所示。由此规定,图9-3b)、c)中的扭矩均为正。

一般情况下,若轴上受到多个外力偶的作用,则各横截面上的扭矩不尽相同。为了清楚地表示各横截面上扭矩沿轴线方向的变化规律,仿照作轴力图的方法画出轴的扭矩图。作图时,在原图正下方,沿轴线 x 方向为横坐标,表示各横截面位置,垂直杆轴线方向的纵坐标表示相应截面的扭矩的数值,正、负扭矩分别画在 x 轴的上下两侧(上正下负),并标出 $\oplus$、$\ominus$ 号。

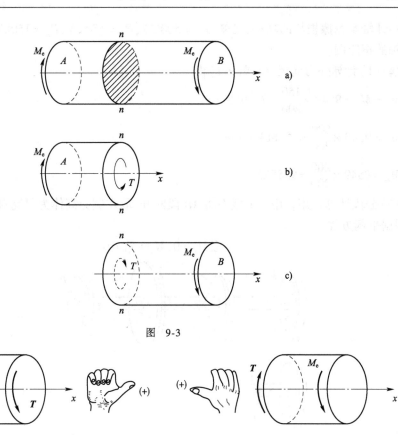

图 9-3

图 9-4

2. 功率、转速与外力偶矩的关系

在工程实际中,计算传动轴扭转问题时,通常并不直接给出作用于传动轴上的外力偶矩 M_e,而是给出轴的传递功率和转速。因此,需要通过转速、功率和外力偶矩之间的关系来计算外力偶矩。

已知轴传递的功率为 P,单位为 kW,每分钟做的功为

$$W = 60P \times 10^3$$

若轴的转速为 n,单位为 r/min,根据力偶做功,力偶矩 M_e(单位:N·m)每分钟做的功为

$$W = 2\pi n M_e$$

传动轴传递的功等于外力偶矩所做的功,即

$$6 \times 10^4 P = 2\pi n M_e$$

于是,得到外力偶矩的计算公式为

$$\{M_e\}_{N \cdot m} = 9549 \frac{\{P\}_{kW}}{\{n\}_{r/min}} \tag{9-1}$$

若功率的单位为马力(hp,1hp = 735.5W),则公式(9-1)应改写为

$$\{M_e\}_{N \cdot m} = 7024 \frac{\{P\}_{hp}}{\{n\}_{r/min}} \tag{9-2}$$

【例 9-1】传动轴如图 9-5a)所示,其转速 $n = 200$r/min,主动轮为 C 轮,A、B、D 轮为从动

轮。不计轴承摩擦损耗的功率,已知:$P_C = 500\text{kW}$,$P_A = 150\text{kW}$,$P_B = 150\text{kW}$,$P_D = 200\text{kW}$,试作出轴的扭矩图。

解:(1)计算外力偶矩,由式(9-1)得

$$M_A = M_B = 9549 \times \frac{150}{200} = 7.16\text{kN} \cdot \text{m}$$

$$M_C = 9549 \times \frac{500}{200} = 23.88\text{kN} \cdot \text{m}$$

$$M_D = 9549 \times \frac{200}{200} = 9.55\text{kN} \cdot \text{m}$$

(2)分段计算扭矩。用 1-1 截面将 AB 段断开,取左侧分离体为研究对象,如图 9-5b)所示,根据平衡方程

$$\sum M_x = 0, M_A + T_1 = 0$$

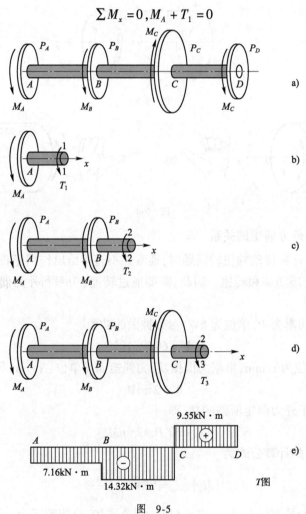

图 9-5

可得

$$T_1 = -M_A = -7.16\text{kN} \cdot \text{m}$$

同理,分别用 2-2、3-3 截面将 BC 段、CD 段断开,取左侧分离体为研究对象,如图 9-5c)、

d)所示,分别列平衡方程

$$\sum M_x = 0, M_A + M_B + T_2 = 0$$

$$\sum M_x = 0, M_A + M_B - M_C + T_3 = 0$$

得到

$$T_2 = -M_A - M_B = -14.32 \text{kN} \cdot \text{m}$$

$$T_3 = -M_A - M_B + M_C = 9.55 \text{kN} \cdot \text{m}$$

(3)画扭矩图。根据以上计算结果,按原图尺寸比例画出扭矩图,如图 9-5e)所示。由扭矩图可见,T_{max} 发生在 BC 段内,其值为 $T_{max} = 14.32 \text{kN} \cdot \text{m}$。

需要指出的是,利用截面法进行扭矩分析画受力图时,先将分离体断面内的扭矩的方向假设都为正,再根据外力偶矩和扭矩的力偶矩矢方向列平衡方程,求得的扭矩值为正,则扭矩为正,负值则表示扭矩为负,这正是设正法的求解思路。

§9.3　薄壁圆筒的扭转

本节讨论薄壁圆筒扭转时的横截面上应力分布及大小。

图 9-6a)所示为一等截面的薄壁圆筒,其平均半径为 r_0,壁厚为 $\delta(\delta \leqslant r_0/10)$,观察该薄壁圆筒扭转前后的变形情况。首先在圆筒表面用圆周线和纵向线画出许多小矩形,然后两端施加外力偶矩 M_e,圆筒受扭发生小变形,可观察到以下现象[图 9-6b)]:

(1)所有圆周线的大小、形状、间距不变,但都不同程度地绕杆轴线转动了一个角度。

(2)所有纵向线都倾斜了一个相同的角度 γ,变为平行的螺旋线(仍近似为直线)。

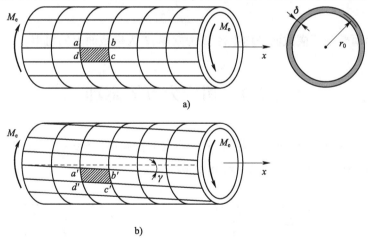

图　9-6

根据以上现象,可得出如下结论:

(1)各圆周线间距不变,圆筒纵向方向没有线应变,因此横截面上不存在正应力。

(2)圆周线的大小、形状不变,说明圆筒周向不存在正应力。

(3)各圆周线绕轴线存在相对转动,说明横截面上有切应力 τ。

(4) 由于各纵向线均倾斜了一个相同的微小角度 γ,筒壁的厚度又很薄,可认为沿壁厚的切应力均匀分布。

为计算切应力,选取薄壁圆筒上任一横截面 $n\text{-}n$,面内扭矩为 T,如图 9-7a) 所示。$n\text{-}n$ 面内切应力 τ 绕圆周均匀分布,截面上任取一微元面积 dA,如图 9-7b) 所示,其上内力大小为 τdA,它对 x 轴的力矩为 $\tau dA \cdot r_0$。截面上所有的微元面积上内力对 x 轴的力矩之和为该截面的扭矩 T,即

$$\int_A \tau \, dA \cdot r_0 = T$$

$$\tau r_0 \int_A dA = T$$

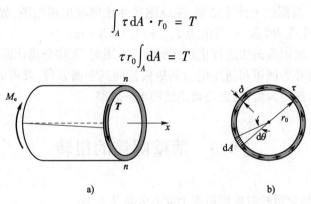

图 9-7

由于 $dA = r_0 \delta d\theta$,则

$$\tau r_0 \int_0^{2\pi} r_0 \delta d\theta = T$$

所以,薄壁圆筒扭转时横截面上的切应力为

$$\tau = \frac{T}{2\pi r_0 \delta} \tag{9-3}$$

式中,r_0 为薄壁圆筒横截面平均半径,δ 为壁厚,T 为横截面上的扭矩。

§9.4　切应力互等定理

用相邻的两个横截面和两个纵截面,从受扭的薄壁圆筒[图 9-6b)]上截取一个微元体,如图 9-8a) 所示,其三边长度分别为 dx,dy 和 δ。

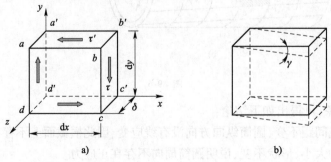

图 9-8

已知微元体左右侧面上作用有切应力 τ,根据平衡条件 $\sum F_y = 0$,两侧面上的切应力大小相等,方向相反,因此将组成一个顺时针转动的力偶,力偶矩大小为 $(\tau\,\delta\mathrm{d}y)\,\mathrm{d}x$。由于微元体处于平衡状态,因此在微元体的上下表面必然存在大小相等、方向相反的切应力 τ',构成逆时针转动的力偶,力偶矩大小为 $(\tau'\delta\mathrm{d}x)\,\mathrm{d}y$。由平衡条件 $\sum M_z = 0$,得

$$(\tau\,\delta\mathrm{d}y)\,\mathrm{d}x = (\tau'\delta\mathrm{d}x)\,\mathrm{d}y$$

因此

$$\tau = \tau' \tag{9-4}$$

式(9-4)表明:在微元体相互垂直的两个平面上,切应力必然成对出现,且大小相等,二者都垂直于两截面的交线,方向共同指向或背离交线,这一关系称为切应力互等定理。

图 9-8a)所示的微元体,相互垂直的四个平面上只存在切应力而无正应力,该状态称为纯剪切状态。纯剪切微元体的相对两侧面将发生微小的相对错动[图 9-8b)]。切应力互等定理不仅对纯剪切状态适用,对正应力和切应力同时存在的微元体也同样适用。

§9.5　圆轴扭转时的应力和变形

工程中,最常见的轴是圆截面轴。圆轴扭转时,可用截面法求得横截面上的扭矩,但横截面上应力的分布情况,需要从三方面进行考虑。首先由圆轴扭转变形的几何关系得到应变的变化规律;其次由应力、应变之间的物理关系得到应力的分布规律;最后根据扭矩和应力之间的静力学关系,得出应力的计算公式。下面就依次从几何关系、物理关系、静力学关系这三方面进行讨论。

1. 圆轴扭转时的应力

(1)几何关系

如图 9-9a)所示,在等直圆轴表面画出两个相邻的圆周线和纵向线,形成一个小矩形 $ABCD$。圆轴受力扭转后,可观察到与薄壁圆筒相同的变形现象,即:圆周线绕杆轴各旋转一个相对的角度,但大小、形状和相邻圆周线间的间距不变;纵向线都倾斜了一个相同的角度 γ,变为平行的螺旋线。因此,矩形 $ABCD$ 变形为平行四边形 $A'B'C'D'$,如图 9-9b)所示。

根据圆轴表面的变形现象,可由表及里地推理,得到圆轴扭转的基本假设:受扭的圆轴,变形前的横截面,变形后仍保持为平面,形状和大小不变,只是绕轴线相对地转动一个角度,且相邻两横截面间的距离保持不变,即圆轴扭转的平面假设。由平面假设,可推断出受扭横截面上只有切应力而无正应力,切应力方向垂直于半径。

从圆轴中截取相距为 $\mathrm{d}x$ 的微段[图 9-10a)],假设 $m\text{-}m$ 截面不动,截面 $n\text{-}n$ 相对轴线转动角度为 $\mathrm{d}\varphi$。微段表面上的纵向线段 AB、DC 均转动角度 γ,成为 AB'、DC'。

再从该微段中取出楔形块 $ABCDOO'$ 来分析,如图 9-10b)所示。距轴线 OO' 任意长度为 ρ 的位置处形成一小矩形 $abcd$,扭转变形后纵向线段 ab' 的倾斜角为 γ_ρ,同时也是 b 点处的切应变,点 b 的线位移为 $\overline{bb'}$,可得

$$\overline{bb'} = \gamma_\rho\mathrm{d}x$$

而从横截面 $n\text{-}n$ 上看,

$$\overline{bb'} = \rho \mathrm{d}\varphi$$

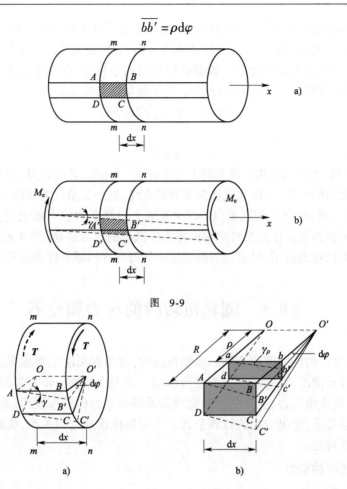

图 9-9

图 9-10

于是, b 点切应变为

$$\gamma_\rho = \frac{\overline{bb'}}{\mathrm{d}x} = \frac{\rho \mathrm{d}\varphi}{\mathrm{d}x} = \rho \frac{\mathrm{d}\varphi}{\mathrm{d}x} \tag{9-5}$$

式中, $\dfrac{\mathrm{d}\varphi}{\mathrm{d}x}$ 为扭转角沿轴长的变化率,即单位长度轴两端的相对扭转角,用 θ 表示,因此

$$\gamma_\rho = \rho\theta \tag{9-6}$$

同一截面上 θ 是常量,表明切应变 γ_ρ 与 ρ 成正比,沿半径呈线性分布规律。式(9-6)为变形的几何条件。

（2）物理关系

当材料处于线弹性变形阶段时,切应力与切应变满足剪切胡克定律。横截面上距圆心为 ρ 的点处的切应力

$$\tau_\rho = G\gamma_\rho = G\rho\theta \tag{9-7}$$

式中, $G\theta$ 为常数,表明切应力 τ_ρ 与 ρ 成正比,沿半径呈线性分布规律,且方向垂直于半径。横截面上中心处 τ 为零,其边缘处各点 τ 最大;同平面上距圆心为 ρ 的圆周上,各点切应力 τ_ρ 均相同,如图9-11所示。

（3）静力学关系

由物理关系得到的式(9-7)仅能反映出圆轴横截面上切应力的分布规律,单位长度相对扭转角 θ 未知,使得该式无法计算任一点处的应力大小。因此,需要利用静力学关系进一步求解 θ 与扭矩 T 之间的关系。

圆轴横截面上取一微元面积 dA,距圆心长度为 ρ,如图 9-12 所示,微面积上内力大小为 $\tau_\rho dA$,对圆心的力矩为 $\tau_\rho dA\rho$。整个横截面上切应力对圆心的力矩之和即为横截面上的扭矩

$$T = \int_A \tau_\rho \rho \, dA \tag{a}$$

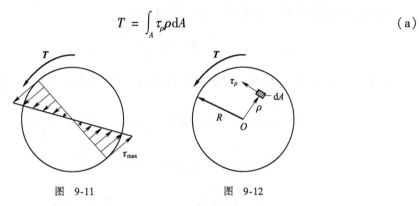

图 9-11　　　　　　　　图 9-12

将式(9-7)带入到上式(a)中,得到

$$T = \int_A G\rho^2 \theta \, dA = G\theta \int_A \rho^2 \, dA \tag{b}$$

其中, $\int_A \rho^2 \, dA$ 是与轴横截面相关的一个纯几何量,称为横截面对圆心的极惯性矩,单位为 m^4,用 I_p 表示,即

$$I_p = \int_A \rho^2 \, dA \tag{c}$$

由此,得到单位长度相对扭转角 θ 为

$$\theta = \frac{T}{GI_p} \tag{d}$$

将式(d)带入到式(9-7)中,得到圆轴扭转时横截面上任一点的切应力计算公式:

$$\tau_\rho = \frac{T\rho}{I_p} \tag{9-8}$$

式中, T 为横截面上的扭矩, ρ 为横截面上任一点到圆心的距离, I_p 是横截面对圆心的极惯性矩。

在圆截面的边缘处, ρ 具有最大值 R,得到该截面上最大切应力为

$$\tau_{max} = \frac{TR}{I_p} \tag{e}$$

令

$$W_p = \frac{I_p}{R} \tag{f}$$

得

$$\tau_{max} = \frac{T}{W_p} \tag{9-9}$$

式中，W_p 称为抗扭截面系数，单位为 m^3。

对于实心圆截面的极惯性矩 I_p 和抗扭截面系数 W_p，如图 9-13a) 所示，在横截面上距圆心为 ρ 处，取厚为 $d\rho$ 的环形微面积 dA，$dA = 2\pi\rho d\rho$，则

$$I_p = \int_A \rho^2 dA = \int_0^{\frac{D}{2}} 2\pi\rho^3 d\rho = \frac{\pi D^4}{32} \tag{9-10}$$

式中，D 为圆轴横截面的直径。抗扭截面系数

$$W_p = \frac{I_p}{D/2} = \frac{\pi D^3}{64} \tag{9-11}$$

对于空心的圆截面，如图 9-13b) 所示，内外直径分别为 d 和 D，$\alpha = \dfrac{d}{D}$，则

$$I_p = \int_A \rho^2 dA = \int_{\frac{d}{2}}^{\frac{D}{2}} 2\pi\rho^3 d\rho = \frac{\pi}{32}(D^4 - d^4) = \frac{\pi D^4}{32}(1-\alpha^4) \tag{9-12}$$

$$W_p = \frac{I_p}{D/2} = \frac{\pi}{16D}(D^4 - d^4) = \frac{\pi D^3}{16}(1-\alpha^4) \tag{9-13}$$

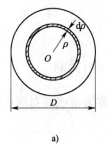 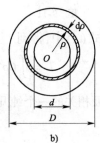

图　9-13

2. 圆轴扭转时的变形

圆轴扭转时的变形可用两个横截面绕轴线的相对扭转角 φ 来度量，根据单位长度扭转角的定义式 $\theta = \dfrac{d\varphi}{dx}$ 和式（d），可得

$$d\varphi = \theta dx = \frac{T}{GI_p}dx \tag{g}$$

上式表示相距 dx 的两截面间的相对扭转角。

长度为 l 的等直圆轴，GI_p 为常数，若两截面间的扭矩 T 不变，则式（g）积分后得

$$\varphi = \int_0^l \frac{T}{GI_p}dx = \frac{Tl}{GI_p} \tag{9-14}$$

上式即为相对扭转角的计算公式，φ 的单位为 rad。式（9-14）中 GI_p 值越大，相对扭转角越小，轴越不容易发生扭转变形，因此，GI_p 称为圆轴的抗扭刚度。

若相距为 l 的轴截面间的扭矩 T 或 I_p 值是变化的，应分段计算各段间的相对扭转角，再按代数值相加，即

$$\varphi = \sum_{i=1}^{n} \frac{T_i l_i}{GI_{pi}} \tag{9-15}$$

式(9-14)中,为消除轴的长度 l 对扭转角的影响,采用单位长度扭转角 θ 来度量,即

$$\theta = \frac{T}{GI_{p}} \tag{9-16}$$

单位为 rad/m。若转换单位为(°/m),则

$$\theta = \frac{T}{GI_{p}} \times \frac{180°}{\pi} \tag{9-17}$$

本节中公式的推导是以扭转的平面假设为基础的,并且使用了剪切胡克定律,因此公式只在弹性范围内才适用。同时,以实心圆轴扭转推导的应力和变形的计算公式对于空心圆轴也是适用的。

【例 9-2】 实心阶梯圆轴 AD 受力情况如图 9-14a)所示,其中 $M_{e} = 10kN \cdot m$,$d_{1} = 100mm$,$d_{2} = 70mm$,$a = 2m$,材料的切变模量 $G = 80GPa$,试求:①该轴的最大切应力 τ_{max};②计算截面 D 相对于截面 A 的扭转角 φ_{AD};③该轴最大的单位长度扭转角 θ_{max}(单位是°/m)。

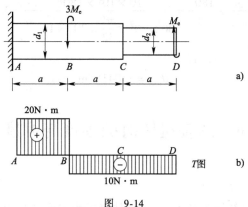

图 9-14

解:(1)画扭矩图。利用截面法求得 AB 段和 BD 段的扭矩,并画出相应的扭矩图,如图 9-14b)所示。

(2)切应力计算。由于阶梯圆轴的直径不同,AB 段扭矩虽然最大,但其抗扭截面系数也大,所以需要分段求得每一段的最大切应力。

AB 段:

$$\tau_{AB,max} = \frac{T_{AB}}{W_{p,AB}} = \frac{20 \times 10^{3}}{\frac{\pi}{16} \times 100^{3} \times 10^{-9}} = 101.9MPa$$

CD 段:

$$\tau_{CD,max} = \frac{T_{CD}}{W_{p,CD}} = \frac{10 \times 10^{3}}{\frac{\pi}{16} \times 70^{3} \times 10^{-9}} = 148.6MPa$$

综上,最大切应力发生在 CD 段各截面的边缘处,即

$$\tau_{max} = 148.6MPa$$

(3)扭转角的计算。由于各段扭矩、极惯性矩不同,应分段计算各段间的相对扭转角,再按代数值相加。

AB 段:

$$\varphi_{AB} = \frac{T_{AB}l_{AB}}{GI_{p,AB}} = \frac{20 \times 10^{3} \times 2}{80 \times 10^{9} \times \frac{\pi}{32} \times 100^{4} \times 10^{-12}} = 0.051rad$$

BC 段：　　$\varphi_{BC} = \dfrac{T_{BC}l_{BC}}{GI_{\mathrm{p},BC}} = \dfrac{-10 \times 10^3 \times 2}{80 \times 10^9 \times \dfrac{\pi}{32} \times 100^4 \times 10^{-12}} = -0.0255\,\mathrm{rad}$

CD 段：　　$\varphi_{CD} = \dfrac{T_{CD}l_{CD}}{GI_{\mathrm{p},CD}} = \dfrac{-10 \times 10^3 \times 2}{80 \times 10^9 \times \dfrac{\pi}{32} \times 70^4 \times 10^{-12}} = -0.1061\,\mathrm{rad}$

截面 D 相对于截面 A 的扭转角为

$$\varphi_{AD} = \varphi_{AB} + \varphi_{BC} + \varphi_{CD} = -0.0806\ \mathrm{rad}$$

（4）计算单位长度扭转角。同样也需分段求解。

AB 段：　　$\theta_{AB} = \dfrac{T_{AB}}{GI_{\mathrm{p},AB}} \times \dfrac{180°}{\pi} = \dfrac{20 \times 10^3 \times 180°}{80 \times 10^9 \times \dfrac{\pi^2}{32} \times 100^4 \times 10^{-12}} = 1.462°/\mathrm{m}$

CD 段：　　$\theta_{CD} = \dfrac{T_{CD}}{GI_{\mathrm{p},CD}} \times \dfrac{180°}{\pi} = \dfrac{10 \times 10^3 \times 180°}{80 \times 10^9 \times \dfrac{\pi^2}{32} \times 70^4 \times 10^{-12}} = 3.041°/\mathrm{m}$

综上，最大的单位长度扭转角为

$$\theta_{\max} = 3.041°/\mathrm{m}$$

§9.6　圆轴扭转时的强度与刚度条件

1. 圆轴扭转的强度条件

为了保证圆轴扭转时能够正常工作，必须使得轴内最大切应力 $\tau_{\max}$ 不超过材料的许用切应力 $[\tau]$，因此圆轴扭转时应满足强度条件

$$\tau_{\max} = \frac{T_{\max}}{W_{\mathrm{p}}} \leqslant [\tau] \tag{9-18}$$

由以上强度条件，可对工程中构件的强度校核、截面设计、确定许用载荷等三类强度问题进行分析和计算。

对于等截面轴，最大切应力 $\tau_{\max}$ 发生在绝对值最大的扭矩 $T_{\max}$ 所在截面的边缘上各点；但对于变截面轴，由于 W_{p} 也随截面发生变化，需要综合考虑扭矩 T 和抗扭截面系数 W_{p} 两者之间的变化，最终确定 $\tau_{\max}$。

2. 圆轴扭转的刚度条件

工程构件中的轴，除了要满足强度条件外，还须满足一定的刚度条件，对其变形量加以限制，以保证构件的正常工作。通常规定单位长度扭转角的最大值 $\theta_{\max}$ 不能超过许用单位长度扭转角 $[\theta]$，即

$$\theta_{\max} = \frac{T_{\max}}{GI_{\mathrm{p}}} \times \frac{180°}{\pi} \leqslant [\theta] \tag{9-19}$$

工程中，$[\theta]$ 的单位一般采用（°/m），其值的大小根据结构的要求和轴的工作环境来确定，通过相关工程手册查得。一般情况下，精密机械的轴，$[\theta] = (0.25 \sim 0.50)°/\mathrm{m}$；一般的传动

轴,$[\theta]=(0.50\sim1.0)°/\text{m}$;精度要求低的传动轴,$[\theta]=(1.0\sim2.5)°/\text{m}$。

【例 9-3】 汽车传动轴的简图如图 9-15 所示,工作时受到的外力偶矩 $M_e=7.65\text{kN·m}$,轴的内外径之比 $\alpha=1:2$。材料的许用切应力 $[\tau]=40\text{MPa}$,切变模量 $G=80\text{GPa}$,许用单位长度扭转角 $[\theta]=0.3°/\text{m}$。试按强度条件和刚度条件选择轴的内、外径(d 和 D)。

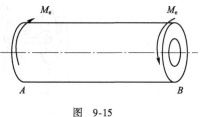

图　9-15

解:(1)求扭矩 T。根据截面法和平衡条件求得轴的扭矩为

$$T=M_e=7.65\text{kN·m}$$

(2)根据强度条件确定轴的外径 D

空心圆截面的抗扭截面系数

$$W_p=\frac{\pi}{16D}(D^4-d^4)=\frac{\pi D^3}{16}(1-\alpha^4)=\frac{\pi D^3}{16}\left(1-\left(\frac{1}{2}\right)^4\right)=\frac{15\pi D^3}{256}$$

由强度条件

$$\frac{T_{max}}{W_p}\leqslant[\tau]$$

得

$$D\geqslant\sqrt[3]{\frac{256T}{15\pi[\tau]}}=\sqrt[3]{\frac{256\times7.65\times10^3}{15\times3.14\times40\times10^6}}=101.3\text{mm}$$

(3)根据刚度条件确定轴的外径

空心圆截面的极惯性矩

$$I_p=\frac{\pi}{32}(D^4-d^4)=\frac{\pi D^4}{32}(1-\alpha^4)=\frac{\pi D^4}{32}\left[1-\left(\frac{1}{2}\right)^4\right]=\frac{15\pi D^4}{512}$$

由刚度条件

$$\frac{T_{max}}{GI_p}\times\frac{180°}{\pi}\leqslant[\theta]$$

得

$$D\geqslant\sqrt[4]{\frac{512T\times180°}{15\pi^2G[\theta]}}=\sqrt[4]{\frac{512\times7.65\times10^3\times180}{15\times3.14^2\times80\times10^9\times0.3}}=188.7\text{mm}$$

综合考虑强度条件和刚度条件,轴的内、外径为

$$D=189\text{mm},d=94.5\text{mm}$$

【例 9-4】 图 9-16a)所示圆轴 AB 受到外力偶矩的作用,$M_{e1}=800\text{N·m}$,$M_{e2}=1200\text{N·m}$,$M_{e3}=400\text{N·m}$,轴的长度 $l_2=2l_1=600\text{mm}$,直径 $d=45\text{mm}$,材料的切变模量 $G=80\text{GPa}$,许用切应力 $[\tau]=50\text{MPa}$,许用单位长度扭转角 $[\theta]=0.5°/\text{m}$,试根据强度条件和刚度条件对轴进行校核。

解:(1)画扭矩图。根据截面法和平衡条件求得轴各段的扭矩,并画出扭矩图,如图 9-16b)所示。最大的扭矩为

$$T_{max}=800\text{N·m}$$

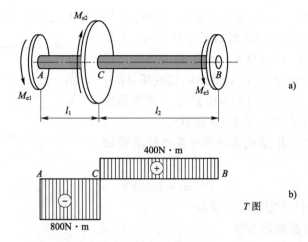

图　9-16

（2）进行强度校核。等截面的圆轴，最大的切应力发生在扭矩最大的截面上，即

$$\tau_{max} = \frac{T_{max}}{W_p} = \frac{T_{max}}{\frac{\pi d^3}{16}} = \frac{16 \times 800}{3.14 \times 45^3 \times 10^{-9}} = 44.7\text{MPa} < [\tau]$$

轴满足扭转强度条件。

（3）进行刚度校核。最大的单位长度扭转角发生在扭矩最大的截面上，即

$$\theta_{max} = \frac{T_{max}}{GI_p} \times \frac{180°}{\pi} = \frac{T_{max}}{G\frac{\pi d^4}{32}} \times \frac{180°}{\pi} = \frac{32 \times 800 \times 180}{80 \times 10^9 \times 3.14 \times 45^4 \times 10^{-12}} = 4.47°/\text{m} > [\theta]$$

轴不满足刚度条件。

本 章 小 结

本章介绍了扭转变形的受力特点、扭矩的计算、扭矩图的画法、应力和变形的计算、强度和刚度的计算。

1. 扭转的力学模型

（1）构件特征：构件为等圆截面直杆。

（2）受力特征：外力偶矩的作用面与杆件轴线垂直。

（3）变形特征：杆件各横截面绕杆的轴线产生相对转动。

2. 圆轴扭转时横截面上的内力

（1）传动轴的转速、传递的功率与外力偶之间的关系：

$$\{M_e\}_{N·m} = 9549 \frac{\{P\}_{kW}}{\{n\}_{r/min}}$$

（2）构件受扭时，横截面上的内力偶矩，以 T 表示。

（3）扭矩的正负号规定：按右手螺旋法则，将扭矩用矢量表示，扭矩矢量指向横截面为负，背离横截面为正。

（4）扭矩图：表示圆轴各横截面上的扭矩沿轴线方向变化规律的图线。

3. 圆轴横截面上的应力

(1)分布规律:任一点的切应力大小与该点到横截面圆心的距离成正比,其方向与过该点的半径垂直。

(2)计算公式:

$$\tau_\rho = \frac{T}{I_p}\rho, \tau_{max} = \frac{T_{max}}{W_p}$$

4. 极惯性矩与抗扭截面系数

(1)实心圆截面:

$$I_p = \frac{\pi}{32}D^4, W_p = \frac{\pi}{16}D^3$$

(2)空心圆截面:

$$I_p = \frac{\pi}{32}(D^4 - d^4) = \frac{\pi D^4}{32}(1 - \alpha^4)$$

$$W_p = \frac{\pi}{16D}(D^4 - d^4) = \frac{\pi D^3}{16}(1 - \alpha^4)$$

5. 圆轴扭转强度条件

一般情况

$$\tau_{max} = \left(\frac{T}{W_p}\right)_{max} \leqslant [\tau]$$

对等截面圆轴

$$\tau_{max} = \frac{T_{max}}{W_p} \leqslant [\tau]$$

利用强度条件,可解决强度校核、截面设计和确定许用载荷等三类计算问题。

6. 圆轴扭转时的变形及刚度条件

圆轴扭转时,变形量通过任意两截面间的相对扭转角来确定。计算公式为

$$\varphi = \frac{Tl}{GI_p}$$

单位长度扭转角为

$$\theta = \frac{T}{GI_p} \times \frac{180°}{\pi}$$

等截面圆轴扭转时的刚度条件

$$\theta_{max} = \frac{T_{max}}{GI_p} \times \frac{180°}{\pi} \leqslant [\theta]$$

7. 切应力互等定理

在微元体相互垂直的两个平面上,切应力必然成对出现,且大小相等,二者都垂直于两截面的交线,方向共同指向或背离交线。

习 题

9-1 试作图示各杆的扭矩图。

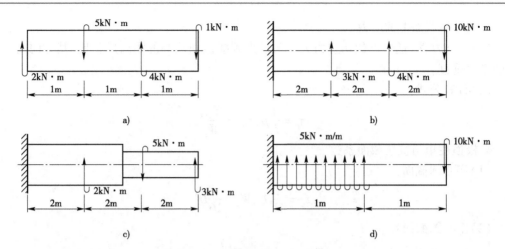

题 9-1 图

9-2 如图所示,已知传动轴的直径 $d = 100\text{mm}$,材料的切变模量 $G = 80\text{GPa}$,$a = 0.5\text{m}$,试求:①画出轴的扭矩图;②轴的最大切应力 $\tau_{\max}$,并指出所发生的位置;③C、D 两截面间的扭转角 φ_{CD} 和 A、D 两截面间的扭转角 φ_{AD}。

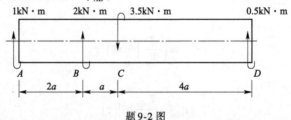

题 9-2 图

9-3 有一钻探机的钻杆如图所示,功率 $P = 30\text{kW}$,转速 $n = 180\text{r/min}$。钻杆钻入土层的深度 $l = 5\text{m}$。若土层对钻杆的阻力可看作为均匀分布的力偶,试求分布力偶的集度 m,并画出钻杆的扭矩图。

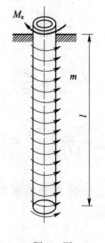

题 9-3 图

9-4 图示同种材料的实心圆轴与空心圆轴由牙嵌离合器相连。已知轴传递的功率 $P = 20\text{kW}$,转速 $n = 300\text{r/min}$,材料的许用切应力 $[\tau] = 80\text{MPa}$,空心圆轴的内外直径比 $d_1/d_2 =$

0.5。试确定实心圆轴的直径 d,空心圆轴的内外径 d_1 和 d_2。

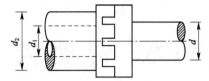

题 9-4 图

9-5 假设汽车方向盘的直径 $d = 520\text{mm}$,作用在盘上的平行力为 $F = 300\text{N}$,盘下面的竖轴所用材料的许用切应力 $[\tau] = 60\text{MPa}$。试求:①当竖轴为实心轴时,轴的直径 d_1;②若采用空心轴,且内外直径比 $\alpha = 0.8$,轴的外直径 d_2;③比较实心轴和空心轴的重量比。

9-6 传动轴传递的外力偶矩 $M = 5\text{kN} \cdot \text{m}$,材料的许用切应力 $[\tau] = 40\text{MPa}$,切变模量 $G = 80\text{GPa}$,许用单位长度扭转角 $[\theta] = 0.5°/\text{m}$,试选择轴的直径 d。

9-7 阶梯圆轴 AB 如图所示,AC 段的直径 $d_1 = 40\text{mm}$,CB 段的直径 $d_2 = 70\text{mm}$,所受外力偶矩 $M_A = 600\text{N} \cdot \text{m}$,$M_B = 1500\text{N} \cdot \text{m}$,$M_C = 900\text{N} \cdot \text{m}$,切变模量 $G = 80\text{GPa}$,材料的许用切应力 $[\tau] = 60\text{MPa}$,许用单位长度扭转角 $[\theta] = 2°/\text{m}$,试校核轴的强度和刚度。

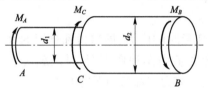

题 9-7 图

第 10 章　弯 曲 内 力

本章主要内容

(1)平面弯曲的相关概念。

(2)截面法求剪力方程和弯矩方程,根据方程绘制剪力图和弯矩图。

(3)利用微分关系绘制剪力图和弯矩图。

重点

剪力图和弯矩图的绘制。

本章主要讨论梁在弯曲变形时的内力,即剪力和弯矩的大小、符号的判定;建立剪力方程和弯矩方程,并根据方程绘制剪力图和弯矩图;讨论载荷集度、剪力、弯矩之间的微分关系,介绍利用微分关系快速绘制剪力图和弯矩图的方法。

§10.1　平面弯曲的概念和梁的简化

1. 弯曲的概念

弯曲变形是工程实际中最常见的一种变形,是杆件变形的基本形式之一。工程中把以弯曲变形为主的杆件称为梁。如图 10-1 所示的桥梁、建筑结构屋梁、阳台挑梁、车间起重机大梁、吊车梁。结构中的梁常常承受各种载荷的作用,这些载荷通常为方向与梁轴线垂直的横向力,或是作用在过轴线的平面内的外力偶。载荷作用下,梁的轴线由直线变为曲线,这种变形称为弯曲变形。

2. 梁的平面弯曲

工程中采用的梁,其横截面的图形一般为圆形、矩形、T 字形、工字形、U 字形(图 10-2)等,具有一个或几个对称轴。梁横截面的对称轴和梁的轴线构成一个平面,称为纵向对称面,如图 10-3 所示的矩形截面梁的纵向对称面。若作用在梁上的力或力偶都在纵向对称面内,梁的轴线也在纵向对称面内变形成一条曲线,这种弯曲称为平面弯曲,或对称弯曲。若梁不具有纵向对称面,或梁虽具有纵向对称面但外力并不作用在对称面内,这种弯曲则统称为非对称弯曲。

平面弯曲是最基本的、最常见的弯曲问题,本章及以后几个章节,将以对称弯曲为主,讨论梁的内力、应力和变形。

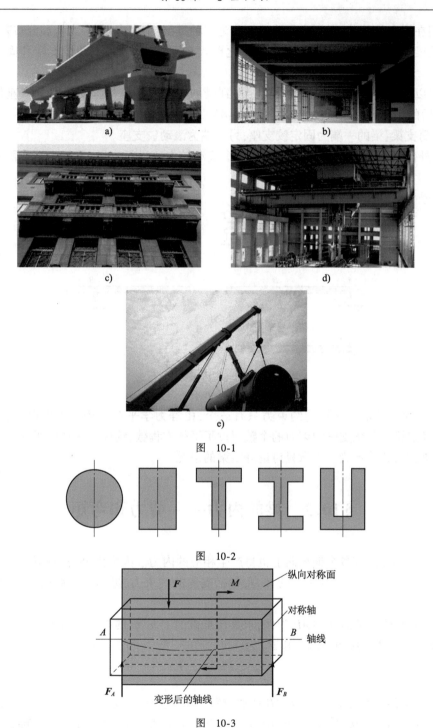

图 10-1

图 10-2

图 10-3

3. 梁的简化

工程实际中的梁的几何形状、载荷和支承情况都比较复杂,对梁进行分析计算,需要首先对梁及其受力进行必要的简化,使之成为合理的力学模型计算简图。

通常梁自身的简化,以梁的轴线来代替实际中的梁。

作用在梁上的载荷,根据实际情况简化为三种类型:集中力、集中力偶和分布载荷。

根据梁的支承情况的不同,支座的简化形式有固定铰支座、滚动铰支座和固定端约束三种。

通过以上对梁、载荷和支座的简化,得到梁的力学模型。根据支承梁的支座位置的不同,简化后的梁可分为以下三种形式(图 10-4):

(1)简支梁:梁的一端为固定铰支座,另一端为滚动铰支座。

(2)外伸梁:梁由一个固定铰支座和一个滚动铰支座进行支承,梁的一端或两端伸出支座以外。

(3)悬臂梁:梁的一端固定,另一端自由。

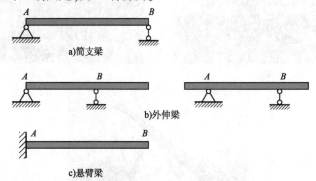

a)简支梁

b)外伸梁

c)悬臂梁

图　10-4

以上三种形式的梁未知的约束力只有三个,由静力学平衡方程均可求得,属于静定问题,称为静定梁。若梁支座约束力的个数超过了平衡方程数,约束力无法由平衡方程完全求得,这类梁称为超静定梁。本章只讨论静定梁的情况。

§10.2　梁的内力——剪力和弯矩

梁弯曲变形时,其各个横截面上也将产生相应的内力。内力由外力引起的变形而产生,因此首先需要确定梁所受的所有的外力,包括支座的约束力,进而应用截面法,求出各横截面上的内力。

以图 10-5 所示的简支梁 AB 为例,求其任意截面上 m-m 的内力。首先由静力学平衡条件求得支座 A、B 处的约束力 F_A 和 F_B 为

$$F_A = \frac{Fb}{l}, F_B = \frac{Fa}{l}$$

然后用一个假想的截面 m-m 在梁 AB 任意位置处将梁分为两段,取任意一段为研究对象,如图 10-5c)所示左段分离体,由于梁 AB 受力后仍处于平衡状态,因此作为梁一部分的左段分离体也应处于平衡状态。根据平衡条件,截面 m-m 上将存在内力 F_S 和 M,内力与外力 F_A 构成左段分离体的平衡力系,由平衡方程

$$\sum F_y = 0, F_A - F_S = 0, F_S = F_A$$
$$\sum M_O = 0, M - F_A x = 0, M = F_A x$$

其中,矩心 O 为截面 $m\text{-}m$ 上的形心。处于截面 $m\text{-}m$ 上的内力 $\boldsymbol{F}_S$ 称为剪力,它是与截面相切的分布内力系的合力;截面 $m\text{-}m$ 上的内力偶矩 M 称为弯矩,它是截面垂直方向的分布内力系的合力偶矩,弯矩的矩矢方向垂直于梁的纵向对称面。

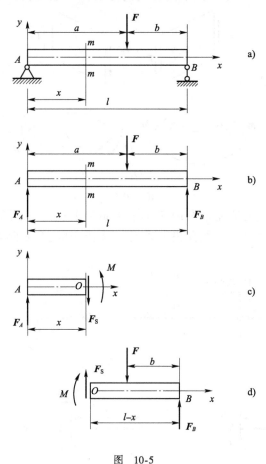

图 10-5

若取右端分离体作为研究对象,如图 10-5d),同样的方法和求解步骤也可求得截面 $m\text{-}m$ 上的剪力 $\boldsymbol{F}_S$ 和弯矩 M,大小与左侧分离体的求解结果相同,方向、转向则相反,它们之间存在作用力和反作用力的关系。

通过以上计算分析过程可知,在数值上,剪力 $\boldsymbol{F}_S$ 等于分离体一侧所有横向外力(载荷和支座约束力)的代数和,方向与之相反;弯矩 M 等于分离体一侧所有外力和外力偶对截面形心之矩的代数和,转向与之相反,即

$$F_S = \sum F \tag{10-1}$$

$$M = \sum M_O \tag{10-2}$$

同一横截面,取不同段的分离体,求得内力大小一致,但方向相反。为了使求得的同一截面上的剪力和弯矩不仅数值相同,而且符号也一致,根据梁的变形特征规定剪力 $\boldsymbol{F}_S$ 和弯矩 M 的符号:

(1)剪力 $\boldsymbol{F}_S$ 的符号:截面上的剪力使得所截取的分离体有顺时针方向的转动趋势时为正,反之为负,如图 10-6a)所示。

（2）弯矩 M 的符号：截面上的弯矩使所截取的分离体产生上凹下凸的变形为正，反之为负，如图 10-6b)所示。

以上符号的规定可归纳为一个简单的口诀：左上右下，剪力为正；左顺右逆，弯矩为正。

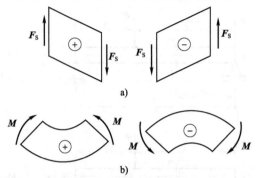

图 10-6

【例 10-1】简支梁受力情况如图 10-7a)所示，截面 1-1、2-2 表示距离集中力 F 无限小的左、右侧截面，截面 3-3、4-4 表示距离集中力偶 M 无限小的左、右侧截面。试求各指定截面的剪力和弯矩。

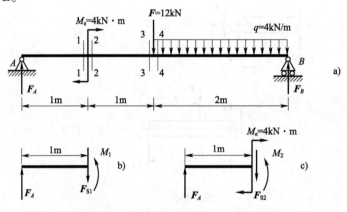

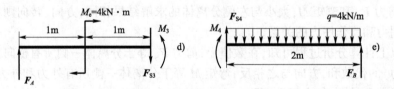

图 10-7

解：（1）求支座约束力。受力图如图 10-7a)所示，由平衡方程 $\sum M_A = 0$ 和 $\sum M_B = 0$，求得

$$F_A = 7\text{kN}, F_B = 13\text{kN}$$

（2）求截面 1-1 上的剪力和弯矩。利用假想截面沿截面 1-1 将梁断开，取左侧分离体为研究对象，并设断面上剪力 F_{S1} 和弯矩 M_1 均为正，如图 10-7b)所示，列平衡方程

$$\sum F_y = 0, F_A - F_{S1} = 0, F_{S1} = F_A = 7\text{kN}$$

$$\sum M_1 = 0, -F_A \times 1 + M_1 = 0, M_1 = 7\text{kN} \cdot \text{m}$$

（3）求截面 2-2 上的剪力和弯矩。利用假想截面沿截面 2-2 将梁断开,取左侧分离体为研究对象,并设断面上剪力 F_{S2} 和弯矩 M_2 均为正,如图 10-7c）所示,列平衡方程

$$\sum F_y = 0, F_A - F_{S2} = 0, F_{S2} = F_A = 7kN$$

$$\sum M_2 = 0, -F_A \times 1 - M_e + M_2 = 0, M_2 = 11kN \cdot m$$

（4）求截面 3-3 上的剪力和弯矩。利用假想截面沿截面 3-3 将梁断开,取左侧分离体为研究对象,并设断面上剪力 F_{S3} 和弯矩 M_3 均为正,如图 10 - 7d）所示,列平衡方程

$$\sum F_y = 0, F_A - F_{S3} = 0, F_{S3} = F_A = 7kN$$

$$\sum M_3 = 0, -F_A \times 2 - M_e + M_3 = 0, M_3 = 18kN \cdot m$$

（5）求截面 4-4 上的剪力和弯矩。利用假想截面沿截面 4-4 将梁断开,这次取右侧分离体为研究对象,并设断面上剪力 F_{S4} 和弯矩 M_4 均为正,如图 10-7e）,列平衡方程

$$\sum F_y = 0, F_B + F_{S4} - q \times 2 = 0, F_{S4} = -F_B + 2q = -5kN$$

$$\sum M_4 = 0, F_B \times 2 - \frac{1}{2}q \times 2^2 - M_4 = 0, M_4 = 22kN \cdot m$$

上面例题截面法的计算过程中,断面上的剪力 F_S 和弯矩 M 根据"左上右下"和"左顺右逆"为正的符号规定,全部假设都为正,对分离体列平衡方程后,求出的结果为正值,表明剪力 F_S 和弯矩 M 的实际方向与假设相同,为正剪力和正弯矩;若结果为负值,则表明实际方向与假设相反,为负剪力和负弯矩,这就是设正法的应用。

以上例题在利用截面法计算内力的过程中,应注意以下几点:

（1）分离体可取左侧断开部分,也可取右侧部分,一般取外力较为简单的一侧进行计算。

（2）截面上内力的受力图,可采用设正法首先假设断面处的剪力 F_S 和弯矩 M 均为正值,最终计算结果为正值,说明假设的方向与实际相同,剪力和弯矩为正;计算结果为负值,说明假设方向与实际相反,剪力和弯矩为负。因此,利用设正法求得的结果的正负号,表示了内力的正负。

（3）梁集中力所在截面,剪力有突变;集中力偶所在截面,弯矩有突变。截面法求该横截面上内力时,断面应选取在该横截面稍左或稍右处进行计算。

§10.3　内力图——剪力图和弯矩图

外力作用下,梁各横截面上的剪力和弯矩随横截面位置的不同而变化,是截面坐标的函数。以横坐标 x 表示横截面沿轴线的位置,则剪力 F_S 和弯矩 M 都可表示为 x 的函数

$$F_S = F_S(x), M = M(x) \tag{10-3}$$

这两个函数表达式称为梁的剪力方程和弯矩方程。

为了便于形象地了解各截面剪力和弯矩沿轴线方向的变化规律,可根据剪力方程和弯矩方程的函数式,按照适当的比例画出相应的函数图线,所得到的图线分别称为剪力图和弯矩图。

通过剪力图和弯矩图,一方面可直观地得到梁不同横截面处的内力大小和变化规律,另一方面由图可确定梁最大的内力值以及所在截面位置（危险截面）,进一步对梁的强度和刚

度的判定提供依据。

剪力图和弯矩图绘制的一般步骤：

(1)根据作用在梁上的载荷求出支座约束力,若是悬臂梁则无须求解。

(2)根据梁外载荷的分布情况,分段建立剪力方程和弯矩方程,同时标明各方程函数的适用范围,即 x 的取值区间。

(3)根据剪力方程和弯矩方程的函数性质,绘制剪力图和弯矩图。

剪力图和弯矩图绘制的过程中,需要注意的是:剪力正值绘在 x 轴上方,负值绘在下方;而弯矩正值绘在 x 轴的下方,负值绘在上方;剪力图与弯矩图应画在原图正下方,相应位置与原图位置、尺寸对应,并注明内力图名、关键点(截面)值的大小和正负号,图像用竖线填充。

下面通过举例说明绘制剪力图、弯矩图的方法。

【例 10-2】 图 10-8a)所示简支梁受均布载荷的作用,试列出剪力方程和弯矩方程,并画出剪力图和弯矩图。

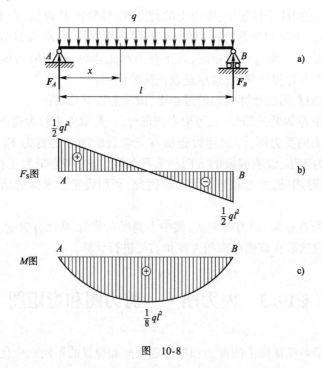

图 10-8

解: (1)求支座约束力。梁整体受力平衡,且结构和受力对称,可得到

$$F_A = F_B = \frac{1}{2}ql$$

(2)列剪力方程和弯矩方程。将梁左端端点 A 取为坐标原点,梁的轴线方向为 x 轴,在坐标为 x 的横截面位置处断开,取左侧分离体为研究对象,由外力求得 x 横截面处的剪力方程和弯矩方程为

$$F_S(x) = \frac{1}{2}ql - qx \quad (0 < x < l)$$

$$M(x) = \frac{1}{2}qlx - \frac{1}{2}qx^2 \quad (0 \leqslant x \leqslant l)$$

（3）画剪力图和弯矩图。剪力方程是关于 x 的线性函数，对应的剪力图是一条斜直线，只需求出对应左右两端截面的剪力值后，就可画出剪力图：

$$x = 0, F_S = \frac{1}{2}ql$$

$$x = l, F_S = -\frac{1}{2}ql$$

剪力图如图 10-8b）所示。

弯矩方程是关于 x 的二次函数，，对应的弯矩图是二次抛物线，至少需要三个截面（左、右端截面和极值对应截面）的弯矩值，才可画出弯矩图：

$$x = 0, M = 0$$

$$x = l, M = 0$$

由 $\dfrac{\mathrm{d}M(x)}{\mathrm{d}x} = 0$，求得弯矩有极值的截面位置 $x = \dfrac{l}{2}$，该截面的弯矩为

$$M\left(\frac{l}{2}\right) = \frac{1}{8}ql^2$$

根据弯矩方程函数性质，画出弯矩图，如图 10-8c）所示。

由剪力图和弯矩图可见，在支座 A 的右侧截面和支座 B 的左侧截面上，具有最大的剪力值，$|F_{S,max}| = \dfrac{1}{2}ql$；在梁跨中点所在截面上，具有最大的弯矩值，$M_{max} = \dfrac{1}{2}ql^2$，该截面上剪力为零。

【例 10-3】图 10-9a）所示简支梁，C 处受集中力 F 的作用，试列出剪力方程和弯矩方程，并画出剪力图和弯矩图。

解：（1）求支座约束力。对梁受力分析，根据受力图列平衡方程

$$\sum M_A = 0, F_B = \frac{Fa}{l}$$

$$\sum M_B = 0, F_A = \frac{Fb}{l}$$

（2）列剪力方程和弯矩方程。C 处的集中力 F 将梁分成了 AC、BC 两段，两段的剪力方程和弯矩方程不同，需分段求解列出。取左端端点 A 为坐标原点，梁的轴线方向为 x 轴，分别在 AC 段、BC 段距离原点为 x 的位置处断开，取分离体，根据外力求得两段的剪力方程和弯矩方程为

AC 段

$$F_S(x) = F_A = \frac{Fb}{l} \quad (0 < x < a)$$

$$M(x) = F_A x = \frac{Fb}{l}x \quad (0 \leqslant x \leqslant a)$$

BC 段

$$F_S(x) = F_A - F = -\frac{Fa}{l} \quad (a < x < l)$$

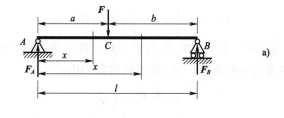

a)

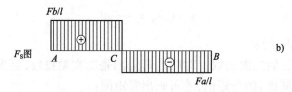

b)

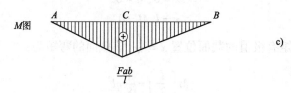

c)

图 10-9

$$M(x) = -F_A x - F(x-a) = \frac{Fa}{l}(l-x) \quad (a \leqslant x \leqslant l)$$

(3)画剪力图和弯矩图。两段的剪力方程均为常数,对应的剪力图都是一条水平直线,根据其值画出剪力图,如图 10-9b)所示;两段的弯矩方程均为关于 x 的线性函数,对应的弯矩图是一条斜直线,根据端点弯矩值画出弯矩图,如图 10-9c)所示。

由剪力图和弯矩图可见,在集中力 F 作用的 C 处,剪力值发生突变,突变值的大小等于集中力大小;弯矩图在集中力 F 作用处有折角。

【例 10-4】 图 10-10a)所示简支梁,C 处受集中力偶 M_e 的作用,试列出剪力方程和弯矩方程,并画出剪力图和弯矩图。

解:(1)求支座约束力。对梁受力分析,根据力偶平衡条件

$$F_A = F_B = \frac{M_e}{l}$$

(2)列剪力方程和弯矩方程。C 处的集中力偶 M_e 将梁分成了 AC、BC 两段,分别在 AC 段、BC 段距离原点为 x 的位置处断开,取分离体,根据外力求得两段的剪力方程和弯矩方程为

AC 段

$$F_S(x) = -\frac{M_e}{l} \quad (0 < x \leqslant a)$$

$$M(x) = -\frac{M_e}{l}x \quad (0 \leqslant x < a)$$

BC 段

$$F_S(x) = -\frac{M_e}{l} \quad (a \leqslant x < l)$$

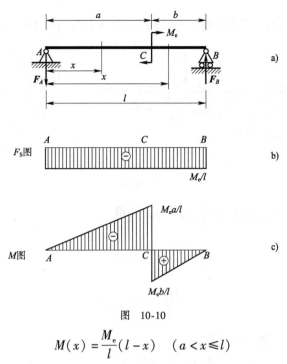

图 10-10

$$M(x) = \frac{M_e}{l}(l - x) \quad (a < x \leqslant l)$$

（3）画剪力图和弯矩图。根据两段的剪力方程所对应的值画出剪力图，如图 10-10b）所示；两段的弯矩方程均为关于 x 的线性函数，对应的弯矩图是一条斜直线，根据端点弯矩值画出弯矩图，如图 10-10c）所示。

由剪力图和弯矩图可见，在集中力偶 M_e 作用的 C 处，剪力值并未发生变化，说明集中力偶对剪力图没有影响；而弯矩图在集中力偶 M_e 作用处产生突变，突变值大小等于集中力偶的大小。

§10.4 剪力、弯矩与载荷集度之间的微分关系

1. 剪力、弯矩与载荷集度之间的关系

载荷不同，使得梁各横截面的剪力和弯矩也不同。实际上，通过上节例题中的剪力方程和弯矩方程，可发现载荷集度、剪力和弯矩之间存在一定的关系，掌握并利用这个关系，可使绘制剪力图和弯矩图的过程变得更简单。

如图 10-11a）所示承受分布载荷 $q(x)$ 的简支梁。在分布载荷段截取长为 dx 的微段［图 10-11b）］，dx 的长度很微小，因此认为作用在微段上的分布载荷是均匀分布的，且设方向向上为正。微段左侧截面上的剪力和弯矩分别为 $F_S(x)$ 和 $M(x)$，则右侧截面的剪力和弯矩为 $F_S(x) + dF_S(x)$ 和 $M(x) + dM(x)$。

受力变形后，梁仍处于平衡状态，因此截取的微段受力也平衡。根据平衡条件 $\sum F_y = 0$，和 $\sum M_O = 0$ 得

$$F_S(x) + q(x)dx - [F_S(x) + dF_S(x)] = 0$$

$$-M(x) - F_S(x)\mathrm{d}x - \frac{1}{2}q(x)(\mathrm{d}x)^2 + [M(x) + \mathrm{d}M(x)] = 0$$

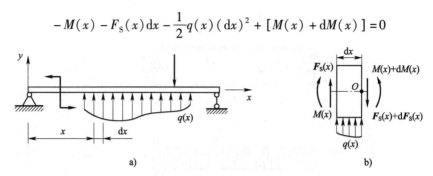

图 10-11

对上式进行整理,并略去二阶微量$\frac{1}{2}q(x)(\mathrm{d}x)^2$,得

$$\frac{\mathrm{d}F_S(x)}{\mathrm{d}x} = q(x) \tag{10-4}$$

$$\frac{\mathrm{d}M(x)}{\mathrm{d}x} = F_S(x) \tag{10-5}$$

由式(10-4)和式(10-5)进一步可得

$$\frac{\mathrm{d}^2 M(x)}{\mathrm{d}x^2} = \frac{\mathrm{d}F_S(x)}{\mathrm{d}x} = q(x) \tag{10-6}$$

以上三式就是梁的剪力、弯矩和分布载荷集度之间的微分关系。根据它们之间的关系,可得出以下结论:

(1)根据式(10-4),表明:剪力图中曲线上各点的切线斜率等于梁在各相应位置处的分布载荷集度。

(2)根据式(10-5),表明:弯矩图中曲线上各点的切线斜率等于梁在各相应位置处的剪力。

(3)根据式(10-6),表明:弯矩图上各点斜率的变化率等于梁在各相应位置处的分布载荷集度。

根据上述微分关系,可总结出剪力图、弯矩图之间存在以下规律:

(1)梁某段无分布载荷,即$q(x) = 0$,$\mathrm{d}F_S(x)/\mathrm{d}x = 0$。$F_S(x)$为常量,剪力图为水平直线。$\mathrm{d}M/\mathrm{d}x = F_S(x) = $常数,弯矩图为斜直线,斜率由$F_S$值决定,且:$F_S > 0$时,$M$图的斜率为正;$F_S < 0$时,$M$图的斜率为负;$F_S = 0$时,$M$图的斜率为零,$M$图为水平线。

(2)梁某段有均布载荷q作用,即$\mathrm{d}F_S(x)/\mathrm{d}x = q(x) = $常数。$F_S(x)$是关于$x$的线性函数,因此剪力图为斜直线,斜率由$q$值决定。相应的$M(x)$是关于$x$的二次函数,弯矩图为抛物线,且:$q > 0$时,$F_S$图的斜率为正,$M$图抛物线上凸;$q < 0$时,$F_S$图的斜率为负,$M$图抛物线下凸。某截面处$F_S = 0$,该处对应的弯矩值斜率为0,说明在该截面处,弯矩图有极值。

(3)梁某截面处有集中力的作用,剪力图在该截面处有突变,突变值大小等于集中力大小,而弯矩图切线斜率的突变,使得形成一个折角。

(4)梁某截面处有集中力偶的作用,则弯矩图在该截面处有突变,突变值大小等于集中力偶大小。

综合以上规律和特征,整理绘制成表10-1,如下:

常见载荷对应的剪力图和弯矩图的特征   表 10-1

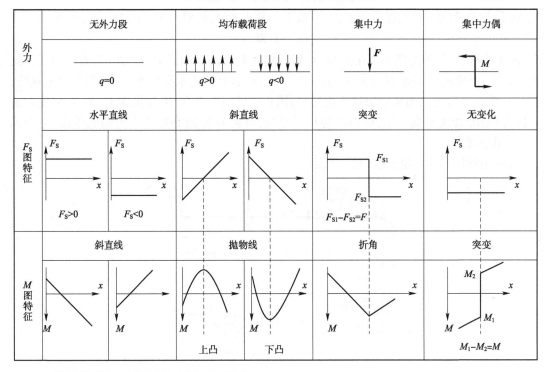

	无外力段	均布载荷段	集中力	集中力偶
外力	$q=0$	$q>0$　　　$q<0$	F	M
F_S 图特征	水平直线　$F_S>0$　$F_S<0$	斜直线	突变　$F_{S1}-F_{S2}=F$	无变化
M 图特征	斜直线	抛物线　上凸　　下凸	折角	突变　$M_1-M_2=M$

2. 利用微分关系绘制剪力图、弯矩图

综合利用剪力、弯矩和分布载荷集度之间的微分关系和绘图规律,可以不必再建立剪力方程和弯矩方程,而直接绘制剪力图和弯矩图,大大简化绘图的过程,其步骤如下:

(1)确定梁所受的外载荷(载荷和支座约束力),并根据受力情况将梁分成若干段,初步判定梁各段的剪力图和弯矩图的形状。

(2)求得外载荷作用截面(控制截面)的剪力值和弯矩值,由上述图像形状逐段绘制剪力图和弯矩图。

绘图过程中,需要注意以下两点:

(1)梁两端截面的受力(集中力或集中力偶),集中力即为剪力,集中力偶即为弯矩,并根据剪力和弯矩符号的判定确定其正负。

(2)弯矩图若为存在极值的抛物线,首先由剪力图确定极值所在截面位置,即剪力图与 x 轴交点处,利用截面法确定该截面弯矩值,再根据图形性质画出该段弯矩图。

【例 10-5】利用微分关系画出图 10-12a)所示梁的剪力图和弯矩图。

解:(1)求支座约束力。对梁受力分析,根据受力图列平衡方程

$$\sum M_A = 0, F_B = 13.7\text{kN}$$

$$\sum M_B = 0, F_A = 9.3\text{kN}$$

(2)画剪力图。外力把梁分成了 *AE*、*EC*、*CB*、*BD* 四段,将从左向右依次画出各段的剪力图:*A* 截面有向上的集中力 F_A 的作用,该截面剪力由 0 向上突变,突变值为 F_A 的大小 9.3kN;*AE* 段有向下的均布载荷作用,剪力图为斜向下的直线,到 *E* 截面后剪力值为

$$F_{SE} = 9.3 - 3 \times 5 = -5.7\text{kN}$$

且 AE 段的斜直线与轴线相交于 G 点，G 截面的剪力为 0，根据三角形相似关系，求得

$$AG = 1.86\text{m}$$

EC 段无载荷作用，剪力图为水平直线，直到 C 截面处有向下的集中力的作用，剪力图在该处向下突变，突变值为 8kN，突变后剪力值为 -13.7kN；CB 段无载荷作用，剪力图为水平直线，直到 B 截面处有向上的集中力的作用，剪力图在该处向上突变，突变值为 13.7kN，突变后剪力值为 0；BD 段无载荷作用，剪力图为水平直线，直到 D 截面处有集中力偶的作用，但力偶对剪力图无影响。

最终画得剪力图，如图 10-12b) 所示。

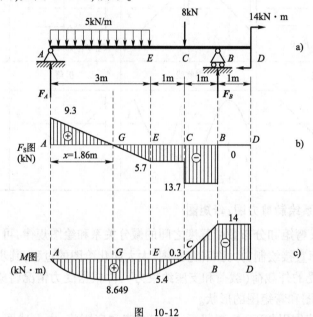

图 10-12

（3）画弯矩图。也是从左向右依次根据微分关系和图像性质画出每一段的弯矩图，且正值在轴线的下方，负值在轴线的上方。

A 截面无集中力偶的作用，该截面弯矩值为 0；AE 段有向下的均布载荷作用，弯矩图为下凸的抛物线，根据外力求得 E 截面的弯矩为

$$M_E = 9.3 \times 3 - \frac{1}{2} \times 5 \times 3^2 = 5.4\text{kN} \cdot \text{m}$$

G 截面处剪力为 0，说明该段弯矩图在 G 截面处有极值，其值为

$$M_G = 9.3 \times 1.86 - \frac{1}{2} \times 5 \times (1.86)^2 = 8.649\text{kN} \cdot \text{m}$$

根据 A、G、E 三截面的弯矩值画出该段的弯矩图。

EC 段无载荷作用，弯矩图为斜直线，根据外力求得 C 截面的弯矩值为

$$M_C = -14 + 13.7 \times 1 = -0.3\text{kN} \cdot \text{m}$$

用斜直线连接 E、C 截面的弯矩值，画出该段弯矩图。

CB 段无载荷作用，弯矩图也为斜直线，求得 B 截面的弯矩值为

$$M_B = -14\mathrm{kN} \cdot \mathrm{m}$$

用斜直线连接 C、B 截面的弯矩值,画出该段弯矩图。

BD 段无载荷作用,且由剪力图发现该段各截面剪力值都为 0,说明弯矩图是水平直线,各截面的弯矩值都等于 $-14\mathrm{kN} \cdot \mathrm{m}$。

最终画得弯矩图,如图 10-12c)所示。

本 章 小 结

1. 平面弯曲的力学模型

(1)构件特征:至少有一个纵向对称平面的等截面直杆。

(2)受力特征:外力偶或横向力作用在杆的纵向对称平面内,横向力与杆轴垂直。

(3)变形特征:弯曲变形后,杆件轴线变成在外力作用面内的光滑平坦的平面曲线。

2. 梁的简化和基本形式

根据梁的支承情况和载荷情况,利用一个计算简图代替梁。

(1)载荷的简化:集中力、集中力偶、分布载荷。

(2)支座的简化:固定铰支座、滚动铰支座、固定端。

(3)梁的三种基本形式:简支梁、悬臂梁、外伸梁。

3. 横截面上的内力——剪力和弯矩

(1)梁横截面上内力可用截面法求得:截面上的剪力 F_S 在数值上等于该截面一侧所有外力的代数和;截面上弯矩 M 在数值上等于该截面上所有外力对该截面形心的矩的代数和。

(2)符号的规定:剪力绕分离体顺时针转动为正,逆时针转动为负;使得梁上凹下凸变形时的弯矩为正,使得梁上凸下凹变形时的弯矩为负。

4. 内力图——剪力图与弯矩图

表示梁各横截面上剪力、弯矩沿轴线变化规律的图线,可利用以下两种方法进行绘制:

(1)列剪力方程与弯矩方程,根据方程作图。

剪力方程和弯矩方程表示剪力、弯矩随截面位置而变化的函数关系,是以轴线位置为横坐标 x 的函数,即

$$F_\mathrm{S} = F_\mathrm{S}(x), M = M(x)$$

(2)根据载荷集度 q、剪力 F_S 和弯矩 M 间的微分关系作图。

$$\frac{\mathrm{d}F_\mathrm{S}(x)}{\mathrm{d}x} = q(x)$$

$$\frac{\mathrm{d}M(x)}{\mathrm{d}x} = F_\mathrm{S}(x)$$

$$\frac{\mathrm{d}^2 M(x)}{\mathrm{d}x^2} = q(x)$$

其中,载荷集度 $q(x)$ 方向向上为正,向下为负。由微分关系可知:剪力图上一点的斜率等于梁上相应截面的载荷集度;弯矩图上一点的斜率等于相应截面的剪力。

习　　题

10-1　试用截面法求图中各梁指定截面上剪力和弯矩,这些截面无限接近于 A、B、C、D 截面,且 F、q、a 均已知。

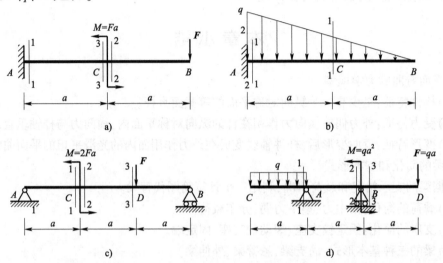

题 10-1 图

10-2　试列出图示各梁的剪力方程和弯矩方程,并作剪力图和弯矩图。其中 F、q、a 均已知。

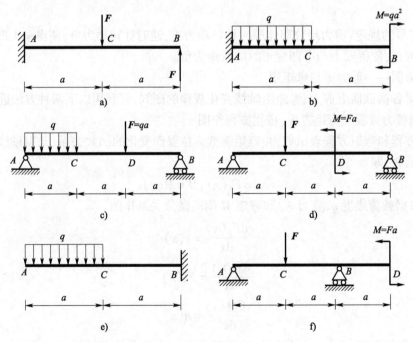

题 10-2 图

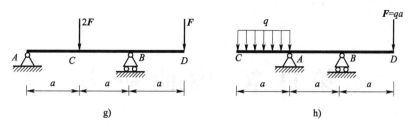

g)　　　　　　　　　　　　　　　　　h)

题 10-2 图

10-3　试利用微分关系绘制图示各梁的剪力图和弯矩图。

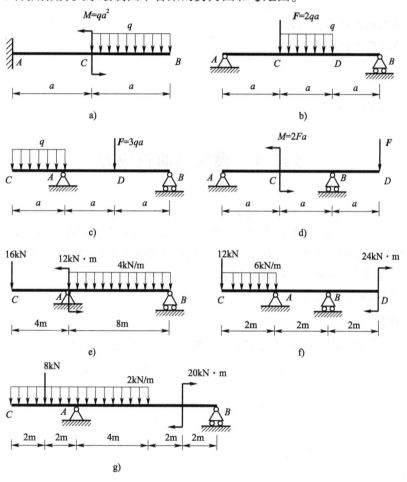

a)　　　　　　　　　　　　　　　　　b)

c)　　　　　　　　　　　　　　　　　d)

e)　　　　　　　　　　　　　　　　　f)

g)

题 10-3 图

第11章 弯 曲 应 力

本章主要内容

(1) 弯曲正应力计算公式的建立。

(2) 梁的正应力强度条件。

重点

弯曲正应力强度计算。

§11.1 梁的弯曲正应力

前面已经学习弯曲内力,可以知道梁在发生弯曲变形时,横截面上会产生两种内力——剪力和弯矩。由于剪力 F_S 是和横截面平行的内力,所以与剪力相对应的应力是切应力 τ,而弯矩 M 所在的作用面与梁的横截面正交,所以与弯矩相对应的应力是正应力 σ。为保证梁在受力以后是安全的,即解决梁的强度问题,必须推导梁的正应力和切应力计算公式。本章只推导梁的正应力计算公式。

1. 基本概念

一简支梁,受力如图 11-1a) 所示,其剪力图和弯矩图如图 11-1b) 、c) 所示。

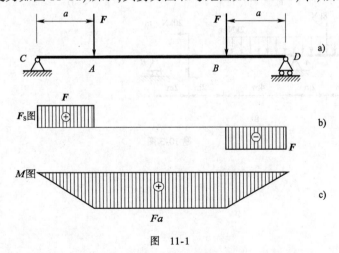

图 11-1

某段梁的内力只有弯矩,没有剪力时,该段梁的弯曲称为纯弯曲,如图 11-1a) 中的 AB 段。某段梁的内力同时存在弯矩和剪力时,该段梁的弯曲称为横力弯曲、如图 11-1a) 中的

CA 段和 *BD* 段。

2. 纯弯曲实验现象

（1）几何关系

取图 11-2 所示的纯弯曲梁进行研究。做实验之前，在梁的表面刻上一系列的纵向线和横向线，纵向线和横向线相互垂直，然后在梁的两端位于纵向对称平面内施加一对外力偶，使其发生纯弯曲变形，可以观察到如下现象：①各纵向线段弯成弧线，且靠近顶部的缩短，靠近底部的伸长；②各横向线相对转过了一个角度，仍保持为直线；③变形后横向线仍与纵向弧线垂直。

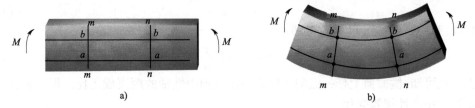

图　11-2

根据上面观察到的现象，对梁的变形作如下假定：变形前原为平面的横截面，变形后仍保持为平面，且仍垂直于变形后的梁轴线，这称为平面假设；梁是由一系列纵向纤维组成，梁变形后，同层各条纤维的伸长或（缩短）相同，纵向纤维互不挤压，横截面上只有正应力而无切应力，这是单向受力假设。

根据实验现象可以得知：下部纵向纤维伸长，上部纵向纤维缩短，由于梁的变形是连续的，则梁内肯定会存在一层纤维既不伸长，也不缩短，这层纤维称为中性层。而中性层与横截面的交线，称为中性轴，如图 11-3 所示。梁在发生弯曲变形时，横截面绕中性轴发生转动。

为研究纵向纤维正应变沿截面高度的变化规律，现取两个相邻的横截面 *mm* 和 *nn* 之间的微段 d*x* 来研究距中性层为 y 的纵向纤维在发生变形后的情况，如图 11-4a) 所示。设变形后中性层 O_1O_2 的曲率半径为 ρ [图 11-4b)]。

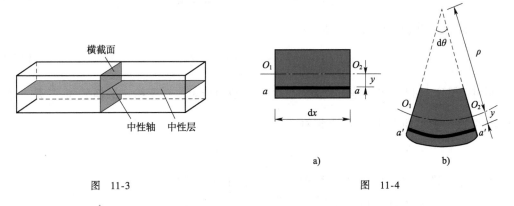

图　11-3   图　11-4

变形前

$$aa = O_1O_2 = \overparen{O_1O_2} = \rho\mathrm{d}\theta \tag{11-1}$$

变形后

$$a'a' = (\rho + y)\,\mathrm{d}\theta \tag{11-2}$$

则纵向纤维 aa 的线应变

$$\varepsilon = \frac{(\rho + y)\,\mathrm{d}\theta - \rho\mathrm{d}\theta}{\rho\mathrm{d}\theta} = \frac{y}{\rho} \tag{11-3}$$

上式表明:横截面上任一点的纵向线应变与该点到中性轴的距离成正比。

（2）物理关系

前面已经假设,梁内所有纵向纤维均处于单向压缩或者单向拉伸应力状态。当材料处于线弹性范围内,且拉压弹性模量相同时,则可用胡克定律

$$\sigma = E\varepsilon \tag{11-4}$$

将式（11-3）代入式（11-4）,得到

$$\sigma = E\varepsilon = E\frac{y}{\rho} \tag{11-5}$$

由上式可知:横截面上任一点的正应力与该点到中性轴的距离成正比。即沿截面高度,弯曲正应力按线性规律变化。

上面所建立的正应力表达式,由于中性轴的位置及中性层曲率半径 ρ 均为未知,因此不能用该式计算弯曲正应力。为此,还必须利用应力与内力之间的静力学平衡关系进行推导。

（3）静力学关系

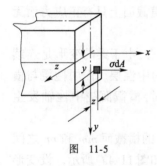

图 11-5

如图 11-5 所示,梁的横截面是矩形截面。其中 z 轴为梁横截面的中性轴,y 轴为梁横截面的对称轴。在横截面上取一微元,面积为 $\mathrm{d}A$,其坐标为 y,z。在微元 $\mathrm{d}A$ 上可以认为弯曲正应力是均匀分布的,其大小为 σ,因此微元上的法向内力为 $\sigma\mathrm{d}A$。在整个横截面上法向内力可以组成三个内力分量:

$$\sum F_x = 0, \quad F_N = \int \sigma\mathrm{d}A = 0 \tag{11-6}$$

$$\sum M_y = 0, \quad M_y = \int_A z\sigma\mathrm{d}A = 0 \tag{11-7}$$

$$\sum M_z = M, \quad M_z = \int_A y\sigma\mathrm{d}A = M \tag{11-8}$$

将式（11-5）代入式（11-6）中可以得到

$$\int_A E\frac{y}{\rho}\mathrm{d}A = \frac{E}{\rho}\int_A y\mathrm{d}A = 0 \tag{11-9}$$

式中,积分 $\int_A y\mathrm{d}A = S_z$,是横截面对整个中性轴的静矩。对于给定的横截面,$\dfrac{E}{\rho}$ 是一个不为零的常数。要想使上式成立,必须有

$$S_z = \int_A y\mathrm{d}A = 0 \tag{11-10}$$

根据平面图形几何性质知:中性轴是梁横截面的形心轴。

将式（11-5）代入式（11-7）中可以得到

$$\int_A z\sigma\mathrm{d}A = \int_A E\frac{yz}{\rho}\mathrm{d}A = \frac{E}{\rho}\int_A yz\mathrm{d}A = 0 \tag{11-11}$$

式中,积分 $\int\limits_A yz\mathrm{d}A = I_{yz}$,是横截面对 y 轴和 z 轴的惯性积。根据平面图形几何性质知,只要有一个轴为横截面的对称轴,整个平面图形对这两个轴的惯性积就为零。由于 y 轴为梁横截面的对称轴,式(11-7)自动成立。

将式(11-5)代入式(11-8)中可以得到

$$\int\limits_A y^2\sigma\mathrm{d}A = \frac{E}{\rho}\int\limits_A y^2\mathrm{d}A = M \tag{11-12}$$

根据平面图形的几何性质可知,式(11-12)中的积分 $\int\limits_A y^2\mathrm{d}A = I_z$,是横截面对 z 轴的惯性矩,因此可得

$$\frac{1}{\rho} = \frac{M}{EI_z} \tag{11-13}$$

此即为梁变形时中性层曲率的计算公式。可以看出,曲率与弯矩成正比,与 EI_z 成反比。EI_z 称为梁的抗弯刚度,指的是梁抵抗弯曲变形的能力。

将曲率计算公式(11-13)代入式(11-5),得到

$$\sigma = \frac{My}{I_z} \tag{11-14}$$

式中,M 为横截面上的弯矩,I_z 为横截面对中性轴 z 的惯性矩,y 为所求点到中性轴的距离。式(11-14)即为等直梁纯弯曲时横截面上任一点处弯曲正应力的计算公式。

在应用弯曲正应力计算公式时,有几点注意事项:

①计算弯曲正应力时,通常先以 M、y 的绝对值代入,求得应力的值,再由变形判断应力的正负。以中性轴为界,凸出的一侧受拉(正),凹入的一侧受压(负),当 M 为正,中性轴以下为拉应力,以上为压应力;当 M 为负,中性轴以上为拉应力,以下为压应力。

②适用于纯弯曲或横力弯曲的细长梁。

③各种截面形状的直梁都适用,但要求横截面要有一个对称轴。

④必须是线弹性材料。

3. 梁横截面上的最大弯曲正应力

由式(11-14)可以发现,梁横截面上的最大弯曲正应力发生在离中性轴最远的各点处,其计算公式为

$$\sigma_{\max} = \frac{My_{\max}}{I_z} \tag{11-15}$$

式中,$y_{\max}$ 表示危险点到中性轴的距离。

令

$$W_z = \frac{I_z}{y_{\max}} \tag{11-16}$$

于是

$$\sigma_{\max} = \frac{M}{W_z} \tag{11-17}$$

式中，W_z 仅与横截面的形状与尺寸有关，称为横截面对中性轴的抗弯截面系数，单位为 m^3。

§11.2　梁的正应力强度条件

要想保证梁是安全的，不会因为强度不足而发生破坏，必须建立梁的强度条件。对于工程上常见的细长梁，主要通过控制弯曲正应力来满足强度要求，弯曲正应力强度条件为

$$\sigma_{max} = \left(\frac{M}{W_z}\right)_{max} \leq [\sigma] \tag{11-18}$$

对于等直梁，最大正应力发生在弯矩最大的横截面上，因此其强度条件变为

$$\sigma_{max} = \frac{M_{max}}{W_z} \leq [\sigma] \tag{11-19}$$

使用上述公式要注意，对于拉压强度相同的材料（如低碳钢），其强度条件公式只有一个，只要绝对值最大的正应力不超过允许的许用正应力即可。而拉压强度不同的材料（如铸铁），其强度条件公式是两个，即最大拉应力和最大压应力不超过各自的许用应力。如图 11-6 所示 T 形截面，需满足

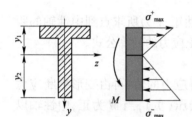

图　11-6

$$\sigma_{max}^+ = \frac{My_1}{I_z} \leq [\sigma]^+, \sigma_{max}^- = \frac{My_2}{I_z} \leq [\sigma]^-$$

对于细长梁，梁的强度主要取决于弯曲正应力，按照正应力强度条件设计截面或者确定最大外载荷，一般不需要校核弯曲切应力强度。但是在以下几种特殊情况下，需要校核梁的切应力：①跨度较短的梁，或者载荷大且靠近支座的梁。这种情况下，梁的弯矩较小，而剪力却很大；②腹板高而窄的组合截面梁，如焊接、铆接、粘接梁等，这种情况下，其剪力也很大；③对木材而言，在顺纹方向抗剪强度较差，木梁在横力弯曲时可能因中性层上的切应力过大而使梁沿中性层发生剪切破坏。

【例 11-1】 如图 11-7a）所示的矩形截面外伸梁，$F = 30kN$，材料的弯曲许用应力 $[\sigma] = 100MPa$，试校核梁的强度。

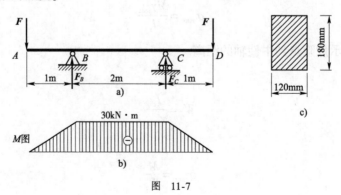

图　11-7

解：(1)根据平衡方程求出梁的支座约束力

$$F_B = F_C = 30\text{kN}$$

画梁的弯矩图,如图 11-7b)所示,最大弯曲发生在 *BC* 段上,即

$$M_{\max} = 30\text{kN} \cdot \text{m}$$

(2)校核强度

截面的抗弯截面系数

$$W_z = \frac{bh^2}{6} = \frac{120 \times 180^3}{6} = 6.48 \times 10^5 \text{mm}^3$$

梁的最大正应力

$$\sigma_{\max} = \frac{M_{\max}}{W_z} = \frac{30 \times 10^3}{6.48 \times 10^5 \times 10^{-9}} = 46.3\text{MPa} < [\sigma] = 100\text{MPa}$$

因此,梁满足强度条件。

【例 11-2】 图 11-8a)所示为 T 形截面铸铁梁,已知 $F_1 = 2\text{kN}$，$F_2 = 0.8\text{kN}$，$I_z = 86.8\text{cm}^4$，材料的许用拉应力 $[\sigma]^+ = 30\text{MPa}$，许用压应力 $[\sigma]^- = 60\text{MPa}$，$z$ 为形心轴,试校核梁的强度。

解：(1)根据平衡方程求出梁的约束力 $F_A = 0.6\text{kN}$，$F_B = 2.2\text{kN}$，并作出梁的弯矩图 [图 11-8b)]，可知,最大正弯矩在 *D* 处,其数值为 $0.6\text{kN} \cdot \text{m}$，最大负弯矩在 *B* 处,其数值为 $0.8\text{kN} \cdot \text{m}$。

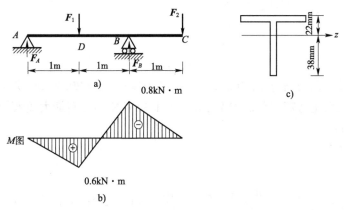

图　11-8

(2)校核梁的强度。显然,截面 *D* 和截面 *B* 均为危险截面,都要进行强度校核。

截面 *B* 处：最大拉应力发生在中性轴以上距离中性轴最远的截面边缘处,得

$$\sigma_{\max}^+ = \frac{M_B y_{\max}^+}{I_z} = \frac{0.8 \times 10^3 \times 22 \times 10^{-3}}{86.8 \times 10^{-8}} = 20.3\text{MPa} < [\sigma]^+ = 30\text{MPa}$$

最大压应力发生在中性轴以下距离中性轴最远的截面边缘处,得

$$\sigma_{\max}^- = \frac{M_B y_{\max}^-}{I_z} = \frac{0.8 \times 10^3 \times 38 \times 10^{-3}}{86.8 \times 10^{-8}} = 35\text{MPa} < [\sigma]^- = 60\text{MPa}$$

截面 *D* 处：虽然 *D* 处的弯矩绝对值比 *B* 处的小,但最大拉应力发生于中性轴以下距离中性轴最远的截面边缘处,而这些点到中性轴的距离比上边缘各点到中性轴的距离大,所以还需要校核最大拉应力。

$$\sigma_{\max}^+ = \frac{M_D y_{\max}^+}{I_z} = \frac{0.6 \times 10^3 \times 38 \times 10^{-3}}{86.8 \times 10^{-8}} = 26.3\text{MPa} < [\sigma]^+ = 30\text{MPa}$$

可知,梁是安全的,满足强度要求。

综上,梁同时满足三个条件时,必须校核至少两个截面三个危险点的应力,这三个条件是:①弯矩:有两个正负极值;②材料:拉压许用应力不同的材料;③截面形状:截面形状关于中性轴不对称。

需要校核的三个危险点是:弯矩绝对值最大截面的上、下两点,另一极值截面离中性轴最远点。

【例11-3】 外伸梁截面及受力如图11-9a)所示,已知对中性轴的惯性矩 $I_z = 500 \times 10^4 \text{ mm}^4$,材料的许用拉应力 $[\sigma]^+ = 16\text{MPa}$,许用压应力 $[\sigma]^- = 40\text{MPa}$,试校核该梁的强度。

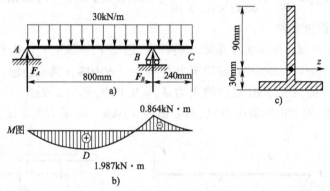

图　11-9

解:(1)根据平衡方程求出约束力 $F_A = 10.92\text{kN}$,$F_B = 20.28\text{kN}$,并画出梁的弯矩图[图11-9b)]。最大正弯矩在截面 D 处,数值为 $1.987\text{kN} \cdot \text{m}$,而最大负弯矩在截面 B 处,数值为 $0.864\text{kN} \cdot \text{m}$。

(2)校核强度

截面 D 处

$$\sigma_{\max}^+ = \frac{M y_{\max}^+}{I_z} = \frac{1.987 \times 10^3 \times 30 \times 10^{-3}}{500 \times 10^4 \times 10^{-12}} = 11.92\text{MPa} < [\sigma]^+ = 16\text{MPa}$$

$$\sigma_{\max}^- = \frac{M y_{\max}^-}{I_z} = \frac{1.987 \times 10^3 \times 90 \times 10^{-3}}{500 \times 10^4 \times 10^{-12}} = 35.8\text{MPa} < [\sigma]^- = 40\text{MPa}$$

截面 B 处

$$\sigma_{\max}^+ = \frac{M y_{\max}^+}{I_z} = \frac{0.864 \times 10^3 \times 90 \times 10^{-3}}{500 \times 10^4 \times 10^{-12}} = 15.55\text{MPa} < [\sigma]^+ = 16\text{MPa}$$

所以梁是安全的,满足强度要求。

§11.3　提高梁弯曲强度的措施

弯曲正应力是影响梁强度的主要因素,所以主要依据弯曲正应力强度条件来提高梁的

强度。弯曲正应力强度条件为

$$\sigma_{max} = \frac{M_{max}}{W_z} \leqslant [\sigma]$$

可见,提高梁的强度,可以通过减小弯矩、增大抗弯截面系数来实现。同时,还要考虑节省材料。所以,可以从以下几方面考虑。

1. 合理选择截面

合理的截面应该是以最小的面积 A 得到尽可能大的抗弯截面系数 W_z。

（1）根据抗弯截面系数选择截面

①形状和面积相同的截面：放置方式不同，W_z 值有可能不同。如图 11-10 所示的矩形截面，若 $h > b$，设竖放、平放时的抗弯截面系数分别为 W_z'、W_z''，则两者之比

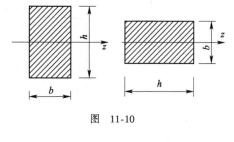

图 11-10

$$\frac{W_z'}{W_z''} = \frac{\frac{bh^2}{6}}{\frac{hb^2}{6}} = \frac{h}{b} > 1$$

因此，竖放时抗弯截面系数大，承载能力强，比平放合理。房屋、桥梁及厂房建筑物中的矩形梁，一般都是竖放，就是根据这个道理。

②面积相同而形状不同的截面：同样的横截面积，不同的截面形状，截面的抗弯截面系数也是不同的。如圆形、方形、矩形、圆环形和工字形截面形状，其面积均相同，而抗弯截面系数则是工字形 > 圆环形 > 矩形 > 方形 > 圆形截面。因此常见截面的合理顺序是：a. 工字形、箱形、槽形截面；b. 环形截面；c. 矩形截面；d. 圆形截面。

（2）根据应力分布规律选择截面

梁横截面上正应力沿截面高度呈线性分布，距离中性轴最远各点，拉压应力最大，而在中性轴附近各点，正应力较小，中性轴附近的材料没有得到充分利用。要想充分利用材料，应该尽量减少中性轴附近的材料，把材料放在距离中性轴最远的地方。从这个角度来说，工字形截面或者槽形截面比矩形截面更加合理。

（3）根据材料的特性选择截面

选取合适的截面形状，还应该考虑材料因素。对于拉压应力相同材料(低碳钢)做成的梁，其横截面是关于中性轴对称的，经常采用工字形、箱形、矩形、圆形等截面形式；而在土建、水利、桥梁工程中常用的混凝土等脆性材料，其抗压强度高于抗拉强度，宜采用关于中性轴不对称的截面，如 T 形、槽形截面，并使中性轴靠近受拉一侧。

（4）变截面梁及等强度梁

根据前面所学，当横截面不同，弯矩是不一样的。而设计梁的横截面时，是按照梁的最大弯矩进行设计的。对于等截面梁来说，只要危险截面上的最大正应力满足强度要求，则其他截面自然满足。从节约材料的角度来考虑，应在弯矩较大处采用较大截面，而在弯矩较小处采用较小截面，这样的梁称为变截面梁。而最合理的截面设计应该是每个横截面上的最大正应力同时达到材料的许用应力，这样的梁称为等强度梁。

等强度梁虽然具有节约材料的优点,理论上讲是存在的,但制造加工相当困难。在工程实际中大都采用近似等强度梁的变截面梁。如图 11-11 所示厂房中的屋架大梁,图 11-12 所示汽车的叠板弹簧,图 11-13 所示上下增添盖板的钢板梁,图 11-14 所示的鱼腹式吊车梁。

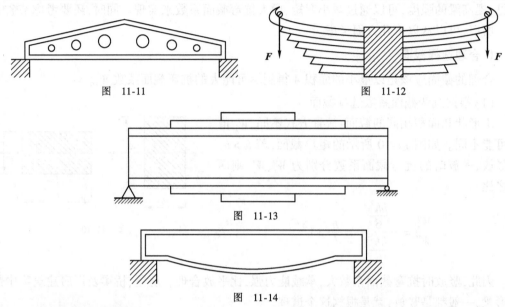

图　11-11　　　　　　　　　　　图　11-12

图　11-13

图　11-14

2. 合理安排梁的受力

为改善梁的受力情况,应尽量降低梁内最大弯矩,从而提高梁的强度。具体有以下措施。

(1)分散载荷

如图 11-15a)、b)所示的简支梁,它们所承受的总载荷相同,但是当一个集中力[图 11-15a)]分散成两个集中力[图 11-15b)]时,图中的最大弯矩则由 $\dfrac{FL}{4}$ 降为 $\dfrac{FL}{8}$。

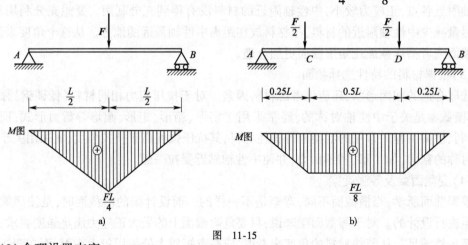

图　11-15

(2)合理设置支座

在载荷不变的情况下,改变梁的支座情况,也可减小最大弯矩。将图 11-16a)所示简支梁的支座往里移动,变为外伸梁[图 11-16b)],则最大弯矩由 $0.125qL^2$ 减小到 $0.025qL^2$。

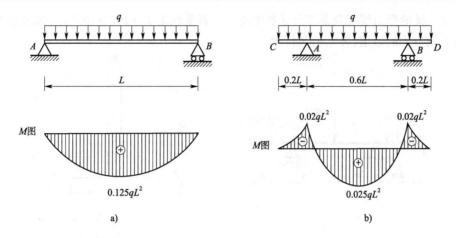

图　11-16

本 章 小 结

本章主要讨论了梁在平面弯曲时,梁的弯曲正应力的计算公式,并在此基础上建立了相应的弯曲正应力强度条件,以及讨论了提高梁的强度措施。

1. 梁的正应力计算公式

$$\sigma = \frac{My}{I_z}$$

$$\sigma_{max} = \frac{My_{max}}{I_z}$$

2. 梁的正应力强度条件

$$\sigma_{max} = \frac{M_{max}y_{max}}{I_z} \leqslant [\sigma]$$

3. 提高梁的强度措施

主要包括降低梁的最大弯矩和合理选择梁的截面尺寸两项措施。

习　　题

11-1　图示的外伸梁,其截面为宽 140mm,高 240mm 的矩形,所受载荷如图所示,试求最大正应力的数值和位置。

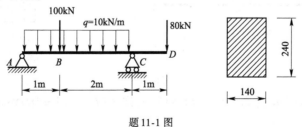

题 11-1 图

11-2 梁的受力情况及截面尺寸如图所示。若惯性矩 $I_z = 102 \times 10^{-6}\,\mathrm{m}^4$，试求最大拉应力和最大压应力的数值,并指出其位置。

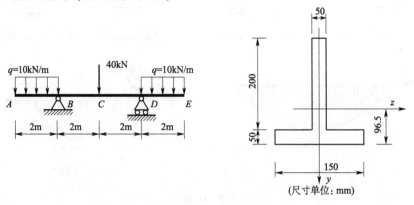

题 11-2 图

11-3 圆截面梁受力如图所示,试计算支座 B 处梁截面上的最大正应力。

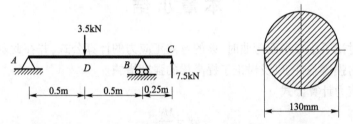

题 11-3 图

11-4 T 形截面铸铁梁的载荷和截面尺寸如图所示。铸铁的许用拉应力 $[\sigma]^+ = 30\mathrm{MPa}$,许用压应力 $[\sigma]^- = 160\mathrm{MPa}$。已知截面对形心轴 z 的惯性矩为 $I_z = 763\mathrm{cm}^4$,且 $y_1 = 52\mathrm{mm}$。试校核梁的强度。

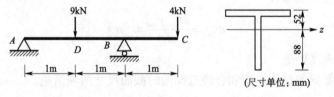

题 11-4 图

11-5 图示矩形截面悬臂梁,材料的许用应力 $[\sigma] = 180\mathrm{MPa}$。试指出梁内危险截面及危险点的位置,并按正应力强度条件校核梁的强度。

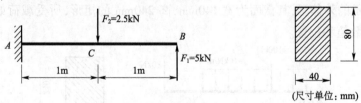

题 11-5 图

11-6 矩形截面钢梁受力如图所示,材料的许用应力 $[\sigma] = 160\mathrm{MPa}$。试确定截面的尺寸 b。

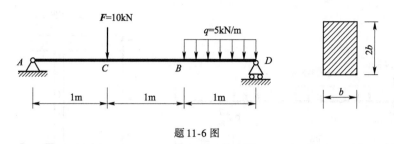

题 11-6 图

11-7 矩形截面梁如图所示。若铸铁的许用拉应力为 $[\sigma]^+ = 40\text{MPa}$，许用压应力 $[\sigma]^- = 160\text{MPa}$。截面对形心轴 z 的惯性矩 $I_z = 10180\text{cm}^4$。试求梁的许用载荷 F。

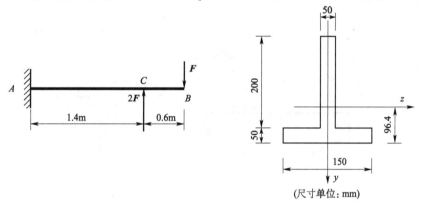

(尺寸单位：mm)

题 11-7 图

11-8 悬臂梁 AB 受力如图所示，其中 $F = 10\text{kN}, M = 70\text{kN} \cdot \text{m}, a = 3\text{m}$。截面对中性轴的惯性矩 $I_z = 1.02 \times 10^8 \text{mm}^4$，许用拉应力 $[\sigma]^+ = 40\text{MPa}$，许用压应力 $[\sigma]^- = 120\text{MPa}$。试校核梁的强度是否安全。

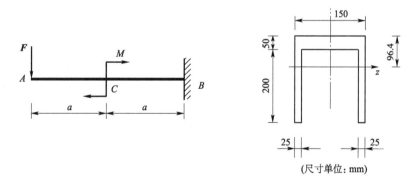

(尺寸单位：mm)

题 11-8 图

11-9 铸铁外伸梁受力情况和截面形状如图所示。材料的许用拉应力 $[\sigma]^+ = 30\text{MPa}$，许用压应力 $[\sigma]^- = 80\text{MPa}$。试按正应力强度条件校核梁的强度。（$I_z = 254.7 \times 10^{-6} \text{m}^4$）。

11-10 T 形截面简支梁受力及截面尺寸如图所示。已知材料的许用拉、压应力分别为 $[\sigma]^+ = 50\text{MPa}$、$[\sigma]^- = 80\text{MPa}$，截面对中性轴的惯性矩为 $I_z = 7.64 \times 10^6 \text{mm}^4$。试校核梁的正应力强度。

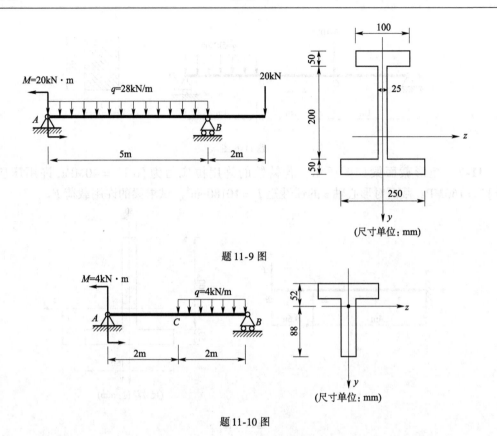

题 11-9 图

题 11-10 图

第12章 弯曲变形

本章主要内容

(1)弯曲变形的概念及挠曲线近似微分方程。
(2)用积分法求梁的变形。
(3)计算梁位移的叠加法。
(4)梁的刚度条件及合理刚度设计。

重点

(1)积分法中的边界条件和连续光滑条件。
(2)叠加法求梁的变形。

§12.1 弯曲变形的基本概念

1. 梁的弯曲变形描述

工程中有些受弯构件在载荷作用下虽能满足强度要求,但由于弯曲变形过大,仍不能保证构件正常工作,显示刚度不足。例如厂房里的吊车,当吊车主梁弯曲变形过大时,就会影响小车的正常运行,出现爬坡现象;齿轮轴变形过大,会使齿轮不能正常啮合,产生振动和噪声。因此,为了保证受弯构件能正常工作,必须把弯曲变形限制在一定的许可范围内,使受弯构件满足刚度条件。

2. 梁弯曲后的挠曲线

以图 12-1 所示悬臂梁为例,假设梁在力 F 作用下,在 $x\text{-}y$ 平面内发生平面弯曲。变形前梁轴线为直线,与 x 轴重合,在小变形条件下,变形后梁轴线由直变弯,成为一条连续光滑的平面曲线,此曲线称为梁的挠曲线或挠曲轴。梁在弯曲变形后,横截面的位置将发生改变,这种位置的改变称为位移。梁的横截面将产生两种位移:线位移(挠度)和角位移(转角)。

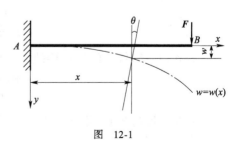

图 12-1

挠度:根据梁弯曲的平面假设,梁发生弯曲时,各个横截面仍然保持为平面,仍与变弯后的挠曲线正交。梁横截面形心在垂直于梁轴线方向的线位移称为挠度,用 w 表示。实际上,截面形心在 x 方向也存在线位移,但是因为是小变形,这种沿轴方向的位移极小,可以忽略不计。规定挠度向下为正。

挠度为横截面位置坐标 x 的函数,其解析表达式为

$$w = w(x) \tag{12-1}$$

式(12-1)称为梁的挠曲线方程或弹性曲线方程。

转角:当梁发生弯曲变形时,梁横截面还绕中性轴转过微小角度,产生微小角位移,称为该截面的转角,用 θ 表示。规定顺时针为正。

转角也是横截面位置坐标 x 的函数,即

$$\theta = \theta(x) \tag{12-2}$$

式(12-2)称为梁的转角方程。

两者之间的关系:转角 θ 也是挠曲线在该点的切线与 x 轴正向的夹角。由于是小变形,因此转角 θ 是一个很小的量,可近似等于其正切值,即

$$\theta \approx \tan\theta = \frac{\mathrm{d}w}{\mathrm{d}x} = w'(x) \tag{12-3}$$

式(12-3)表明,在小变形条件下,梁截面的转角等于该截面的挠度 w 对于位置坐标 x 的一阶导数,两者并不独立。因此,要想求梁的任一截面的挠度和转角,关键在于确定梁的挠曲线方程。

§12.2 挠曲线近似微分方程

在推导纯弯曲梁弯曲正应力公式中,已经推导出用中性层曲率表示的弯曲变形公式

$$\frac{1}{\rho} = \frac{M}{EI_z} \tag{12-4}$$

在忽略剪切变形的情况下,式(12-4)也适用于横力弯曲,只是梁横截面的弯矩 M 和相应截面处梁的挠曲线的曲率半径 ρ 均为截面位置 x 的函数。因此,梁的挠曲线的曲率可表示为

$$\frac{1}{\rho(x)} = \frac{M(x)}{EI_z} \tag{12-5}$$

另外,根据高等数学可知,挠曲线 $w = w(x)$ 上任一点的曲率为

$$\frac{1}{\rho(x)} = \pm \frac{w''}{(1 + w'^2)^{\frac{3}{2}}} \tag{12-6}$$

将式(12-6)代入(12-5)得到

$$\frac{M(x)}{EI_z} = \pm \frac{w''}{(1 + w'^2)^{\frac{3}{2}}} \tag{12-7}$$

在小变形情况下,略去二阶项,上式简化为

$$w'' = \pm \frac{M(x)}{EI_z} \tag{12-8}$$

式(12-8)称为挠曲线的近似微分方程式,而式中正负号的选择,与弯矩 $M(x)$ 的正负号规定,即坐标系的选择有关。如图 12-2 所示,当弯矩小于零时,挠曲线的二阶导数大于零;

当弯矩大于零时,挠曲线的二阶导数小于零,这两者始终异号,因此,式(12-8)取负号。于是,挠曲线近似微分方程可进一步写为

$$w'' = -\frac{M(x)}{EI_z} \qquad (12\text{-}9)$$

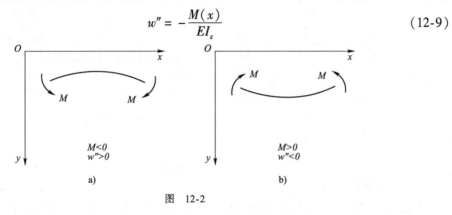

图 12-2

§12.3 积分法求梁的变形

1. 两次积分

梁的挠曲线近似微分方程可直接用积分法进行求解。将式(12-9)积分一次可以得到梁的转角方程

$$\theta(x) = w' = -\int \frac{M(x)}{EI_z}dx + C \qquad (12\text{-}10)$$

再积分一次,即可得到梁的挠曲线方程

$$w(x) = -\iint \left(\frac{M(x)}{EI_z}dx\right) \cdot dx + Cx + D \qquad (12\text{-}11)$$

这种通过积分求梁变形的方法称为积分法,上述两式中 I 的下标 z 一般可以省略。

2. 确定积分常数的条件

当梁仅需列出一段挠曲线方程时,将会出现两个积分常数。当列出 n 段方程时,则会出现 $2n$ 个积分常数,必须写出 $2n$ 个条件才能完全确定挠曲线方程和转角方程。

(1)边界条件

在梁的支座处,挠度或转角是已知的。

①刚性支承:刚性支承认为支座处的变形相对梁的变形可以忽略不计。如图12-3a)所示的悬臂梁固定端处,其挠度和转角均应为零;如图12-3b)所示的简支梁支座处的挠度应为零。

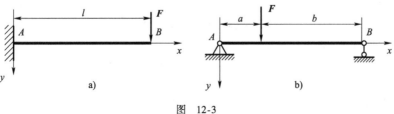

图 12-3

②弹性支承:当支座为图 12-4a)所示弹簧或图 12-4b)所示杆件时,支座处的变形不能忽略不计。不过,这些弹性支承处的变形根据梁的受力情况是可以求出来的。

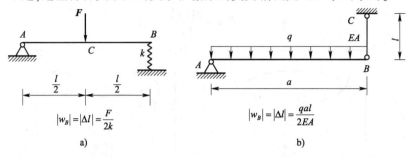

图 12-4

(2)连续光滑条件

挠曲线应该是一条连续光滑的曲线,在列写弯矩方程的分段处[图 12-4a)中的 C 处]应保证挠曲线不出现间断和尖点。

(1)连续条件:挠曲线连续,即 C 截面左侧和右侧挠度是相同的,具有唯一确定的挠度。

(2)光滑条件:挠曲线光滑,即 C 截面左侧和右侧转角是相同的,具有唯一确定的转角。

注意:对于具有中间铰的组合梁,如图 12-5 所示,在中间铰左右两侧的挠度依然相等,但转角不等,也就是说,在中间铰处,挠曲线连续但不光滑。

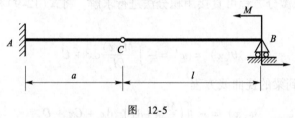

图 12-5

【例 12-1】 如图 12-6 所示悬臂梁,在其自由端受一集中力 F 的作用。已知 EI 为常数,试求梁的最大挠度 w_{max} 和最大转角 θ_{max}。

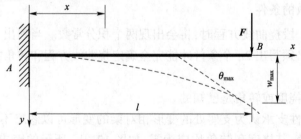

图 12-6

解:(1)列弯矩方程

$$M(x) = -F(l - x)$$

(2)列挠曲线近似微分方程

$$w'' = \frac{F(l - x)}{EI}$$

通过两次积分,得

$$\theta = \frac{1}{EI}\left(Flx - \frac{Fx^2}{2} + C\right) \qquad\qquad (a)$$

$$w = \frac{1}{EI}\left(\frac{1}{2}Flx - \frac{Fx^3}{6} + Cx + D\right) \qquad\qquad (b)$$

(3)确定积分常数

当 $x = 0, w_A = 0$；$x = 0, \theta_A = 0$

代入式(a)和式(b)，可解得

$$C = 0, D = 0$$

(4)确定转角方程和挠曲线方程

转角方程

$$\theta = w' = \frac{1}{EI}\left(Flx - \frac{1}{2}Fx^2\right) \qquad\qquad (c)$$

挠曲线方程

$$w = \frac{1}{EI}\left(\frac{1}{2}Flx - \frac{Fx^3}{6}\right) \qquad\qquad (d)$$

(5)求最大挠度和最大转角

最大挠度和最大转角都是发生在自由端处，将 $x = l$ 代入式(c)及式(d)可得到

$$\theta_{\max} = \theta_B = \frac{Fl^2}{2EI} \quad (\text{顺时针})$$

$$w_{\max} = w_B = \frac{Fl^3}{3EI} \quad (\text{向下})$$

【**例 12-2**】简支梁受集中力 **F** 作用，如图 12-7 所示，梁长为 l，EI 已知。求梁的挠曲线方程和转角方程。

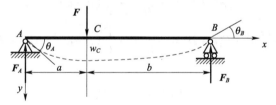

图 12-7

解：(1)确定约束力。根据平衡方程得到

$$F_A = \frac{Fb}{l}, F_B = \frac{Fa}{l}$$

因为在 C 处有集中力，所以必须分两段列弯矩方程。AC 和 CB 两段的弯矩方程分别为

AC 段

$$M_1(x) = \frac{Fb}{l}x \quad (0 \le x \le a)$$

CB 段

$$M_2(x) = \frac{Fb}{l}x - F(x - a) \quad (a \le x \le l)$$

(2)建立挠曲线近似微分方程，并积分，得

AC 段

$$EIw_1'' = -M_1(x) = -\frac{Fb}{l}x$$

$$EIw_1' = -\frac{Fb}{2l}x^2 + C_1 \tag{a}$$

$$EIw_1 = -\frac{Fb}{6l}x^3 + C_1x + D_1 \tag{b}$$

CB 段

$$EIw_2'' = -M_2(x) = -\frac{Fb}{l}x + F(x-a)$$

$$EIw_2' = -\frac{Fb}{2l}x^2 + \frac{F}{2}(x-a)^2 + C_2 \tag{c}$$

$$EIw_2 = -\frac{Fb}{6l}x^3 + \frac{F}{6}(x-a)^3 + C_2x + D_2 \tag{d}$$

(3)利用边界条件和连续光滑条件确定积分常数

边界条件

$$x=0, w(0)=0$$
$$x=l, w(l)=0$$

连续光滑条件

$$x=a, w_1(a)=w_2(a)$$
$$x=a, \theta_1(a)=\theta_2(a)$$

先利用上述连续光滑条件,有

$$-\frac{Fb}{2l}a^2 + C_1 = -\frac{Fb}{2l}a^2 + \frac{F}{2}(a-a)^2 + C_2$$

$$-\frac{Fb}{6l}a^3 + C_1a + D_1 = -\frac{Fb}{6l}a^3 + \frac{F}{6}(a-a)^3 + C_2a + D_2$$

解得

$$C_1 = C_2, D_1 = D_2$$

再根据边界条件,有

$$EIw_1(0) = -\frac{Fb}{6l}x^3 + C_1x + D_1 = 0$$

得出

$$D_1 = D_2 = 0$$

$$EIw_2(l) = -\frac{Fb}{6l}l^3 + \frac{F}{6}(l-a)^3 + C_2l = 0$$

解得

$$C_1 = C_2 = \frac{Fb}{6l}(l^2 - b^2)$$

(4)确定挠曲线方程

将所得积分常数分别代入 AC 段和 CB 段的转角方程和挠曲线方程:

AC 段$(0 \leqslant x \leqslant a)$:

$$EIw_1' = \frac{Fb}{6l}(l^2 - b^2 - 3x^2)$$

$$EIw_1 = \frac{Fbx}{6l}(l^2 - b^2 - x^2)$$

CB 段$(a \leqslant x \leqslant l)$

$$EIw_2' = \frac{Fb}{6l}\left[(l^2 - b^2 - 3x^2) + \frac{3l}{b}(x - a)^2\right]$$

$$EIw_2 = \frac{Fb}{6l}\left[(l^2 - b^2 - x^2)x + \frac{l}{b}(x - a)^3\right]$$

积分法的优点是可以求得转角和挠度的普遍方程。但是,当只需要确定某些特殊截面的转角和挠度时,积分法就显得过于烦琐。要想求某些特定截面的转角和挠度时,适合采用叠加法。

§12.4　计算梁位移的叠加法

当弯曲变形很小,且材料服从胡克定律的情况下,挠曲线近似微分方程是弯矩的线性函数,弯矩与载荷的关系也是线性的。因此,对应于几种不同的载荷,弯矩可以进行叠加,因此挠度和转角也可以进行叠加,即:当梁上同时作用几种载荷时,可分别求出每一种载荷单独作用时引起的变形,然后把所得的变形进行叠加,即为这些载荷共同作用时的变形。这就是计算弯曲变形的叠加法。

【例 12-3】 如图 12-8a)所示简支梁在 q 及外力 $\boldsymbol{F}$ 作用下,已知 EI 为常数,试用叠加法求梁跨中点 C 处的挠度和截面 A 的转角。

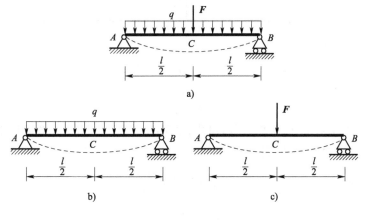

图　12-8

解: 梁的变形是由均布载荷 q 和集中力 $\boldsymbol{F}$ 共同引起的。在均布载荷 q 单独作用下[图 12-8b)],梁跨中点的挠度和截面 A 的转角可以通过查表得

$$w_{qC} = \frac{5ql^4}{384EI}, \theta_{qA} = \frac{ql^3}{24EI}$$

在集中力 F 单独作用下[图 12-8c)]，梁跨中点的挠度和截面 A 的转角可以通过查表得

$$w_{FC} = \frac{Fl^3}{48EI}, \theta_{FA} = \frac{Fl^2}{16EI}$$

因此，梁跨中点的挠度和截面 A 的转角分别为

$$w_C = \frac{5ql^4}{384EI} + \frac{Fl^3}{48EI} \quad （向下）$$

$$\theta_A = \frac{ql^3}{24EI} + \frac{Fl^2}{16EI} \quad （顺时针）$$

【例 12-4】 如图 12-9a)所示，悬臂梁 AB 在梁中点 C 处承受集中力 F，自由端 B 处承受集中力偶 $M = Fl$，已知 EI 为常数，试用叠加法求自由端 B 处的挠度和转角。

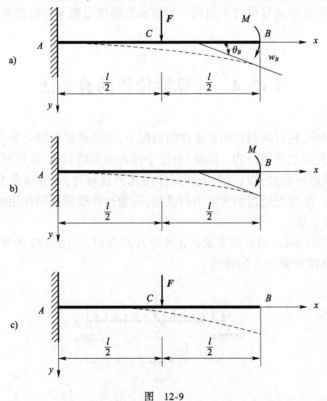

图　12-9

解:(1)梁的变形是集中力 F 和力偶共同作用的结果。在集中力偶 M[图 12-9b)]作用下，自由端 B 处的挠度和转角可以查表得

$$w_{MB} = \frac{Ml^2}{2EI} = \frac{Fl^3}{2EI}$$

$$\theta_{MB} = \frac{Ml}{EI} = \frac{Fl^2}{EI}$$

(2)虽然，集中力 F 引起的挠度和转角可以从表 12-1 中查到，但是，通过自由端作用有集中力 F 的悬臂梁的挠度和转角，也不难得到。因为当集中力作用在 C 处时，CB 段由于不

受力,因此其挠曲线为直线,同时,由于挠曲线连续光滑的要求,CB 段直线必须与 AC 段挠曲线相切[图 12-9c)]。所以,有

$$w_{FB} = w_{FC} + \tan\theta_C \cdot \frac{l}{2} = \frac{F\left(\frac{l}{2}\right)^3}{3EI} + \theta_C \cdot \frac{l}{2} = \frac{Fl^3}{24EI} + \frac{F\left(\frac{l}{2}\right)^2}{2EI} \cdot \frac{l}{2} = \frac{5Fl^3}{48EI}$$

$$\theta_{FB} = \theta_{FC} = \frac{F\left(\frac{l}{2}\right)^2}{2EI} = \frac{Fl^2}{8EI}$$

因此,总的挠度和转角为

$$w_B = w_{FB} + w_{MB} = \frac{5Fl^3}{48EI} + \frac{Fl^3}{2EI} = \frac{29Fl^3}{48EI} \quad (\text{向下})$$

$$\theta_B = \theta_{FB} + \theta_{MB} = \frac{Fl^2}{8EI} + \frac{Fl^2}{EI} = \frac{9Fl^2}{8EI} \quad (\text{顺时针})$$

注意:对于间断性分布载荷作用的情形,根据受力与约束等效的要求,可以将间断性分布载荷变为全长上连续分布载荷,然后在原来没有分布载荷的梁段上,加上集度相同但方向相反的分布载荷,最后应用叠加法。

【例 12-5】外伸梁 ABC,其受力情况如图 12-10a)所示,已知 EI 为常数,试用叠加法求外伸梁 C 处的挠度。

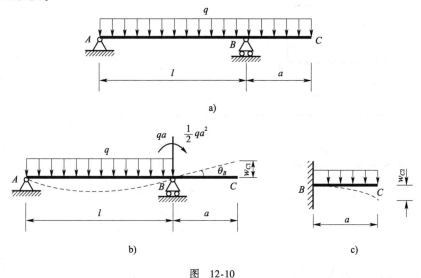

a)

b)   c)

图   12-10

解:可将外伸梁沿 B 截面假想截为两段,把它看成一个简支梁 AB 和一个悬臂梁 BC 组成。显然,在左段梁的 B 截面处应该加上悬臂梁固定端的约束力 qa 和力偶矩 qa²/2。图 12-10b)中简支梁 AB 的变形应与原外伸梁 ABC 的 AB 段情况相同。作用在简支梁 AB 的 B 截面上的两项载荷中,由于集中力 qa 作用在支座 B 处,故不引起梁的变形;所以 B 处的转角是由 AB 段上均布载荷与 B 截面上的力偶矩共同产生。根据叠加法

$$\theta_B = -\frac{ql^3}{24EI} + \frac{\left(\frac{1}{2}qa^2\right) \cdot l}{3EI} = -\frac{ql(l^2 - 4a^2)}{24EI} \quad (\text{逆时针})$$

由于 B 截面的转动,带动 BC 段作刚体转动,从而使 C 端产生挠度 w_{C1}。

$$w_{C1} = a \cdot \theta_B = -\frac{qal(l^2 - 4a^2)}{24EI} \quad (\text{向上})$$

悬臂梁 BC[图 12-10c)]:又由于 BC 段自身的弯曲变形,因此,自由端 C 处的挠度可以通过查表 12-1 得

$$w_{C2} = \frac{qa^4}{8EI} \quad (\text{向下})$$

因此,C 处总的挠度为

$$w_C = w_{C1} + w_{C2} = \frac{qa}{24EI}(3a^3 + 4a^2l - l^3)$$

从以上结果可以看出:a 与 l 比较,当 a 比较小时,挠度 w_C 为负值,C 点向上位移。当 a 足够大时,w_C 为正值,C 点向下位移。

梁的挠度与转角公式　　　　　　　　　　　　　表 12-1

序号	梁 的 简 图	挠曲线方程	转角与挠度
1		$w = \dfrac{Mx^2}{2EI}$	$\theta_B = \dfrac{Ml}{EI}$ $w_B = \dfrac{Ml^2}{2EI}$
2		$w = \dfrac{Fx^2}{6EI}(3l - x)$	$\theta_B = \dfrac{Fl^2}{2EI}$ $w_B = \dfrac{Fl^3}{3EI}$
3		$w = \dfrac{Fx^2}{6EI}(3a - x)$ $(0 \leqslant x \leqslant a)$ $w = \dfrac{Fa^2}{6EI}(3x - a)$ $(a \leqslant x \leqslant l)$	$\theta_B = \dfrac{Fa^2}{2EI}$ $w_B = \dfrac{Fa^2}{6EI}(3l - a)$
4		$w = \dfrac{qx^2}{2EI}(x^2 + 6l^2 - 4lx)$	$\theta_B = \dfrac{ql^3}{6EI}$ $w_B = \dfrac{ql^4}{8EI}$
5		$w = \dfrac{Mx}{6EIl}(l - x)(2l - x)$	$\theta_A = \dfrac{Ml}{3EI}$ $\theta_B = -\dfrac{Ml}{6EI}$ $w_C = \dfrac{Ml^2}{16EI}$

序号	梁 的 简 图	挠曲线方程	转角与挠度
6		$w = \dfrac{Mx}{6EIl}(l^2 - x^2)$	$\theta_A = \dfrac{Ml}{6EI}$ $\theta_B = -\dfrac{Ml}{3EI}$ $w_C = \dfrac{Ml^2}{16EI}$
7		$w = \dfrac{qx}{24EI}(l^3 - 2lx^2 + x^3)$	$\theta_A = \dfrac{ql^3}{24EI}$ $\theta_B = -\dfrac{ql^3}{24EI}$ $w_C = \dfrac{5ql^4}{384EI}$
8		$w = \dfrac{Fx}{48EI}(3l^2 - 4x^2)$ $\left(0 \leqslant x \leqslant \dfrac{l}{2}\right)$	$\theta_A = \dfrac{Fl^2}{16EI}$ $\theta_B = -\dfrac{Fl^2}{16EI}$ $w_C = \dfrac{Fl^3}{48EI}$
9		$w = \dfrac{Fbx}{6EIl}(l^2 - x^2 - b^2)$ $(0 \leqslant x \leqslant a)$ $w = \dfrac{Fb}{6EIl}\left[\dfrac{l}{b}(x-a)^3 + (l^2 - b^2)x - x^3\right]$ $(a \leqslant x \leqslant l)$	$\theta_A = \dfrac{Fab(l+b)}{6EIl}$ $\theta_B = -\dfrac{Fab(l+a)}{6EIl}$ $w_C = \dfrac{Fb\,(3l^2 - 4b^2)}{48EI}$ $(a \geqslant b)$
10		$w = \dfrac{Mx}{6EIl}(6al - 3a^2 - 2l^2 - x^2)$ $(0 \leqslant x \leqslant a)$ 当 $a = b = \dfrac{l}{2}$ 时, $w = \dfrac{Mx}{24EIl}(l^2 - 4x^2)$ $\left(0 \leqslant x \leqslant \dfrac{l}{2}\right)$	$\theta_A = \dfrac{M}{6EIl}(6al - 3a^2 - 2l^2)$ $\theta_B = \dfrac{M}{6EIl}(l^2 - 3a^2)$ 当 $a = b = \dfrac{l}{2}$ 时, $\theta_A = \dfrac{Ml}{24EI}$ $\theta_A = \dfrac{Ml}{24EI}$ $w_C = 0$

注:C 为梁的中点。

§12.5　梁的刚度条件与合理刚度设计

1. 梁的刚度条件

前一章讨论了梁的强度计算,工程中对某些受弯构件除满足强度要求外,还要满足刚度条件,即要求变形不能过大。因此,必须将最大挠度和最大转角限制在一定范围内,即满足弯曲刚度条件

$$|w|_{\max} \leqslant [w] \tag{12-12}$$

$$|\theta|_{\max} \leqslant [\theta] \tag{12-13}$$

在上述二式中,$[w]$和$[\theta]$分别称为许用挠度和许用转角。

2. 提高梁刚度的措施

提高梁的刚度主要是指减小梁的弹性位移。弹性位移不仅与载荷有关,而且与梁的跨度和梁的抗弯刚度(EI)有关。以悬臂梁在自由端处受集中力 F 作用为例,来讨论提高梁刚度的措施。此时,梁的最大挠度 $w_{\max} = \dfrac{Fl^3}{3EI}$,与梁长的三次方成正比,与抗弯刚度成反比;最大转角 $\theta_{\max} = \dfrac{Fl^2}{2EI}$,与梁长的二次方成正比。因此,可以通过以下途径来提高梁的刚度:①减小梁的跨度 l,当梁的跨度无法减小时,则可增加中间支座;②增大梁的抗弯刚度 EI,合理选择截面形状。采用高强度钢可以大大提高梁的强度,但不能增大梁的刚度,因为钢材的 E 值相差不大,因此主要应设法增大 I 值,所以,如果在不增加材料的情况下,应选择对中性轴惯性矩较大的截面形状,因此,工程上常采用工字形、箱形等截面形状;③将集中载荷分散。

本 章 小 结

本章主要讨论了弯曲变形的基本概念,即变形计算的基本方法,从而建立了梁的刚度条件。

1. 挠度和转角是度量弯曲变形的基本物理量,它们之间的关系是:$\theta = \dfrac{\mathrm{d}w}{\mathrm{d}x}$,梁的挠曲线近似微分方程为:$w'' = -\dfrac{M(x)}{EI}$。

2. 积分法是计算梁变形的一种基本方法,可求出梁的挠曲线及转角方程,从而可求出各截面的挠度和转角。

3. 叠加法可简捷地求出指定截面的挠度和转角,计算时应注意将梁上复杂载荷分成几种简单载荷,要能直接应用现成的图表。

4. 合理选择截面形状、改变载荷作用方式及约束方式,都能提高梁的刚度。

习 题

12-1 试写出积分法求图示各梁挠曲线时,用来确定积分常数的边界条件和连续光滑条件。

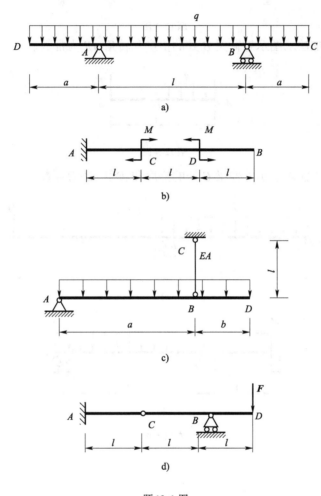

题 12-1 图

12-2 试用积分法求图示梁 C 处的挠度和转角,EI 为常数。

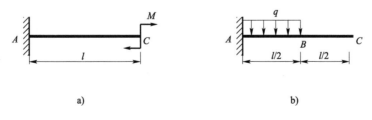

题 12-2 图

12-3 试用叠加法求图示各梁中指定截面 B 的挠度和转角,EI 为常数。

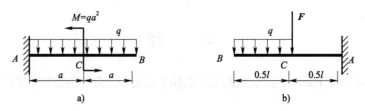

题 12-3 图

12-4　试用叠加法求图示悬臂梁 B 处的挠度和转角，EI 为常数。

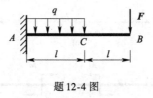

题 12-4 图

12-5　试用叠加法求图示外伸梁 C 处的挠度和转角，EI 为常数。

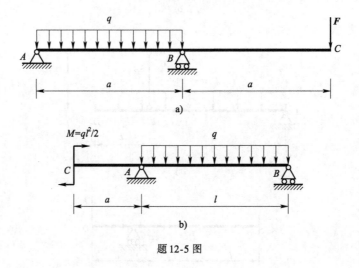

题 12-5 图

第13章 压杆稳定

本章主要内容

(1)压杆稳定问题的引出。
(2)细长压杆临界压力的欧拉公式。
(3)欧拉公式的适用范围。
(4)压杆的稳定计算。

重点

(1)细长压杆临界压力的欧拉公式及其应用。
(2)压杆的稳定计算。

§13.1 压杆稳定的概念

1. 问题的提出

对于轴向受压的杆,前面已经建立了强度条件:$\sigma = \dfrac{F_N}{A} \leqslant [\sigma]$,在满足强度条件下,能否保证受压杆一定安全呢? 来看这样一个例子:在图 13-1a)中,木杆的横截面为矩形(1cm×2cm),高为3cm,当压力为6kN 时,杆还不致破坏;而在图 13-1b)中,木杆的横截面保持不变,高为1.4m(细长压杆),当压力为0.1kN 时,杆被压弯,从而导致破坏。两者受压载荷竟相差 60 倍,为什么会出现这种现象?

实际上,图 13-1b)中细长压杆的破坏形式是因为突然产生显著的弯曲变形而使结构丧失了工作能力,并非因强度不够。由于压杆不能保持原有直线平衡状态导致失去承载能力的现象称为丧失稳定性,简称失稳或者屈曲。

2. 稳定性丧失的严重性

工程中因为稳定性丧失导致的破坏会造成惨痛的事故。例如,1907 年 8 月 29 日,即将建成的魁北克大桥突然倒塌,当场造成了至少 75 人死亡,多人受伤的严重事故。2000 年 10 月 25 日,在南京电视台中心演播大厅的屋顶施工中,由于脚手架失稳,造成屋

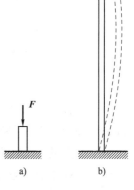

图 13-1

顶模板倒塌,死伤多人。据统计,19 世纪末到 20 世纪初,全世界 24 次重大事故中,有 16 次是因为失稳导致的,占到了 2/3。究其原因,冶金工业的发展促使了高强度钢的出现,受压杆的横截面积减小,使之变成了细长杆。也就是说,压杆稳定的研究和发展与生产力水平密切相关。细长压杆的大量出现和相关工程事故的发生,引起了对压杆稳定问题的重视和深入研究。

3. 压杆稳定的概念

物体的平衡状态可以分为两类:①如物体因受了干扰稍微偏离它原来的平衡位置,而在干扰撤消后它能够回到原来位置的平衡状态,就说它原来位置的平衡状态是稳定的,称为稳定平衡;②若干扰撤消后它不回到原来位置的平衡状态,就说原来位置的平衡状态不稳定,称为不稳定平衡。在不稳定平衡中,有一种特殊情况:物体受了干扰后离开它原平衡位置,干扰撤消后,它既不回到原来的平衡位置,也不进一步离开,而是停留在新的位置上处于新的平衡状态,将这种平衡状态称为随遇平衡或临界平衡。随遇平衡是由稳定平衡过渡到不稳定平衡的一种随遇的平衡状态,其本质还是一种不稳定平衡。

本章以理想细长压杆作为研究对象来讨论压杆的稳定性问题。理想细长压杆是指材料均匀、杆轴为直线、压力沿轴线的细长杆。细长压杆在受到不同的压力情况下,将呈现出不同的平衡状态:①稳定平衡:当 $F < F_{cr}$,若干扰力撤消,压杆能回到原有的直线状态,如图 13-2a)所示。②随遇平衡:当 $F = F_{cr}$,若干扰力撤消,压杆介于稳定平衡和不稳定平衡之间的临界状态,如图 13-2b)所示。此时,当压力值有一任意微小正增量,它就变成了不稳定平衡;而压力值有一任意微小负增量,它就变成了稳定平衡。③不稳定平衡:当 $F > F_{cr}$,若干扰力撤消,压杆不能回到原有的直线状态,如图 13-2c)所示。

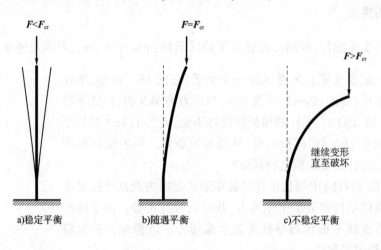

图　13-2

作用在细长压杆上的轴向压力 F 的大小,将会引起压杆稳定平衡状态由量变到质变,关键是看轴向压力 F 是否突破了临界值 F_{cr}。工程中,将使压杆直线形式的平衡由稳定开始转化为不稳定的最小轴向压力值称为临界压力 F_{cr}。理想压杆在临界压力作用下,不能保持其初始的直线平衡状态,或者说突然变弯而丧失其工作能力,都称为失稳。压杆稳定与不稳定的决定因素是压力的大小,所以压杆稳定性的计算,关键在于确定临界压力。需要指出的是,临界压力既不是外力,也不是内力,而是一个确定压杆是否具有维持平衡稳定性能力的标志。

压杆一般也称为柱,因此,压杆的稳定也称为柱的稳定。压杆的失稳现象是在纵向力作用下,使杆产生突然弯曲,在纵向力作用下的弯曲称为纵弯曲。失稳现象不仅限于压杆这一类构件,对受压薄板、受外压的薄壁容器等,都可能有失稳现象发生。本章只讨论压杆的稳定问题。

§13.2　细长压杆临界压力的欧拉公式

为了确定临界压力的计算公式,需要显化干扰力,但是,干扰力是随机出现的,大小也不确定,来去无踪。如何显化它的作用呢?瑞士科学家欧拉(L. Euler)用了 13 年的时间,想到了一个捕捉它、显化它的巧妙方法:用干扰力产生的初始变形代替它。干扰力使受压杆产生变形后,就从压杆上撤走了,但它产生的变形还在,若这种变形:①还能保留,即随遇平衡或不稳定平衡;②不能保留,即稳定平衡。

细长压杆受到轴向压力发生微弯曲时,其挠曲线形式与杆端的支承情况有直接的关系。支承不同,挠曲线也不同,于是,临界压力也不同。下面以两端铰支情况为例推导细长压杆的临界压力。

1. 两端铰支细长压杆的临界压力

当两端铰支的细长压杆上的压力达到临界压力时,压杆处于微弯状态下的平衡,如图 13-3 所示。

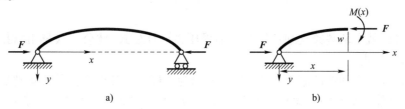

图　13-3

根据截面法,在所取截面上除了有轴向压力外,还有弯矩

$$M(x) = Fw \tag{13-1}$$

根据弯曲变形知识,在线弹性范围内,挠曲线近似微分方程

$$\frac{\mathrm{d}^2 w}{\mathrm{d}x^2} = -\frac{M(x)}{EI} \tag{13-2}$$

将式(13-1)代入式(13-2),得到

$$\frac{\mathrm{d}^2 w}{\mathrm{d}x^2} + \frac{Fw}{EI} = 0 \tag{13-3}$$

令

$$k^2 = \frac{F}{EI} \tag{13-4}$$

则式(13-3)可写为

$$\frac{\mathrm{d}^2 w}{\mathrm{d}x^2} + k^2 w = 0 \tag{13-5}$$

式(13-5)是二阶常系数线性齐次微分方程,其通解为

$$w = a\sin kx + b\cos kx \tag{13-6}$$

式中,a、b 为待定常数,可由位移边界条件来确定。由图 13-3 可知,当 $x = 0$ 时,$w = 0$;当 $x = l$ 时,$w = 0$,于是

$$\left.\begin{array}{c} b = 0 \\ a\sin kl = 0 \end{array}\right\} \tag{13-7}$$

对于 $a\sin kl = 0$ 来说,若 $a = 0$,则与压杆处于微弯状态的假设不符,由此可得

$$\sin kl = 0 \tag{13-8}$$

于是

$$kl = n\pi \tag{13-9}$$

式中,n 为任意整数($n = 0$、1、2、3……)。

联立式(13-4)和式(13-9),可得

$$F = \frac{n^2 \pi^2 EI}{l^2} \tag{13-10}$$

要使压杆在微弯状态下保持平衡的最小压力才是临界压力,实际上应该是公式中的 $n = 1$ 时的 F 值,即两端铰支压杆的临界压力

$$F_{\mathrm{cr}} = \frac{\pi^2 EI}{l^2} \tag{13-11}$$

式(13-11)就是两端铰支细长压杆的临界压力计算公式,此公式最早由欧拉推导出来,因此称为欧拉公式。

对式(13-11)中的惯性矩 I 如何确定呢？因为当杆端在各个方向的支承情况相同时,压杆总是在抗弯能力最小的纵向平面内弯曲,所以 $I = I_{\min}$;但如果杆端在各个方向的支承情况不同,则应分别计算压杆在不同方向失稳时的临界压力,此时 I 为其相对应的中性轴的惯性矩。

另外,在上述欧拉公式推导过程中,可知 $w = a\sin kx, k = \dfrac{n\pi}{l}, n = 1$,所以

$$w = a\sin \frac{\pi x}{l} \tag{13-12}$$

式(13-12)所表达的函数称为屈曲位移函数,它表示两端铰支压杆承受临界压力时的弹性曲线为半波正弦曲线,亦称为失稳波形或失稳形式。

2. 其他支承情况下细长压杆的临界压力

上述两端铰支细长压杆二阶常系数线性齐次微分方程的解所得的结果表明:临界压力、失稳波形与杆端的约束情况有关。杆端的约束情况改变了,边界条件也随之改变,临界压力

也就有不同的数值。当杆端为其他支承情况时,可以采用上述类似的方法推导临界压力计算公式,也可以简单地通过变形比较法得到相应的临界压力公式。变形比较法是指通过将其他支承情况下细长压杆的失稳波形与两端铰支细长压杆的失稳波形进行对比,对欧拉公式作相应的变化而得到其他支承情况下细长压杆的临界压力表达式。下面用变形比较法简单说明不同支承情况下细长压杆的临界压力计算。

(1)一端固定,另端自由

在图 13-4 中,A 处相当于一个对称轴,而对称轴处截面无转动,可以将小压杆看成大压杆的一半,这样

$$F_{cr} = \frac{\pi^2 EI}{(2l)^2} \tag{13-13}$$

(2)两端固定

在图 13-5 中,挠曲线分成三段,挠曲线拐点 C、D 与两端相距均为 0.25l,中间段与两端铰支时一样,相当长度为 0.5l,这样

$$F_{cr} = \frac{\pi^2 EI}{(0.5l)^2} \tag{13-14}$$

(3)一端固定,另端铰支

在图 13-6 中,较长的段与两端铰支时一样,相当长度为 0.7l,这样

$$F_{cr} \approx \frac{\pi^2 EI}{(0.7l)^2} \tag{13-15}$$

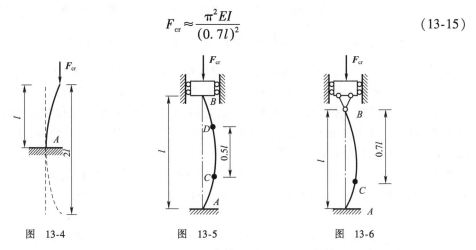

图 13-4   图 13-5   图 13-6

综合不同支承情况下细长压杆的临界压力计算公式,可以写成统一的表达式

$$F_{cr} = \frac{\pi^2 EI}{(\mu l)^2} \tag{13-16}$$

式中,μ 是长度系数,代表支承方式对临界压力的影响;μl 是相当长度,其物理意义是:①压杆失稳时,挠曲线上两拐点间的长度就是压杆的相当长度;②μl 是各种支承条件下,细长压杆失稳时,挠曲线中相当于半波正弦曲线的一段长度。

将式(13-16)称为欧拉公式的普遍形式,需要注意的是:①F_{cr} 与 E、I、l、μ 有关,即与材料及结构的形式均有关;②端约束越强,F_{cr} 越大,越不易失稳。不同支承情况下等截面细长压杆的临界压力公式和长度系数见表 13-1。

各种支承约束条件下等截面细长压杆临界压力的欧拉公式　　　　　　　表 13-1

支承情况	两端铰支	一端固定,另端铰支	两端固定	一端固定,另端自由
失稳时挠曲线形状				
		C——挠曲线拐点	C、D——挠曲线拐点	
临界压力的欧拉公式	$F_{cr} = \dfrac{\pi^2 EI}{l^2}$	$F_{cr} \approx \dfrac{\pi^2 EI}{(0.7l)^2}$	$F_{cr} = \dfrac{\pi^2 EI}{(0.5l)^2}$	$F_{cr} = \dfrac{\pi^2 EI}{(2l)^2}$
长度系数	$\mu = 1$	$\mu \approx 0.7$	$\mu = 0.5$	$\mu = 2$

结合上一章的弯曲变形和本章欧拉公式的推导,可以看到,虽然梁弯曲与压杆稳定都用到了 $\dfrac{\mathrm{d}^2 w}{\mathrm{d}x^2} = -\dfrac{M(x)}{EI}$,但是,其含义是不同的。对于梁弯曲:从力学上来说,是载荷直接引起了弯矩;从数学上来说,是一个求解积分运算的问题。对于压杆稳定:从力学上来说,是载荷在干扰力产生的变形上引起了弯矩;从数学上来说,是一个求解微分方程的问题。

在压杆稳定中,欧拉圆满地处理了干扰力的作用,有以下 4 点值得注意:①轴向压力和干扰力的区别:在强度和刚度中,载荷为外因;在压杆稳定中,载荷为内因,干扰力为外因。②干扰力不直接显式处理,化为受压杆的初始变形予以隐式地处理。③轴向压力同干扰力产生的变形的共同效应,产生了一个纯轴压时不存在的弯矩,该弯矩决定了平衡的稳定或不稳定。④显示了量变引起质变的道理、内因与外因的关系,是近代科学的混沌、分岔学科的极好的开端。

【例 13-1】 如图 13-7 所示,各杆材料和截面均相同,从稳定性角度看哪一根杆能承受的压力最大,哪一根的最小?

解: 因为 $(\mu l)_1 = 2a$,$(\mu l)_2 = 1.3a$,$(\mu l)_3 = 0.7 \times 1.6a = 1.12a$

于是 $(\mu l)_1 > (\mu l)_2 > (\mu l)_3$

又有 $F_{cr} = \dfrac{\pi^2 EI}{(\mu l)^2}$

可知 $F_{cr1} < F_{cr2} < F_{cr3}$

所以杆 1 承受的压力最小,最先失稳;杆 3 承受的压力最大,最稳定。

【例 13-2】 如图 13-8a) 所示,起重架 ABC 由两根具有相同材料、相同截面的细长杆组成,试从稳定性角度确定载荷 **F** 最大时的 θ 角。

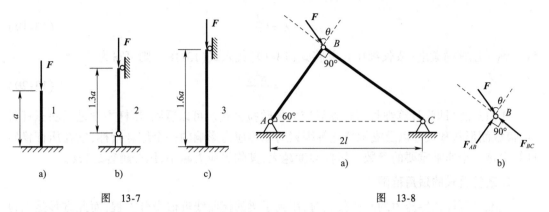

图 13-7

图 13-8

解:(1)受力图如图 13-8b)所示,由平衡方程求轴力

$$F_{AB} = F\cos\theta, F_{BC} = F\sin\theta$$

(2)根据欧拉公式

$$F_{ABcr} = \frac{\pi^2 EI}{l^2}, F_{BCcr} = \frac{\pi^2 EI}{3l^2}$$

(3)确定 θ 值

$$F_{ABcr} = F_{AB}, F_{ABcr} = \frac{\pi^2 EI}{l^2} = F\cos\theta$$

$$F_{BCcr} = F_{BC}, F_{BCcr} = \frac{\pi^2 EI}{3l^2} = F\sin\theta$$

得

$$\theta = \arctan\frac{1}{3}$$

§13.3　临界应力和欧拉公式的适用范围

1. 细长压杆的临界应力与柔度

在上一节中,通过推导得到了临界压力的计算公式,将临界压力除以压杆的横截面面积就可以得到临界应力。实际上,临界应力就是压杆处于临界平衡状态时横截面上的平均应力,用 σ_{cr} 表示:

$$\sigma_{cr} = \frac{F_{cr}}{A} = \frac{\pi^2 EI}{(\mu l)^2 A} \tag{13-17}$$

因为惯性半径 $i = \sqrt{\dfrac{I}{A}}$,所以

$$\sigma_{cr} = \frac{\pi^2 E}{(\mu l)^2} i^2 = \frac{\pi^2 E}{\left(\dfrac{\mu l}{i}\right)^2} \tag{13-18}$$

令

$$\lambda = \frac{\mu l}{i} \tag{13-19}$$

将 λ 称为压杆的柔度(或长细比),并将式(13-19)代入式(13-18),则可写为

$$\sigma_{cr} = \frac{\pi^2 E}{\lambda^2} \tag{13-20}$$

式(13-20)即为计算细长压杆临界应力的欧拉公式。可以看到,压杆柔度是反映压杆长度、横截面形状和尺寸以及支承情况等因素对临界应力影响的一个综合指标,它在压杆稳定计算中是一个非常重要的参数。压杆柔度越大,其临界应力越小,压杆越容易失稳。

2. 欧拉公式的适用范围

在推导压杆临界压力的欧拉公式时,用到了梁的挠曲线近似微分方程,而此方程是以材料服从胡克定律为基础得到的,所以,欧拉公式仅适用于线弹性范围,即临界应力不能超过材料的比例极限,于是必须满足

$$\sigma_{cr} = \frac{\pi^2 E}{\lambda^2} \leqslant \sigma_p \tag{13-21}$$

从而得到

$$\lambda \geqslant \pi \sqrt{\frac{E}{\sigma_p}} \tag{13-22}$$

令

$$\lambda_p = \pi \sqrt{\frac{E}{\sigma_p}} \tag{13-23}$$

于是

$$\lambda \geqslant \lambda_p \tag{13-24}$$

式(13-24)就是用柔度表示的欧拉公式的适用范围,也就是说,只有当压杆柔度 λ 大于或等于与材料的比例极限 σ_p 对应的柔度值 λ_p 时,才能应用欧拉公式。

因为比例极限 σ_p 和弹性模量 E 均是只与材料有关的参数,所以,λ_p 也只与材料的力学性能相关,不同的材料有不同的 λ_p 值。例如:Q235 钢,$E = 206\text{GPa}$,$\sigma_p = 200\text{MPa}$,由式(13-23)可得

$$\lambda_p = \pi \sqrt{\frac{206 \times 10^9}{200 \times 10^6}} \approx 100$$

3. 临界应力总图

将 $\lambda \geqslant \lambda_p$ 的压杆称为大柔度杆(或细长杆),只有大柔度杆,才能用欧拉公式。当 $\lambda < \lambda_p$ 时,压杆应力大于材料的比例极限 σ_p,此时,欧拉公式不再适用,对这类压杆的计算,工程中一般采用以试验结果为依据的经验公式,直线型公式和抛物线型公式是常用的两种经验公式,这里只介绍直线型公式。

直线型公式将临界应力和柔度表示为直线关系:

$$\sigma_{cr} = a - b\lambda \tag{13-25}$$

式中,a、b 是与材料性能有关的常数,其单位为 MPa。表 13-2 列出了一些材料的 a、b 值。

几种常见材料的直线型公式系数 *a*、*b*　　　　　表 13-2

材　　料	$a(\text{MPa})$	$b(\text{MPa})$
Q235 钢	304	1.12
优质碳钢 $\sigma_\text{s} = 306\,\text{MPa}$	461	2.568
硅钢 $\sigma_\text{s} = 353\,\text{MPa}$	578	3.744
铬钼钢	9807	5.296
铸铁	332.2	1.454
强铝	373	2.15
松木	28.7	0.19

由前面的讨论可知,压杆柔度越小,其临界应力越大。当临界应力达到屈服极限(塑性材料)或强度极限(脆性材料)时,就属于强度问题了。对塑性材料而言,由式(13-25)计算得到的应力最大只能等于屈服极限 σ_s,这样,其相应的柔度

$$\lambda_\text{s} = \frac{a - \sigma_\text{s}}{b} \qquad (13\text{-}26)$$

也就是说,直线型公式的适用范围是 $\lambda_\text{s} \leqslant \lambda \leqslant \lambda_\text{p}$。因此,若 $\lambda < \lambda_\text{s}$,其已属于强度问题,压杆不会出现失稳现象,应按压缩的强度进行计算,如果将这类压杆也按稳定形式处理,其临界应力 σ_cr 可表示为

$$\sigma_\text{cr} = \sigma_\text{s} \qquad (13\text{-}27)$$

对脆性材料,只需要将式(13-26)和式(13-27)中的屈服极限 σ_s 改为强度极限 σ_b 即可。

将 $\lambda_\text{s} \leqslant \lambda < \lambda_\text{p}$ 的压杆称为中柔度杆(或中长杆),$\lambda < \lambda_\text{s}$ 的压杆称为小柔度杆(或短粗杆)。根据讨论,不同柔度压杆的临界应力计算不同,将其总结如下:

(1)大柔度杆(细长杆)采用欧拉公式计算

$\lambda \geqslant \lambda_\text{p}(\sigma \leqslant \sigma_\text{p})$,临界压力 $F_\text{cr} = \dfrac{\pi^2 EI}{(\mu l)^2}$,临界应力 $\sigma_\text{cr} = \dfrac{\pi^2 E}{\lambda^2}$

(2)中柔度杆(中长杆)采用经验公式计算

$\lambda_\text{s} \leqslant \lambda < \lambda_\text{p}(\sigma_\text{p} < \sigma \leqslant \sigma_\text{s})$,$\lambda_\text{s} = \dfrac{a - \sigma_\text{s}}{b}$

直线型经验公式 $\sigma_\text{cr} = a - b\lambda$

(3)小柔度杆(短粗杆)只需进行强度计算

$\lambda < \lambda_\text{s}(\sigma > \sigma_\text{s})$,$\sigma_\text{cr} = \sigma_\text{s}$

根据以上三种情况,将其绘制在一张图中,如图 13-9 所示,以直观表明临界应力与柔度之间的变化关系,将此图称为临界应力总图。

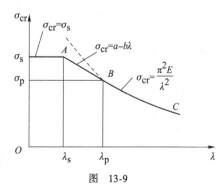
图　13-9

§13.4　压杆的稳定性计算

一般来说,构件的强度实际上取决于危险截面的危险点,所以,强度条件是从一点的强度出发的。压杆稳定问题实质上是杆的承载能力问题,既不存在危险截面又不存在危险点,它与弯曲变形密切联系着,失稳是由杆的全部情况(材料,形状,尺寸,约束等情况)决定的,所以,稳定条件应从杆的承载能力出发。压杆的稳定性计算有安全系数法和折减系数法两种方法,这里只介绍安全系数法。

压杆的临界压力(或临界应力)就是压杆稳定平衡的极限压力(或极限应力),为了保证稳定平衡,压杆受到的压力(或应力)必须小于等于临界压力(或临界应力)。考虑到必要的安全储备,将临界压力(或临界应力)除以一个大于 1 的稳定安全系数 n_{st},得到压杆的稳定许用压力 $[F_{cr}]$(或稳定许用应力 σ_{cr}),这样,压杆的稳定条件可表示为

$$F \leqslant \frac{F_{cr}}{n_{st}} = [F_{cr}] \text{或} \sigma \leqslant \frac{\sigma_{cr}}{n_{st}} = [\sigma_{cr}] \tag{13-28}$$

在应用压杆的稳定条件时,常以工作安全系数 n 与稳定安全系数 n_{st} 进行比较来判定压杆的稳定性,称之为安全系数法。

$$n = \frac{F_{cr}}{F} \geqslant n_{st} \text{或} n = \frac{\sigma_{cr}}{\sigma} \geqslant n_{st} \tag{13-29}$$

可以看到,这里的稳定许用应力与前面强度条件中的许用应力非常类似,但它们是有区别的。强度的许用应力只与材料有关,而稳定的许用应力不仅与材料有关,还与压杆的支承、截面尺寸、截面形状有关。此外,以下几点也需要注意:

(1)切忌不可未判断压杆的类别,就直接用欧拉公式计算临界压力(或临界应力)。

(2)当压杆分类的界限柔度值 λ_p 及 λ_s 值未知时,应由材料数据计算出。

(3)压杆的稳定性是对其整体而言的,若压杆截面有局部削弱,在计算临界压力(或临界应力)时,均采用未削弱前的横截面面积和惯性矩,但同时,还应按净面积校核该削弱截面的强度。

(4)当压杆在各弯曲平面内的约束类型及惯性矩不同时,应分别计算压杆在各弯曲平面内的柔度,选用较大的柔度计算压杆的临界压力(或临界应力)。

【例 13-3】如图 13-10a)所示,已知托架 D 处承受载荷 $F = 10kN$,AC 长 1500mm,CD 长 500mm。BC 杆横截面是圆环截面,其外径 50mm,内径 40mm,材料为 Q235 钢,$E = 200GPa$,临界柔度 $\lambda_p = 100$,$n_{st} = 3$。校核 BC 杆的稳定性。

解:(1)计算压杆的压力

受力图如图 13-10b)所示,由平衡方程可得

$$\sum M_A = 0$$

$$F \times 2000 = F_{BC} \times \sin 30° \times 1500$$

$$F_{BC} = 26.6kN$$

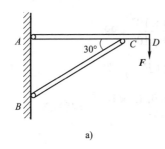 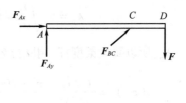

a)   b)

图 13-10

（2）计算压杆的柔度

$$\lambda = \frac{\mu l}{i}$$

压杆长度系数：$\mu = 1$

压杆长度：$l = \dfrac{1.5}{\cos 30°} = 1.732\mathrm{m}$

惯性半径：$i = \sqrt{\dfrac{I}{A}} = \sqrt{\dfrac{4\pi(D^4 - d^4)}{64\pi(D^2 - d^2)}} = \dfrac{\sqrt{D^2 + d^2}}{4} = 16\mathrm{mm}$

压杆柔度：$\lambda = \dfrac{1 \times 1.732}{16 \times 10^{-3}} = 108 > \lambda_\mathrm{p}$

所以 BC 杆为大柔度杆，可以用欧拉公式计算临界压力。

（3）计算临界压力

$$F_\mathrm{cr} = \frac{\pi^2 EI}{(\mu l)^2} = 118\mathrm{kN}$$

（4）稳定性校核

安全系数：$n = \dfrac{F_\mathrm{cr}}{F_{BC}} = \dfrac{118}{26.6} = 4.42 > n_\mathrm{st}$

所以 BC 杆满足稳定性要求。

【例 13-4】 如图 13-11 所示压杆，若在绕 y 轴失稳时，两端可视为铰支；若在绕 z 轴失稳时，则两端可看作为固定支座。压杆的材料为 A3 钢，$E = 200\mathrm{GPa}$，$\sigma_\mathrm{p} = 200\mathrm{MPa}$，$\sigma_\mathrm{s} = 240\mathrm{MPa}$，$l = 2\mathrm{m}$。截面为：$t \times h = 40\mathrm{mm} \times 65\mathrm{mm}$。已知 $n_\mathrm{st} = 2$，$a = 304\mathrm{MPa}$，$b = 1.12\mathrm{MPa}$，试校核压杆的稳定性。

解：（1）计算压杆在绕 y 轴失稳时的临界压力

因为在绕 y 轴失稳时，可视为两端铰支，所以 $\mu_y = 1$

$$I_y = \frac{th^3}{12} = \frac{1}{12} \times 40 \times 65^3 \times 10^{-12} = 9.15 \times 10^{-7}\mathrm{m}^4$$

$$A = th = 40 \times 65 \times 10^{-6} = 2.6 \times 10^{-3}\mathrm{m}^2$$

$$i_y = \sqrt{\frac{I_y}{A}} = \sqrt{\frac{9.15 \times 10^{-7}}{2.6 \times 10^{-3}}} = 1.88 \times 10^{-2}\mathrm{m}$$

$$\lambda_y = \frac{\mu_y l}{i_y} = \frac{1 \times 2}{1.88 \times 10^{-2}} = 106$$

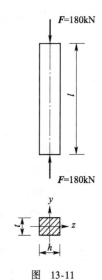

图 13-11

$$\lambda_{p} = \pi \sqrt{\frac{E}{\sigma_{p}}} = \pi \sqrt{\frac{200 \times 10^{9}}{200 \times 10^{6}}} = 99$$

因为 $\lambda_{y} > \lambda_{p}$，所以属大柔度杆，用欧拉公式计算 $(F_{cr})_{y}$，即

$$(F_{cr})_{y} = \frac{\pi^{2} E I_{y}}{(\mu_{y} l)^{2}} = \frac{\pi^{2} \times 200 \times 10^{6} \times 9.15 \times 10^{-7}}{(1 \times 2)^{2}} = 451 \text{kN}$$

(2)计算压杆在绕 z 轴失稳时的临界压力

因为在绕 z 轴失稳时，可视为两端固定，所以 $\mu_{z} = 0.5$

$$I_{z} = \frac{1}{12} h t^{3} = \frac{1}{12} \times 65 \times 40^{3} \times 10^{-12} = 3.47 \times 10^{-7} \text{m}^{4}$$

$$i_{z} = \sqrt{\frac{I_{z}}{A}} = \sqrt{\frac{3.47 \times 10^{-7}}{2.6 \times 10^{-3}}} = 1.16 \times 10^{-2} \text{m}$$

$$\lambda_{z} = \frac{\mu_{z} l}{i_{z}} = \frac{0.5 \times 2}{126 \times 10^{-2}} = 86$$

$$\lambda_{s} = \frac{a - \sigma_{s}}{b} = \frac{304 - 240}{1.12} = 57$$

因为 $\lambda_{s} < \lambda_{z} < \lambda_{p}$

所以该杆在绕 z 轴失稳时属于中柔度杆，其临界压力由经验公式计算：

$$(\sigma_{cr})_{z} = a - b\lambda = 304 - 1.12 \times 86 = 208 \text{MPa}$$

$$(F_{cr})_{z} = (\sigma_{cr})_{z} \cdot A = 208 \times 10^{6} \times 2.6 \times 10^{-3} = 540 \text{kN}$$

(3)稳定性校核

该杆的临界压力：$F_{cr} = (F_{cr})_{y} = 451 \text{kN}$

则其工作安全系数：$n = \dfrac{F_{cr}}{F_{p}} = \dfrac{451}{180} = 2.51 > n_{st}$

故压杆的稳定性符合规定要求。

§13.5　提高压杆稳定性的措施

影响压杆稳定性的因素有压杆材料性质、压杆的支承、压杆的长度和截面形状等，提高压杆的稳定性，可从以下几个方面考虑：

(1)材料方面：对于大柔度杆，应选 E 值较大的材料。需要指出的是，普通碳素钢、合金钢以及高强度钢的弹性模量数值相差不大。因此，对于细长钢制压杆，若选用高强度钢，对压杆临界应力的影响甚微，意义不大，反而造成材料的浪费；对于中柔度杆，其破坏既有失稳现象又有强度不够，临界应力与强度有关，应选高强度钢；对于小柔度杆，其破坏与稳定性无关，应选高强度钢。

（2）改善支承情况：压杆两端支承越牢固，长度系数越小，从而临界应力越大，所以采用长度系数小的支承可以提高压杆的稳定性。

（3）减小压杆的长度：减小压杆的长度可以降低压杆的柔度，从而提高临界应力。可以通过增加中间支承的方法达到减小压杆长度的目的。

（4）选择合理的截面形状：当压杆在两个弯曲平面内的支承条件（μ）相同，应选择 $I_y = I_z$（即 $\lambda_y = \lambda_z$）的截面。在截面积一定的情况下，应使截面的 I 值尽可能大。例如，空心圆截面比实心圆截面稳定性好，但是，也不能无限制增大圆环截面的直径并减小壁厚，因为薄壁管容易造成局部失稳。当压杆在两个弯曲平面内的支承条件（μ）不同，应选择 $I_y \neq I_z$ 的截面，而使 $\lambda_y = \lambda_z$，如矩形、工字形等，使压杆在两个方向上的抗失稳能力相等。

（5）改变结构：在条件允许的情况下，将压杆[图 13-12a）中的 BC 杆]转换为拉杆[图 13-12b）中的 BC 杆]，从根本上消除稳定性的问题。

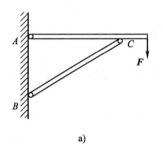 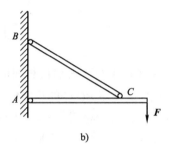

图 13-12

本 章 小 结

轴向受压的杆件在工程实际中除了要考虑其强度问题，还应考虑稳定性问题。本章介绍了压杆稳定的概念、不同支承情况下细长压杆的临界压力计算、不同柔度压杆的临界应力计算以及安全系数法校核压杆稳定。

1. 不同支承情况下的欧拉公式

$$F_{cr} = \frac{\pi^2 EI}{(\mu l)^2}$$

两端铰支：$\mu = 1$；一端固定，另端铰支：$\mu \approx 0.7$；两端固定：$\mu = 0.5$；一端固定，另端自由：$\mu = 2$。

2. 不同柔度压杆的临界应力计算

（1）大柔度杆（细长杆）采用欧拉公式计算

$$\lambda \geq \lambda_p (\sigma \leq \sigma_p)，临界压力 F_{cr} = \frac{\pi^2 EI}{(\mu l)^2}，临界应力 \sigma_{cr} = \frac{\pi^2 E}{\lambda^2}$$

（2）中柔度杆（中长杆）采用经验公式计算

$$\lambda_s \leq \lambda < \lambda_p (\sigma_p < \sigma \leq \sigma_s)，\lambda_s = \frac{a - \sigma_s}{b}$$

直线型经验公式: $\sigma_{cr} = a - b\lambda$

(3)小柔度杆(短粗杆)只需进行强度计算

$$\lambda < \lambda_s(\sigma > \sigma_s), \sigma_{cr} = \sigma_s$$

3. 压杆稳定性校核——安全系数法

已知: $n_{st}, \sigma_p(\lambda_p)$

(1)先求 λ 和 λ_p,以便确定压杆的类型,确定应用欧拉公式(大柔度杆)还是经验公式(中柔度杆)。

(2)求临界压力(或临界应力)。

(3)稳定校核

若 $n = \dfrac{F_{cr}}{F} \geqslant n_{st}$ 或 $n = \dfrac{\sigma_{cr}}{\sigma} \geqslant n_{st}$,则压杆稳定;反之,压杆不稳定。

习　题

13-1　图示结构,杆 BC 为圆杆,材料的弹性模量 $E = 200\mathrm{GPa}$,比例极限 $\sigma_p = 200\mathrm{MPa}$,稳定安全系数 $n_{st} = 3$,试校核 BC 杆的稳定性。

13-2　图示结构中,分布载荷 $q = 20\mathrm{kN/m}$, AD 为刚性梁,柱 BC 的截面为圆形,直径 $d = 80\mathrm{mm}$,已知柱 BC 为 Q235 钢, $E = 200\mathrm{GPa}$, $\lambda_p = 100$,稳定安全系数 $n_{st} = 3$,试校核 BC 杆的稳定性。

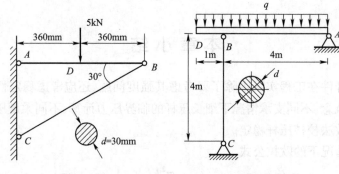

题 13-1 图　　　　　　　　　题 13-2 图

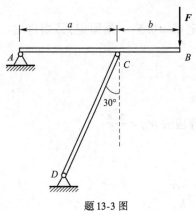

题 13-3 图

13-3　图示结构中,各杆的重量不计,杆 AB 可视为刚性杆。已知 $a = 100\mathrm{cm}$, $b = 50\mathrm{cm}$,杆 CD 长 $L = 2\mathrm{m}$,横截面为边长 $h = 5\mathrm{cm}$ 的正方形,材料的弹性模量 $E = 200\mathrm{GPa}$,比例极限 $\sigma_p = 200\mathrm{MPa}$,稳定安全系数 $n_{st} = 3$,试求结构的许用载荷 F。

13-4　图示结构中, AC 为刚杆, CD 杆的材料为 Q235 钢, C、D 两处均为铰链,已知 $d = 20\mathrm{mm}$,材料的弹性模量 $E = 200\mathrm{GPa}$,比例极限 $\sigma_p = 235\mathrm{MPa}$,稳定安全因数 $n_{st} = 3.0$。试确定该结构的许用载荷 F。

13-5　图示结构中,杆 1、2 材料,长度均相同。杆 1

横截面为正方形,杆 2 横截面为圆形。已知:$E = 200\mathrm{GPa}$,杆长 $0.8\mathrm{m}$,$\lambda_p = 99.3$,$\lambda_s = 57$,经验公式 $\sigma_{cr} = 304 - 1.12\lambda\,(\mathrm{MPa})$,若稳定安全系数 $n_{st} = 3$,求许用载荷 $\boldsymbol{F}$。

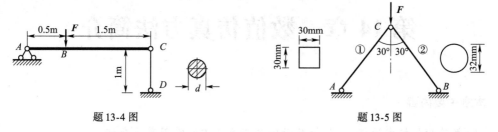

题 13-4 图　　　　　　　　　　　題 13-5 图

第14章 数值仿真方法简介

本章主要内容

(1)数值模拟技术的任务、背景及数值分析方法中的常用算法介绍。

(2)MATLAB 软件基础及其使用。

(3)ABAQUS 软件简介及分析实例。

(4)ANSYS 软件简介及分析实例。

数值仿真方法又称数值模拟方法,是指基于有限差分法、有限单元法或离散单元法等方法,编写计算机程序,求解科学研究或工程实际中的数学模型的近似解,并将计算结果进行数据可视化显示,达到对科学问题或工程问题进行研究的目的。数值仿真方法是继理论方法、实验方法之后的又一最有力的科学研究、求解及工程设计的工具。

§14.1 数值模拟技术概述

近代以来,随着人类文明的发展和科学技术的进步,人们可以建造出更大、更复杂的物体(例如高层建筑物、轮船、铁路工程、海上工程、地下工程、飞机等)。工程的规模越来越大,所涉及的科学问题也越来越复杂(例如同一个工程中可能涉及多个学科交叉,数学模型中包含有化学反应方程、热传导方程、材料本构方程、流体动力学方程等,而这些方程又可能是以代数方程、积分方程、泛函方程、线性或非线性偏微分方程等形式出现),单纯依靠理论分析或实验方法已不能有效地指导工程问题的解决,迫切需要有效的研究手段来进行分析。20世纪以来,随着电子计算机的快速发展,出现了数值仿真技术。对于不能求出理论解析解的问题,人们把注意力转向数值解。在广泛吸收现代数学、物理、力学理论的基础上,借助现代科技的产物——计算机来获得满足科学研究、工程设计要求的数值近似解。利用数值仿真技术,人们已经成功解决了许多重大科学工程问题。

数值仿真技术的任务,就是将科学、工程技术以及日常生活中的各种问题抽象为数学物理模型,并利用建模技术表示成计算机可以识别的研究对象,采用数值计算方法对其结果进行计算预测,最后将计算得到的结果以可视化的形式呈现出来。数值仿真技术实际上是科学或工程问题、先进的计算方法、计算机应用软件开发及卓越的计算机硬件性能相结合的产物。更通俗地讲,数值仿真就是利用计算机模拟研究对象来做实验。例如在飞机的研制过程中,需要对飞机的电气、液压、环控、动力和燃油等许多系统进行大量的研究。一方面,由于问题的复杂性,求取理论解析解存在困难;另一方面,如果对所有这些性能的研究都用物理实验来完成,则费用高,周期长。但是,若用数值仿真技术代替物理实验,则可以缩短研发周期和降低实验成本。通过数值仿真方法,可以清楚地看到通过物理实验能看到的有关结果。当物理实验无法进行或具有太大风险时,数值仿真还可以代替物理实验,获得相关的研究结果。

理论方法虽然精确,但只有极少数方程性质为线性、几何结构规则、边界条件简单的工程问题才能求得理论解析解。而对于绝大多数实际工程问题往往几何结构复杂,根据具体问题有不同的初始条件和不规则的边界条件,有裂缝或厚度经常出现突变,以及几何非线性、材料非线性等,经典理论对这些问题难于解决。相对于理论方法,数值仿真方法更形象生动,更适合于复杂的研究对象。

实验方法虽然真实,但效率低,且费用高。相对于实验方法,数值仿真方法具有定量化、可重复、参数设置灵活、条件控制相对容易、尺寸缩放方便等优点,数值仿真方法更普适、快速、廉价。

目前,数值仿真已成为当今几乎所有科研院所、工业设计制造等部门进行研究必不可少的过程,实现数值仿真的各种大型通用软件已成为分析设计所必需的工具。

数值仿真主要包括以下几个基本步骤:

首先,要根据物理规律建立反映问题本质的数学模型。具体地说就是要抽象出描述所研究问题的各个物理量,建立各物理量之间的微分关系及相应的定解条件,这是数值仿真的出发点。如果建立的数学模型不正确或不完善,数值仿真得到的结果就可能产生较大的误差或完全错误,从而无法模拟出真实的情况。

其次,就是寻找高效率、高精度的求解数学模型的计算方法。目前已经发展了许多的数值算法,例如有限差分法、有限单元法、离散元法、边界元法等。

数学模型及计算方法确定以后,需要通过软硬件来实现。早期的计算软件都是由研究者或工程技术人员针对某一类具体问题编写的,开发的软件产品适用范围小,缺少前、后处理工具箱,使用起来不方便。如今,国内外诸多高校、科研院所、公司等发展了许多优秀成熟的大型商业软件,例如 ABAQUS、ANSYS、ADINA、DYNA、NASTRAN 等。根据待求解问题的性质和复杂程度,可以十分方便地采用相应的计算软件完成模拟与计算工作。当然,对于非常重要的数据和结果,有时候还需要通过物理实验来验证数值仿真的可靠性。

在计算工作完成并获得大量数据后,需要通过可视化的程序或图形工具将结果用图像的形式显示出来。例如,气象预报的数值仿真得到了巨量的数据信息,再将数据转换为各种图像,如压强场图、温度场图、云层分布图、风向图、雨量图等,通过观察某时刻的等压面、等温面、旋涡、云层的位置及运动、暴雨区的位置及强度、风力的大小及方向等,从而洞察隐含于数据背后的规律,对灾害性天气进行预报和预防。因此,数值仿真的图形图像显示技术也是一项非常重要的工作。目前,随着计算机硬件、图形学、图像处理技术、虚拟现实等的发展,图形图像可视化技术的水平越来越高,可以达到非常逼真的程度。

§14.2 数值分析方法中的常用算法

目前,科学研究或工程实践中的大量数学模型只有极少数方程性质简单、几何形状规则的问题,能用解析方法求出精确解。对于绝大多数问题,由于方程性质比较复杂,或求解区域不规则,边界条件比较复杂等,不能得到精确解析解。随着计算机的发展,人们多年来寻找和发展了另一种求解方法来解决这类问题,即数值仿真技术。通过数值分析计算,可以得到原问题的近似数值解。常用的数值分析方法有有限差分法、有限单元法、离散单元法等。

1. 有限差分法

有限差分法的基本思想是先把问题的定义域进行网格剖分,然后,在网格点上,按适当的数值微分公式将待解决问题的基本方程组(一般为微分方程)和边界条件近似地改用差分方程(代数方程)来表示,从而把原问题离散化为差分格式,以差分方程逼近微分方程,通过求网格点上的函数值来求解偏微分(或常微分)方程和方程组的定解问题。

有限差分法具有简单、灵活以及通用性强等特点,容易在计算机上实现,它是求解各类数学物理问题的主要数值方法,也是计算力学中的主要数值方法。基于有限差分法的常用商业软件有 FLAC2D、FLAC3D 等。

有限差分法的主要步骤是将微分方程改写为差分方程。例如:将函数 $u(x)$ 关于 x 的导数 $\dfrac{\partial u}{\partial x}$ 改写为差分形式。

由泰勒公式,有

$$u(x_r + h) = u(x_r) + \left.\frac{\partial u}{\partial x}\right|_{x=x_r} \times h + \left.\frac{\partial^2 u}{\partial x^2}\right|_{x=x_r} \times \frac{h^2}{2} + \cdots \tag{14-1}$$

将一阶导数项移到等式左边,并将等式两边都除以 h,可以得到

$$\left.\frac{\partial u}{\partial x}\right|_{x=x_r} = \frac{u(x_r + h) - u(x_r)}{h} - \left.\frac{\partial^2 u}{\partial x^2}\right|_{x=x_r} \times \frac{h}{2} - \cdots \tag{14-2}$$

省略等式右边的二阶及以上的高阶微量,即得到一阶导数的差分形式

$$\left.\frac{\partial u}{\partial x}\right|_{x=x_r} = \frac{u(x_r + h) - u(x_r)}{h} \tag{14-3}$$

类似地,可推导出常用的二阶导数的差分形式

$$\left.\frac{\partial^2 u}{\partial x^2}\right|_{x=x_r} = \frac{u(x_r + h) - 2u(x_r) + u(x_r - h)}{h^2} \tag{14-4}$$

对于其他的三阶、更高阶导数,或其他的多变量函数的导数的有限差分形式也可以类似地推导得到,读者可尝试自行推导。

2. 有限单元法

有限单元法也称为有限元法,它是随着电子计算机的发展而迅速发展起来的一种现代计算方法。它是 20 世纪 50 年代首先在连续体力学领域——飞机结构静态、动态特性分析中应用的一种有效的数值分析方法,随后很快广泛地应用于求解热传导、电磁场、流体力学等连续性问题。它是通过离散化将研究对象变换成一个与原始结构近似的数学模型,再经过一系列规范化的步骤以求解应力、应变、位移等参数的数值计算方法。有限单元法分析计算的基本步骤如下:

(1)结构离散化。

所谓离散化就是将某个工程结构离散为由各种单元组成的计算模型。离散后单元与单

元之间利用单元的节点相互连接起来,单元节点的设置、性质、数目等应视问题的性质,描述变形形态的需要和计算进度而定。这样,一个有无限个自由度的结构就变换成一个具有有限个自由度的近似结构。用有限单元法分析计算所获得的结果只是近似的,如果划分单元数目非常多而又合理,则所获得的结果就与实际情况更为相符。

（2）选择单元位移模式。

（3）分析单元的力学性质,形成单元刚度矩阵。

根据单元的材料性质、形状、尺寸、节点数目、位置等信息,利用物理、力学等理论知识建立单元节点力和节点位移之间的关系,从而建立单元刚度矩阵。

（4）组合形成整体刚度矩阵。

利用结构力的平衡条件和边界条件,按照每个单元和节点在整体结构中的编号情况,把各个单元按原来的结构重新连接起来,根据单元刚度方程,建立整个结构的所有节点载荷与节点位移之间的关系,形成整体刚度方程组。

（5）计算等效节点力。

结构离散化后,假定力是通过节点从一个单元传递到另一个单元的。但是,对于实际的连续体,力是从单元的公共边传递到另一个单元中去的。因而,这种作用在单元边界上的表面力、体积力或集中力都需要等效地移动到节点上去,也就是用等效的节点力来代替所有作用在单元上的力。

（6）求解未知节点位移。

根据方程组的具体特点选择合适的算法来求解未知的节点位移。

目前,常用的有限元软件有 ABAQUS、ANSYS 等。

下面以最简单的梁单元为例,帮助读者理解有限单元法的基本原理。如图 14-1 所示,梁上分布有均布载荷 q,中间支座发生了沉降,沉降量为 Δ,梁的抗弯刚度为 EI。试求图中两跨连续梁的剪力图和弯矩图。

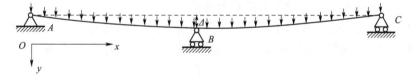

图　14-1

为了简单起见,将连续梁划分为 2 个单元,梁 AB 为单元 1,梁 BC 为单元 2。节点 A、B、C 分别编号为节点 1、2、3。上述 2 个单元的长度均为 l,抗弯刚度为 EI。梁单元的位移模式为节点处的挠度和转角。如图 14-2 所示,梁上任意节点 i 处有 2 个位移分量:挠度 f_i 和转角 θ_i。

梁单元的变形是由节点位移决定的,对于一个线弹性梁单元,节点位移与节点力之间存在一一对应关系。如图 14-3 所示,梁上任意节点 i 处的节点力分量为:剪力 q_i 和弯矩 m_i。

图　14-2 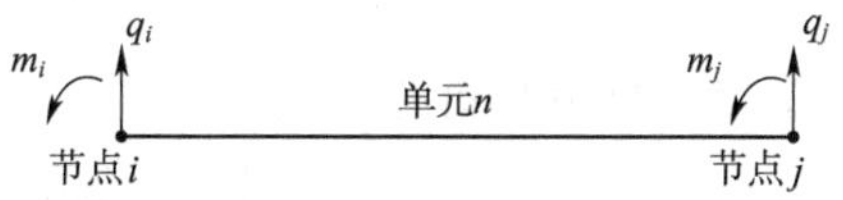　　　　　　　　　　　　　　　图　14-3

由材料力学相关理论,不难推导出节点位移与节点力之间的关系为

$$\frac{EI}{l^3}\begin{bmatrix} 12 & 6l & -12 & 6l \\ 6l & 4l^2 & -6l & 2l^2 \\ -12 & -6l & 12 & -6l \\ 6l & 2l^2 & -6l & 4l^2 \end{bmatrix}\begin{bmatrix} f_i \\ \theta_i \\ f_j \\ \theta_j \end{bmatrix} = \begin{bmatrix} q_i \\ m_i \\ q_j \\ m_j \end{bmatrix} \tag{14-5}$$

简记为

$$\{p\}^n = [K]^n \{\delta\}^n \tag{14-6}$$

上式中,上标 n 表示第 n 个单元。其中

$$[K]^n = \frac{EI}{l^3}\begin{bmatrix} 12 & 6l & -12 & 6l \\ 6l & 4l^2 & -6l & 2l^2 \\ -12 & -6l & 12 & -6l \\ 6l & 2l^2 & -6l & 4l^2 \end{bmatrix} \tag{14-7}$$

为梁单元的刚度矩阵。

$$\{\delta\}^n = \begin{bmatrix} f_i \\ \theta_i \\ f_j \\ \theta_j \end{bmatrix} \tag{14-8}$$

为节点位移。式中下标 i,j 分别表示第 i,j 个节点。

$$\{p\}^n = \begin{bmatrix} q_i \\ m_i \\ q_j \\ m_j \end{bmatrix} \tag{14-9}$$

为节点力。上述关系就是梁单元的刚度特性。

为了便于在整体分析中集成单元特性时更加简洁,常按分块形式表示单元的刚度方程。根据矩阵分块方法和运算规则,可对梁单元的刚度方程按节点进行分块,记

$$\{\delta_i\} = \begin{bmatrix} f_i \\ \theta_i \end{bmatrix} \tag{14-10}$$

$$\{\delta_j\} = \begin{bmatrix} f_j \\ \theta_j \end{bmatrix} \tag{14-11}$$

$$\{p_i\} = \begin{bmatrix} q_i \\ m_i \end{bmatrix} \tag{14-12}$$

$$\{p_j\} = \begin{bmatrix} q_j \\ m_j \end{bmatrix} \tag{14-13}$$

梁单元的刚度方程可改写为

$$\begin{bmatrix} k_{ii} & k_{ij} \\ k_{ji} & k_{jj} \end{bmatrix}^n \begin{Bmatrix} \delta_i \\ \delta_j \end{Bmatrix}^n = \begin{Bmatrix} p_i \\ p_j \end{Bmatrix}^n \tag{14-14}$$

即

$$[k_{ii}]^n\{\delta_i\} + [k_{ij}]^n\{\delta_j\} = \{p_i\}^n \tag{14-15}$$

$$[k_{ji}]^n\{\delta_i\} + [k_{jj}]^n\{\delta_j\} = \{p_j\}^n \tag{14-16}$$

其中

$$k_{ii} = \frac{EI}{l^3}\begin{bmatrix} 12 & 6l \\ 6l & 4l^2 \end{bmatrix} \tag{14-17}$$

$$k_{ij} = \frac{EI}{l^3}\begin{bmatrix} -12 & 6l \\ -6l & 2l^2 \end{bmatrix} \tag{14-18}$$

$$k_{ji} = \frac{EI}{l^3}\begin{bmatrix} -12 & -6l \\ 6l & 2l^2 \end{bmatrix} \tag{14-19}$$

$$k_{jj} = \frac{EI}{l^3}\begin{bmatrix} 12 & -6l \\ -6l & 4l^2 \end{bmatrix} \tag{14-20}$$

计算梁单元在均布载荷作用下各节点处的等效节点载荷为

$$\{Q_1\} = \begin{bmatrix} Z_1 \\ M_1 \end{bmatrix} = \begin{bmatrix} F_A + \dfrac{ql}{2} \\ -\dfrac{ql^2}{12} \end{bmatrix} \tag{14-21}$$

$$\{Q_2\} = \begin{bmatrix} Z_2 \\ M_2 \end{bmatrix} = \begin{bmatrix} F_B + ql \\ 0 \end{bmatrix} \tag{14-22}$$

$$\{Q_3\} = \begin{bmatrix} Z_3 \\ M_3 \end{bmatrix} = \begin{bmatrix} F_C + \dfrac{ql}{2} \\ \dfrac{ql^2}{12} \end{bmatrix} \tag{14-23}$$

列节点的平衡方程

$$\{Q_1\} = \begin{bmatrix} Z_1 \\ M_1 \end{bmatrix} = \{p_1\}^1 = [k_{11}]^1\{\delta_1\} + [k_{12}]^1\{\delta_2\} \tag{14-24}$$

$$\{Q_2\} = \begin{bmatrix} Z_2 \\ M_2 \end{bmatrix} = \{p_2\}^1 + \{p_2\}^2 = [k_{21}]^1\{\delta_1\} + [k_{22}]^1\{\delta_2\} + [k_{22}]^2\{\delta_2\} + [k_{23}]^2\{\delta_3\} \tag{14-25}$$

$$\{Q_3\} = \begin{bmatrix} Z_3 \\ M_3 \end{bmatrix} = \{p_3\}^2 = [k_{32}]^2\{\delta_2\} + [k_{33}]^2\{\delta_3\} \tag{14-26}$$

将上述方程组集成整体刚度方程

$$\begin{Bmatrix} Q_1 \\ Q_2 \\ Q_3 \end{Bmatrix} = \begin{bmatrix} [k_{11}]^1 & [k_{12}]^1 & 0 \\ [k_{21}]^1 & [k_{22}]^1 + [k_{22}]^2 & [k_{23}]^2 \\ 0 & [k_{32}]^2 & [k_{33}]^2 \end{bmatrix} \begin{Bmatrix} \delta_1 \\ \delta_2 \\ \delta_3 \end{Bmatrix} \tag{14-27}$$

将相应的分块矩阵代入

$$
\begin{bmatrix}
F_A + \dfrac{ql}{2} \\[2mm]
-\dfrac{ql^2}{12} \\[2mm]
F_B + ql \\[2mm]
0 \\[2mm]
F_C + \dfrac{ql}{2} \\[2mm]
\dfrac{ql^2}{12}
\end{bmatrix}
=
\frac{EI}{l^3}
\begin{bmatrix}
12 & 6l & -12 & 6l & 0 & 0 \\
6l & 4l^2 & -6l & 2l^2 & 0 & 0 \\
-12 & -6l & 24 & 0 & -12 & 6l \\
6l & 2l^2 & 0 & 8l^2 & -6l & 2l^2 \\
0 & 0 & -12 & -6l & 12 & -6l \\
0 & 0 & 6l & 2l^2 & -6l & 4l^2
\end{bmatrix}
\begin{bmatrix}
f_1 \\ \theta_1 \\ f_2 \\ \theta_2 \\ f_3 \\ \theta_3
\end{bmatrix}
\qquad (14\text{-}28)
$$

将已知节点位移($f_1 = 0, f_2 = -\Delta, f_3 = 0$)代入上述方程组,得

$$
\begin{bmatrix}
F_A + \dfrac{ql}{2} \\[2mm]
-\dfrac{ql^2}{12} \\[2mm]
F_B + ql \\[2mm]
0 \\[2mm]
F_C + \dfrac{ql}{2} \\[2mm]
\dfrac{ql^2}{12}
\end{bmatrix}
=
\frac{EI}{l^3}
\begin{bmatrix}
12 & 6l & -12 & 6l & 0 & 0 \\
6l & 4l^2 & -6l & 2l^2 & 0 & 0 \\
-12 & -6l & 24 & 0 & -12 & 6l \\
6l & 2l^2 & 0 & 8l^2 & -6l & 2l^2 \\
0 & 0 & -12 & -6l & 12 & -6l \\
0 & 0 & 6l & 2l^2 & -6l & 4l^2
\end{bmatrix}
\begin{bmatrix}
0 \\ \theta_1 \\ -\Delta \\ \theta_2 \\ 0 \\ \theta_3
\end{bmatrix}
\qquad (14\text{-}29)
$$

求解方程组(14-29),即可求出各节点位移和节点力,并据此求出梁的挠度、转角、剪力图和弯矩图等。然而在上述方程组中,未知量既有未知力 F_A、F_B、F_C,也有未知位移 θ_1、θ_2、θ_3。为了便于编程求解,需要将方程组进行整理,把未知量都整理到一起,整理过程为

$$
\begin{bmatrix}
\dfrac{ql}{2} \\[2mm]
-\dfrac{ql^2}{12} \\[2mm]
ql \\[2mm]
0 \\[2mm]
\dfrac{ql}{2} \\[2mm]
\dfrac{ql^2}{12}
\end{bmatrix}
=
\frac{EI}{l^3}
\begin{bmatrix}
12 & 6l & -12 & 6l & 0 & 0 \\
6l & 4l^2 & -6l & 2l^2 & 0 & 0 \\
-12 & -6l & 24 & 0 & -12 & 6l \\
6l & 2l^2 & 0 & 8l^2 & -6l & 2l^2 \\
0 & 0 & -12 & -6l & 12 & -6l \\
0 & 0 & 6l & 2l^2 & -6l & 4l^2
\end{bmatrix}
\begin{bmatrix}
0 \\ \theta_1 \\ -\Delta \\ \theta_2 \\ 0 \\ \theta_3
\end{bmatrix}
-
\begin{bmatrix}
F_A \\ 0 \\ F_B \\ 0 \\ F_C \\ 0
\end{bmatrix}
\qquad (14\text{-}30)
$$

记 K_1,K_2,K_3,K_4,K_5,K_6 分别为整体刚度矩阵的第 1~6 列,则上述方程组可以写为

$$
\begin{bmatrix}
\dfrac{ql}{2} \\[2mm]
-\dfrac{ql^2}{12} \\[2mm]
ql \\[2mm]
0 \\[2mm]
\dfrac{ql}{2} \\[2mm]
\dfrac{ql^2}{12}
\end{bmatrix}
=
\begin{bmatrix} K_1 & K_2 & K_3 & K_4 & K_5 & K_6 \end{bmatrix}
\begin{bmatrix}
0 \\ \theta_1 \\ -\Delta \\ \theta_2 \\ 0 \\ \theta_3
\end{bmatrix}
-
\begin{bmatrix}
F_A \\ 0 \\ F_B \\ 0 \\ F_C \\ 0
\end{bmatrix}
\qquad (14\text{-}31)
$$

即

$$
\begin{bmatrix} \dfrac{ql}{2} \\ -\dfrac{ql^2}{12} \\ ql \\ 0 \\ \dfrac{ql}{2} \\ \dfrac{ql^2}{12} \end{bmatrix} = K_2\theta_1 + K_3(-\Delta) + K_4\theta_2 + K_6\theta_3 + \begin{bmatrix} -1 \\ 0 \\ 0 \\ 0 \\ 0 \\ 0 \end{bmatrix}F_A + \begin{bmatrix} 0 \\ 0 \\ -1 \\ 0 \\ 0 \\ 0 \end{bmatrix}F_B + \begin{bmatrix} 0 \\ 0 \\ 0 \\ 0 \\ -1 \\ 0 \end{bmatrix}F_C
$$

$$(14\text{-}32)$$

分别记

$$
e_A = \begin{bmatrix} -1 \\ 0 \\ 0 \\ 0 \\ 0 \\ 0 \end{bmatrix},\ e_B = \begin{bmatrix} 0 \\ 0 \\ -1 \\ 0 \\ 0 \\ 0 \end{bmatrix},\ e_C = \begin{bmatrix} 0 \\ 0 \\ 0 \\ 0 \\ -1 \\ 0 \end{bmatrix}
$$

则上述方程可写为

$$
\begin{bmatrix} \dfrac{ql}{2} \\ -\dfrac{ql^2}{12} \\ ql \\ 0 \\ \dfrac{ql}{2} \\ \dfrac{ql^2}{12} \end{bmatrix} = K_2\theta_1 + K_3(-\Delta) + K_4\theta_2 + K_6\theta_3 + e_A F_A + e_B F_B + e_C F_C
$$

$$(14\text{-}33)$$

即

$$
\begin{bmatrix} \dfrac{ql}{2} \\ -\dfrac{ql^2}{12} \\ ql \\ 0 \\ \dfrac{ql}{2} \\ \dfrac{ql^2}{12} \end{bmatrix} + K_3\Delta = [e_A, K_2, e_B, K_4, e_C, K_6] \begin{bmatrix} F_A \\ \theta_1 \\ F_B \\ \theta_2 \\ F_C \\ \theta_3 \end{bmatrix}
$$

$$(14\text{-}34)$$

上式为非齐次线性方程组,经过整理,系数矩阵与非齐次项都为已知数。利用 MATLAB 或其他编程语言编写程序(MATLAB 代码见第 14.3 节),可求解上述方程组,从而求得连续梁的剪力图和弯矩图。在一定范围内,当单元的数量越多时,计算结果越精确。图 14-4 是梁单元数量为 1024 时,利用 MATLAB 求解得到的连续梁的剪力图和弯矩图。

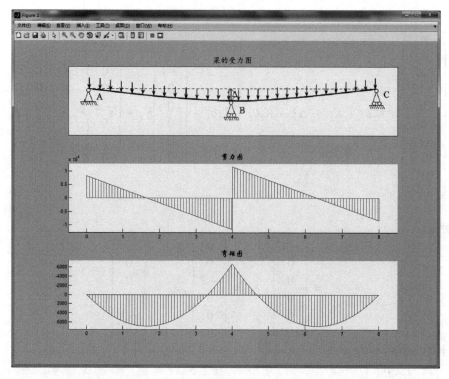

图　14-4

§14.3　MATLAB 软件及其应用

MATLAB 是"Matrix Laboratory"的缩写,即"矩阵实验室",它是由美国 MathWorks 公司开发的集数值计算、符号计算和图形可视化三大基本功能于一体的数学应用软件。MATLAB 是一个交互式的系统,提供了大量的关于矩阵的运算函数,可以非常方便地进行一些很复杂的计算,而且运算效率很高,还可以利用它所提供的编程语言进行编写程序完成特定的工作。MATLAB 还具备图形用户接口(GUI)工具,允许用户把 MATLAB 当作一个应用开发工具来使用。

1. MATLAB 简介

当启动运行 MATLAB 软件时,最先显示的是 MATLAB 的窗口界面。主要由主菜单、工具栏、当前路径、工作变量空间、命令行窗口、历史命令记录等组成,如图 14-5 所示。

下面简单介绍几个主要的窗口:

(1)命令行窗口

MATLAB 有许多使用方法,但最基本的,也是入门时首先要掌握的,就是命令行窗口(Command Window)的操作方式。命令行窗口是 MATLAB 的主要操作窗口,它是输入数据、运行 MATLAB 函数或 M 文件、显示结果的操作界面。一般来说,MATLAB 的所有函数和命令都可以在命令行窗口中执行。默认情况下,启动 MATLAB 时就会打开命令行窗口。MATLAB

的命令行操作实现了重要的人机交互工作,体现了 MATLAB 所特有的灵活性。例如,为了求得某表达式的值,只需按照 MATLAB 语言规则将表达式输入即可,结果会自动返回,而不必像其他程序设计语言那样,编写冗长的程序代码来实现。

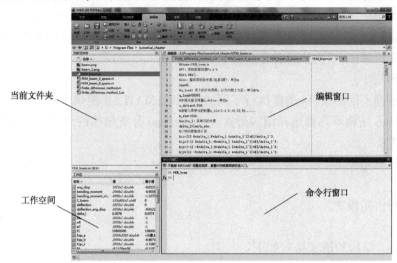

图　14-5

（2）当前文件夹窗口

在当前文件夹窗口（Current Directory）中可显示当前目录下的文件,包括文件名、文件类型等信息。当前文件夹窗口有运行 M 文件、装载 MAT 数据文件、编辑文件等应用功能。

（3）工作空间窗口

工作空间窗口（Workspace）是 MATLAB 的重要组成部分。在工作空间窗口中将显示所有目前保存在内存中的 MATLAB 变量的变量名、数据结构、字节数、数据类型等信息。工作空间窗口有多种应用功能,如内存变量的查阅、保存和编辑等。

（4）编辑窗口

对于比较简单的问题,通过命令行窗口直接输入一组指令去求解,也许是比较简便快捷的方式。但当要求解的问题所需的指令较多或指令的结构很复杂时,直接在命令行窗口中输入指令的方法就显得太笨拙烦琐了。此时,可通过编写 M 文件来解决这个问题。编辑窗口的作用就是为编写 M 文件而设计的。在编辑窗口中,不仅可以编辑 M 文件,而且还可以对 M 文件进行交互式调试;不仅可以处理 M 文件,而且还可以阅读和编辑其他 ASCII 码文件。

2. MATLAB 语言编程

MATLAB 中的变量与赋值、数值运算功能等与其他程序设计语言大同小异,而矩阵的运算才是 MATLAB 语言的核心,在 MATLAB 中几乎所有的运算都是以对矩阵的操作为基础的。MATLAB 不仅具有强大的数值计算、矩阵运算、符号运算能力和丰富的绘图功能,同时也具有与 C 语言、Fortran 等高级语言一样的程序设计功能。

用 MATLAB 语言编写的程序代码称为 M 文件。即 M 文件是由 MATLAB 命令组成的指令序列。在命令行窗口中运行 M 文件,MATLAB 会自动依次执行文件中的指令,直到全部指令执行完毕。

　　所有的程序设计语言都必须有允许程序员根据某些判断条件来控制程序流的执行次序的结构,MATLAB 也一样具有这样的控制程序流的结构。由于 MATLAB 的控制指令用法与其他高级语言十分类似,因此本节只选择几种典型的结构进行简要的说明。

　　(1)顺序结构

　　与其他高级语言一样,在没有选择结构或循环结构的情况下,MATLAB 程序的语句也会按照出现的先后顺序,依次执行程序代码中各条语句。

　　(2)选择结构

　　当需要根据不同的条件,选择执行不同的语句时,MATLAB 提供了 if-else-end 分支结构以及 switch-case 结构等几种选择结构形式。if-else-end 分支结构的语法格式如下:

　　if 条件判断
　　　　执行语句段 1
　　else
　　　　执行语句段 2
　　end

　　switch-case 结构的语法格式如下:

　　switch 开关表达式
　　case 表达式 1
　　　　执行语句段 1
　　case 表达式 2
　　　　执行语句段 2
　　　　…
　　otherwise
　　　　执行语句段 n
　　end

　　(3)循环结构

　　当满足给定的条件,程序需要反复执行某个或某些操作时,MATLAB 提供了 for 循环结构以及 while 循环结构等几种循环结构形式。for 循环结构的语法格式如下:

　　for 循环控制体
　　　　执行语句段
　　end

　　while 循环结构的语法格式如下:

　　while(条件判断式)
　　　　执行语句段
　　end

　　结构化程序设计方法强调使用以上三种基本控制结构构造程序,即任何程序逻辑,无论是简单的还是复杂的,都可以由顺序、选择、循环三种基本控制结构经过不同的组合或嵌套来实现。这可以使程序的结构相对比较简单,易于实现和维护。MATLAB 在提供三种基本控制结构的基础上,结合其丰富的图形表现方法,可求解许多的工程实际问题。

3. MATLAB 应用示例

(1)问题描述

用 MATLAB 对图 14-1 所示的两跨连续梁进行有限元求解。其中,梁每跨长为 4m,两跨总长为 8m,梁的抗弯刚度 $EI = 1.08 \times 10^7 \mathrm{Pa \cdot m^4}$,梁上的分布载荷为 5kN/m,中间支座发生了沉降,沉降量为 $\Delta = 1.6\mathrm{mm}$。求连续梁的挠度、转角以及剪力图、弯矩图。

(2)MATLAB 求解代码

根据第 14.2 节的有限单元法的求解思路,可编写求解代码如下:

```
clear;clc;
EI = 1.08e7; % EI:梁的抗弯刚度,单位 pa·m^4
len = 8; % len:整段梁的总长度(包括 2 跨),单位 m
q_load = -5000; % q_load:梁上的分布载荷,向上为正,单位 N/m
s_delta = 0.0016; % s_delta:中间支座沉降量,向下为正,单位 m
n_ele = 1024; % 请输入梁单元的数量 n_ele = 2;4;8;16;32;.....
delta_l = len/n_ele; % delta_l:梁单元的长度
% 分块刚度矩阵计算
kii = [12 6 * delta_l;6 * delta_l 4 * delta_l^2] * EI/delta_l^3;
kij = [-12 6 * delta_l;-6 * delta_l 2 * delta_l^2] * EI/delta_l^3;
kji = [-12 -6 * delta_l;6 * delta_l 2 * delta_l^2] * EI/delta_l^3;
kjj = [12 -6 * delta_l;-6 * delta_l 4 * delta_l^2] * EI/delta_l^3;
% 总刚度矩阵 K_C
K_C = zeros(2 * n_ele + 2,2 * n_ele + 2);
for i_n = 1:n_ele
    i = 2 * i_n-1;
    K_C(i:i + 1,i:i + 1) = kii + K_C(i:i + 1,i:i + 1);
    K_C(i:i + 1,i + 2:i + 3) = kij;
    K_C(i + 2:i + 3,i:i + 1) = kji;
    K_C(i + 2:i + 3,i + 2:i + 3) = kjj + K_C(i + 2:i + 3,i + 2:i + 3);
end
% 等效节点载荷
Q_C = zeros(2 * n_ele + 2,1);
for i_n = 1:(n_ele + 1)
    i = 2 * i_n-1;
    if i_n = =1
    % 第 1 个节点(A 点)的等效节点载荷
        Q_C(i:i + 1) = [q_load * delta_l/2; - q_load * delta_l^2/12];
    elseif i_n = = n_ele + 1
    % 最后 1 个节点(C 点)的等效节点载荷
```

```
        Q_C(i:i+1) = [q_load * delta_l/2;q_load * delta_l^2/12];
    elseif i_n == n_ele/2 +1
    % 中间节点(B 点)的等效节点载荷
        Q_C(i:i+1) = [q_load * delta_l;0];
    else
    % 当单元数大于 2 时,其他节点的等效节点载荷
        Q_C(i:i+1) = [q_load * delta_l;0];
    end
end
% 分离未知量(未知支座约束力 FA,FB,FC,未知转角)
Equ_b = Q_C + K_C(:,n_ele +1) * s_delta;
eA = zeros(2 * n_ele +2,1);
eA(1) = -1;
eB = zeros(2 * n_ele +2,1);
eB(n_ele +1) = -1;
eC = zeros(2 * n_ele +2,1);
eC(2 * n_ele +1) = -1;
Equ_a = K_C;
Equ_a(:,1) = eA;
Equ_a(:,n_ele +1) = eB;
Equ_a(:,2 * n_ele +1) = eC;
% 节点位移与未知支座约束力组成混合变量 Equ_x
% 求解方程 Equ_a * Equ_x = Equ_b
Equ_x = Equ_a\Equ_b;
% 支座约束力计算结果
FA = Equ_x(1);
FB = Equ_x(n_ele +1);
FC = Equ_x(2 * n_ele +1);
% 挠度与转角计算结果 deflection_ang_disp
deflection_ang_disp = Equ_x;
deflection_ang_disp(1) = 0;
deflection_ang_disp(n_ele +1) = - s_delta;
deflection_ang_disp(2 * n_ele +1) = 0;
% 挠度,向下为正
deflection = - deflection_ang_disp(1:2:end);
% 转角,顺时针为正
ang_disp = - deflection_ang_disp(2:2:end);
% 剪力与弯矩计算
```

```
% 首先计算单元刚度矩阵 K_ele
K_ele = zeros(4,4);
K_ele(1:2,1:2) = kii;
K_ele(1:2,3:4) = kij;
K_ele(3:4,1:2) = kji;
K_ele(3:4,3:4) = kjj;
bending_moment_shear_force = zeros(4 * n_ele,1);
for i = 1:n_ele
    bending_moment_shear_force(i * 4-3:i * 4) = K_ele * deflection_ang_disp(i * 2-1:i * 2 +2);
    bending_moment_shear_force(i * 4-2:i * 4-1) = - bending_moment_shear_force(i * 4-2:i * 4-1);
end
% 剪力
shear_force = bending_moment_shear_force(1:2:end);
% 弯矩
bending_moment = bending_moment_shear_force(2:2:end);


%% = = = = = = = = = 以下为画图部分(数据可视化代码) = = = = = = = = %%
figure(1);
set(gcf,'outerposition',get(0,'screensize'));
sh1 = subplot(3,1,1);
% C_beam = imread('beam_1.png');
% image(C_beam);
ht11 = text(0.3,0.5,strcat('\fontsize{16} \fontname{宋体}见图 14-1'));
set(ht11,'parent',sh1);
title(sh1,'\fontsize{16} \fontname{楷体}梁的受力图');
set(gca,'xtick',[],'xticklabel',[],'ytick',[],'yticklabel',[])
sh2 = subplot(3,1,2);
sh3 = subplot(3,1,3);
hold(sh1,'on');
hold(sh2,'on');
hold(sh3,'on');
px = 0:len/n_ele:len;
h12 = plot(sh2,px,-deflection,'k','linewidth',2);
set(sh2,'ydir','reverse');
title(sh2,'\fontsize{16} \fontname{华文行楷}挠度');
ZeroLine = zeros(size(deflection));
```

```
plot(sh2,px,ZeroLine);
max_def = max(deflection);
min_def = min(deflection);
axis(sh2,[-0.5 8.5 -1.1 * max_def -1.1 * min_def]);
h13 = plot(sh3,px,ang_disp,'k','linewidth',2);
title(sh3,'\fontsize{16} \fontname{华文行楷}转角');
plot(sh3,px,ZeroLine);
plot(sh3,[0 0],[0ang_disp(1)]);
plot(sh3,[px(end) px(end)],[0ang_disp(end)]);
max_ang = max(ang_disp);
min_ang = min(ang_disp);
axis(sh3,[-0.5 8.5 1.1 * min_ang 1.1 * max_ang]);
ppx = zeros(2 * n_ele,1);
for i = 1:n_ele * 2
    yushu = mod(i,2);
    if yushu = = 1
        ppx(i) = px((i+1)/2);
    else
        ppx(i) = px(i/2 +1);
    end
end
figure(2);
set(gcf,'outerposition',get(0,'screensize'));
sh1 = subplot(3,1,1);
% image(C_beam);
ht21 = text(0.3,0.5,strcat('\fontsize{16} \fontname{宋体}见图 14-1'));
set(ht21,'parent',sh1);
title(sh1,'\fontsize{16} \fontname{楷体}梁的受力图');
set(gca,'xtick',[],'xticklabel',[],'ytick',[],'yticklabel',[])
sh2 = subplot(3,1,2);
sh3 = subplot(3,1,3);
hold(sh1,'on');
hold(sh2,'on');
hold(sh3,'on');
% 绘剪力图
h22 = plot(sh2,ppx,shear_force);
fence_spacing = 20;
fence_num = 2 * n_ele/fence_spacing;
```

```
fence_x = [ppx(1),ppx(1)];
fence_y = [0,shear_force(1)];
plot(sh2,fence_x,fence_y);
fence_x = [ppx(2 * n_ele),ppx(2 * n_ele)];
fence_y = [0,shear_force(2 * n_ele)];
plot(sh2,fence_x,fence_y);
for fence_i = 1:fence_num
    fence = fence_i * fence_spacing;
    fence_x = [ppx(fence),ppx(fence)];
    fence_y = [0,shear_force(fence)];
    plot(sh2,fence_x,fence_y);
end
zeroline = zeros(size(ppx));
plot(sh2,ppx,zeroline);
title(sh2,'\fontsize{16} \fontname{华文行楷}剪力图');
max_Fs = max(shear_force);
min_Fs = min(shear_force);
axis(sh2,[-0.5 8.5 1.1 * min_Fs 1.1 * max_Fs]);
% 绘弯矩图
h23 = plot(sh3,ppx,bending_moment);
fence_x = [ppx(1),ppx(1)];
fence_y = [0,bending_moment(1)];
plot(sh3,fence_x,fence_y);
fence_x = [ppx(2 * n_ele),ppx(2 * n_ele)];
fence_y = [0,bending_moment(2 * n_ele)];
plot(sh3,fence_x,fence_y);
for fence_i = 1:fence_num
    fence = fence_i * fence_spacing;
    fence_x = [ppx(fence),ppx(fence)];
    fence_y = [0,bending_moment(fence)];
    plot(sh3,fence_x,fence_y);
end
plot(sh3,ppx,zeroline);
set(sh3,'ydir','reverse');
title(sh3,'\fontsize{16} \fontname{华文行楷}弯矩图');
max_M = max(bending_moment);
min_M = min(bending_moment);
axis(sh3,[-0.5 8.5 1.1 * min_M 1.1 * max_M]);
```

§14.4　有限元软件 ABAQUS 简介

ABAQUS 软件最早由世界知名的有限元分析软件公司——ABAQUS 公司（原为 HKS 公司，2005 年被法国达索公司收购，2007 年公司更名为 SIMULIA）于 1978 年发行。ABAQUS 软件是一套先进的通用有限元分析系统，也是功能最强大的有限元软件之一。它既可以完成简单的有限元分析，也可以用来模拟非常庞大复杂的非线性分析。

1. 认识 ABAQUS

ABAQUS 软件是在计算机硬件和软件高速发展的背景下应运而生的。它不仅能进行有效的线性静力学、动力学、热力学、声学和压电等分析，还可以进行流固耦合、声固耦合、热电耦合、热固耦合分析等。ABAQUS 软件在诸多工程领域（如机械、汽车、建筑、土木、水利、船舶、航空航天、电器等）得到了广泛的应用，在大量的高科技产品的研制过程中发挥了巨大的作用。

ABAQUS 软件使用简便，拥有非常丰富的单元库，能很方便地建立复杂问题的模型。基于其丰富的材料模型库，ABAQUS 可以模拟绝大多数的常见工程材料，如金属、混凝土、岩石、橡胶、各种复合材料等。对于大多数数值仿真，用户只需要提供结构的几何形状、边界条件、材料性质、载荷情况等工程数据，ABAQUS 就能自动地选择合适的步长增量、收敛准则，在分析过程中对相关计算参数进行调整，保证结果的准确性。

ABAQUS 分为若干个功能模块，每个模块定义了模拟过程中的一个逻辑步骤，例如建立部件、定义材料属性、网格划分等。用户完成一个功能模块的操作后，可以进入下一个功能模块，逐步建立分析模型。ABAQUS 软件为用户提供了一个风格简单的操作界面，生成 ABAQUS 模型、交互式提交作业、监控和评估 ABAQUS 运行结果等都可以在其中用鼠标进行操作。ABAQUS 启动后的主窗口界面如图 14-6 所示，下面对其各个组成部分做一简单介绍。

（1）标题栏

标题栏显示了当前运行的 ABAQUS/CAE 的版本和模型数据库的名称。

（2）菜单栏

菜单栏显示了所有当前可用的菜单，通过对菜单的操作可以调用 ABAQUS/CAE 的全部功能。

（3）环境栏

ABAQUS/CAE 包括一系列功能模块，其中每一个模块完成模型的一种特定的功能。用户可以通过环境栏的 Module 列表在各个功能模块之间进行切换。

（4）视图区

通过视图区显示用户建立的模型。

（5）模型树

模型树显示模型的各个组成部分，包括部件、材料、分析步、载荷等。使用模型树可以很方便地在各个功能模块之间进行切换，能实现菜单栏和工具栏提供的大部分功能。

（6）工具区

当用户进入某一个功能模块时，工具区就会显示该功能模块相应的工具，帮助用户快速调用该模块的功能。

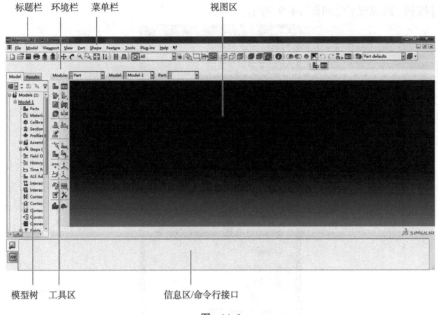

图　14-6

（7）信息区/命令行接口

可以通过主窗口左下角的选项页在信息区和命令行接口之间进行切换。当切换到命令行接口界面时，可以在该区域键入 Python 指令和数学表达式。当切换到信息区时，此处显示状态信息和警告。

2. ABAQUS 简单实例分析

本节将介绍一个简单的空间桁架的 ABAQUS 分析实例，帮助读者初步了解 ABAQUS 建模和分析的基本步骤。

（1）问题描述

如图 14-7 所示为一个正方体形状的空间桁架，其中 *AB* 杆长度为 2m，*AF* 杆长度为 $2\sqrt{2}$m。*E*、*F*、*G*、*H* 点为固定铰支座，载荷 F_1 的方向为沿 *AC* 方向，大小为 5kN，载荷 F_2 的方向为沿 *AB* 方向，大小也为 5kN。杆件横截面面积为 156mm^2，材料为钢材，弹性模量为 206GPa，求各杆件的应力。

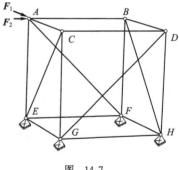

图　14-7

（2）ABAQUS 求解过程

①启动 ABAQUS

ABAQUS 软件的启动方法与其他常用软件类似，不再赘述。

②创建部件

单击工具区的【Create Part】按钮，在弹出的对话框中输入相关的参数，如图 14-8 所示。

单击左下角的【Continue…】按钮，进入草图环境。单击工具区的【Create Lines：Connected】按钮，用鼠标选取或输入坐标值的方法，创建基本部件（基本部件也可以是单个的杆件。

此处用四根杆件的组合体作为基本部件,后续再用基本部件组装成空间桁架)。单击提示区的【Done】按钮,完成操作,如图 14-9 所示。

图 14-8

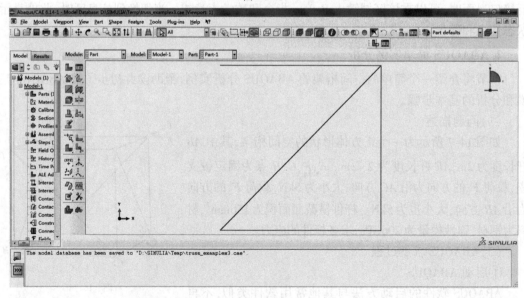

图 14-9

③创建材料和截面属性

在环境栏的 Module 下拉菜单中选择 Property 模块,单击工具区的【Create Material】按钮,在弹出的对话框中输入材料名称,选择 Mechanical→Elasticity→Elastic(图 14-10),输入弹性模量值,单击【OK】按钮,完成材料属性定义。

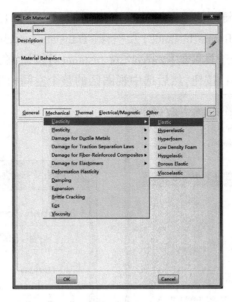

图 14-10

单击工具区的【Create Section】按钮,在弹出的对话框中 Category 选择 Beam,Type 选择 Truss(图 14-11),单击【Continue…】按钮,进入 Edit Section 对话框。选择材料并输入横截面面积,单击【OK】按钮,完成截面的定义(图 14-12)。

图 14-11

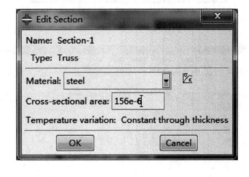

图 14-12

单击工具区的【Assign Section】按钮,再在视图区选择创建的基本部件(选中全部杆件),单击鼠标中键完成选择,弹出 Edit Section Assignment 对话框。在对话框中选择相关选项,单击【OK】按钮,完成截面属性赋予操作(图 14-13)。

④定义装配件

在环境栏的 Module 下拉菜单中选择 Assembly 模块,单击工具区的【Create Instance】按钮,在弹出的对话框中选择相关选项(图 14-14),单击【OK】按钮。在工具区单击【Radial Pattern】按钮,选中视图区的 Instance(四根杆件

图 14-13

组成的结构），单击鼠标中键弹出 Radial Pattern 对话框，如图 14-15 所示，设置好参数后点击
【OK】按钮。再通过旋转（Rotate Instance）及平移（Translate Instance）等操作，将部件组装成
空间桁架（图 14-16），单击工具区的【Merge/Cut Instances】按钮，在弹出的对话框中所有选项
保持默认，点击【Continue…】按钮，然后选中视图区的整个空间桁架并点击鼠标中键。

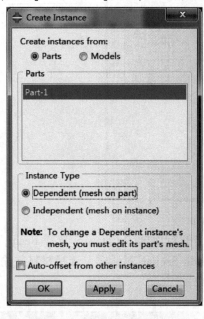

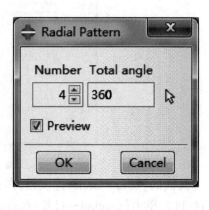

图　14-14　　　　　　　　　　　　　　　　图　14-15

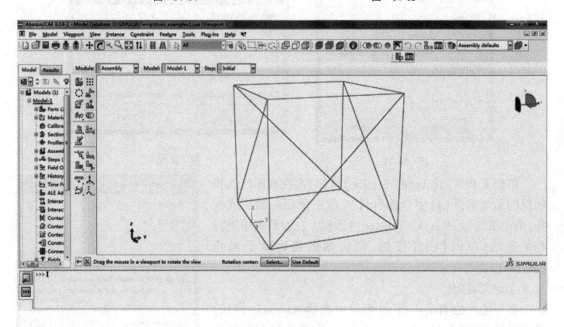

图　14-16

⑤设置分析步

在环境栏的 Module 下拉菜单中选择 Step 模块，单击工具区的【Create Step】按钮，在弹出

的对话框中选择相关的 Procedure Type（图 14-17），单击
【Continue…】按钮，在弹出的 Edit Step 对话框中选择默认
的设置，单击【OK】按钮，完成分析步的定义。

⑥定义边界条件及施加载荷

在环境栏的 Module 下拉菜单中选择 Load 模块，单击
工具区的【Create Load】按钮，在弹出的对话框中选择载荷
类型（图 14-18），单击【Continue…】按钮，用鼠标在视图区
选择空间桁架的 A 点，单击鼠标中键完成选择。在弹出
的对话框中输入载荷的大小（载荷的 x、y、z 分量与坐标系
密切相关，输入载荷大小时注意视图区左下角坐标系的
方向），单击【OK】按钮，完成载荷的施加（图 14-19）。

单击工具区的【Create Boundary Condition】按钮，在弹出
的对话框中选择相关选项（图 14-20）。单击【Continue…】按
钮，用鼠标在视图区选择空间桁架结构的 E、F、G、H 点（选择
多个对象时按下 Shift 键），单击鼠标中键完成选择。在弹出
的对话框中设置相关约束（平动自由度 U1、U2、U3 均设置为
0，转动自由度 UR1、UR2、UR3 不加约束，如图 14-21所示），完
成边界条件的施加，如图 14-22 所示。

⑦划分网格

在环境栏的 Module 下拉菜单中选择 Mesh 模块，Object 选项选择 Part。单击【Seed
Edges】按钮，在视图区选中所有杆件，单击鼠标中键完成选择。在弹出的对话框中单击Basic
选项卡，选中 By number，在 Number of elements 后面输入 1，然后单击【OK】按钮，如图 14-23
所示。

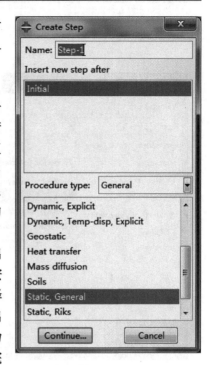

图　14-17

图　14-18

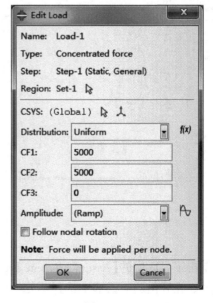

图　14-19

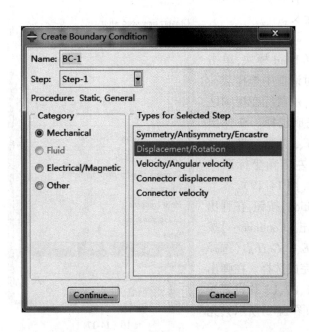

图 14-20　　　　　　　　　　　　　　　　图 14-21

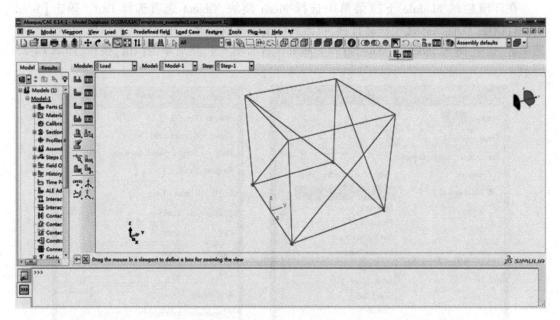

图 14-22

　　单击工具区中的【Assign Element Type】按钮,在视图区选中所有杆件,单击鼠标中键完成选择。在弹出的对话框中选择单元类型,单击【OK】按钮,如图 14-24 所示。

　　单击工具区中的【Mesh Part】按钮,在提示区点击【Yes】按钮,完成网格划分。

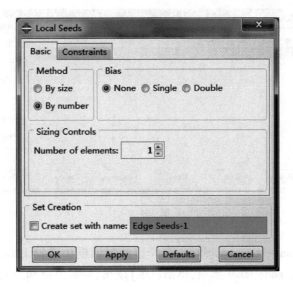

图　14-23

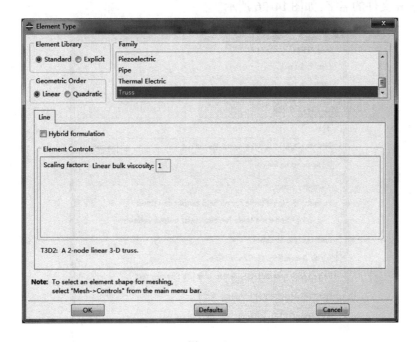

图　14-24

⑧提交分析作业

在环境栏的 Module 下拉菜单中选择 Job 模块,单击【Create Job】按钮,在弹出的对话框中设置作业名并单击【Continue…】按钮,点击【OK】按钮完成作业创建。在工具区点击【Job Manager】按钮,在 Job Manager 对话框中单击【Submit】按钮,提交作业,如图 14-25 所示。

当 Status 栏显示 Running 时,表示 ABAQUS 正在计算。当 Status 栏显示 Completed,表示计算结束。等分析结束后,单击【Results】按钮进入 Visualization 模块。

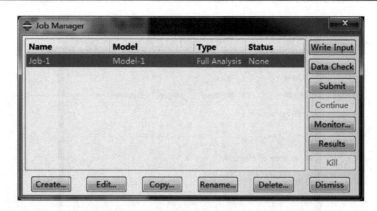

图 14-25

⑨查看结果

执行菜单栏 Options→Common 命令,在弹出的对话框中选择 Labels 选项卡,选中 Show element labels 和 Show node label 选项,单击【OK】按钮,显示节点和单元编号。

执行菜单栏 Report→Field output 命令,在弹出的对话框中选择 Setup 选项卡,在 Name 框中输入 Report 文件的名字,如图 14-26 所示。

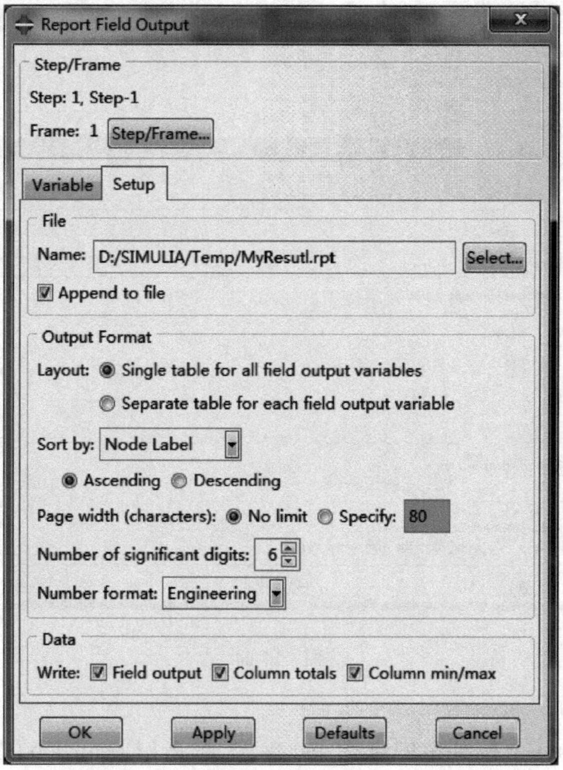

图 14-26

选择 Variable 选项卡,输出位置 Position 后面选择 Integration Point,输出选项选择 S: Stress components。点击【OK】按钮,相关计算结果即输出到所命名的文件中。在相关路径下打开文件,可得到各单元的应力值,如图 14-27 所示。

Element Label	S.Mises @Loc 1	S.S11 @Loc 1
1	0.	-0.
2	56.6083E-39	-56.6083E-39
3	0.	0.
4	281.902E-39	-281.902E-39
5	1.03000E-21	1.03000E-21
6	32.0513E+06	32.0513E+06
7	32.0513E+06	-32.0513E+06
8	32.0513E+06	-32.0513E+06
9	42.1713E-39	42.1713E-39
10	0.	0.
11	45.3274E+06	45.3274E+06
12	0.	0.
13	0.	0.
14	0.	0.
15	45.3274E+06	-45.3274E+06
16	1.03000E-21	-1.03000E-21

图　14-27

　　同样可以生成各个支座的约束力的数据报告,输出位置 Position 后面选择 Unique Nodal,输出选项选择 RF:Reaction force。点击【OK】按钮,相关计算结果即输出到所命名的文件中。查看文件中的 RF1、RF2、RF3 等信息,得到各支座的约束力,如图 14-28 所示。

Node Label	RF.Magnitude @Loc 1	RF.RF1 @Loc 1	RF.RF2 @Loc 1	RF.RF3 @Loc 1
1	5.E+03	-160.680E-27	-4.65231E-42	5.E+03
2	0.	0.	-0.	0.
3	0.	0.	0.	0.
4	0.	0.	0.	0.
5	7.07107E+03	-0.	-5.E+03	5.E+03
6	11.1803E+03	-5.E+03	-160.680E-27	-10.E+03
7	0.	0.	0.	0.
8	0.	0.	0.	0.

图　14-28

　　执行菜单栏 Plot→Contours→On Undeformed Shape(或 On Deformed Shape)命令,可显示空间桁架结构变形前(或变形后)的结果云图,并在各个杆件上用不同的颜色显示应力的大小,如图 14-29 所示。

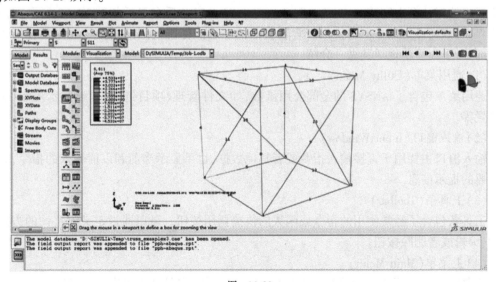

图　14-29

§14.5　有限元软件 ANSYS 简介

ANSYS 软件是美国 ANSYS 公司研制的大型通用有限元分析软件。ANSYS 软件具有十分强大的计算分析和前后处理能力,分析功能包括结构、非线性、热、电磁场、流场、耦合场分析等。ANSYS 在土木、机械、铁路、航空航天、石油、船舶、生物医药、电子和日用家电等领域都有着广泛的应用。

1. 认识 ANSYS

ANSYS 软件可以在大多数计算机及操作系统中运行,无论是个人微型计算机、工作站,或是巨型计算机,ANSYS 文件在其所有的产品系列和工作平台上均可兼容。

ANSYS 软件主要包括三个部分:前处理模块、计算分析模块、后处理模块。对应地,一个典型的 ANSYS 分析过程也分为三个步骤:建立模型、加载求解、查看分析结果。

在 ANSYS 分析过程中,建立模型需要花费更多的时间。首先需要指定工作名,然后选择并定义单元类型、材料属性等,接着创建几何模型(也可以从其他 CAD 软件中直接读取已经建好的模型),再划分单元获得网格模型等。这一系列的工作都是在 ANSYS 的前处理模块中完成。

模型建立以后,需要给模型施加载荷和约束,并进行求解。ANSYS 的计算分析模块功能强大,包括线性和非线性结构、流体动力学、声场、压电、电磁场以及多物理场耦合分析。

模型求解完成并获得数值结果后,需要对结果进行分析。后处理模块可将计算结果以梯度图、矢量图、等值线图、立体切片、透明(可看到结构内部)等图形方式显示出来,也可将计算结果以图表、曲线形式显示或输出。

一般来说,初学者以操作 ANSYS Product Launcher 模式为主,所有的操作都可以用鼠标在交互式的对话框上完成。ANSYS Product Launcher 启动后会显示如图 14-30 所示的图形用户界面,该窗口可以方便地供用户管理自己的项目。标准的图形用户界面主要包括以下几个部分,下面简单地对其做一介绍。

(1)通用菜单(Utility Menu)

通用菜单包含了 ANSYS 的全部公用函数,如文件管理、项目选择、图形显示控制、参数的设置等。

(2)输入窗口(Input Window)

输入窗口主要用于直接输入指令或者其他数据,也可显示当前和以前输入的指令,并给出必要的提示信息。

(3)工具条(Toolbar)

工具条包含了经常使用的指令或函数的快捷调用按钮。可以通过定义缩略词的方式来添加、编辑或者删除按钮。

(4)主菜单(Main Menu)

主菜单包含了不同的处理器下的基本 ANSYS 函数,它是基于操作的顺序排列的。

工具条　通用菜单　输入窗口　　　　　　　　图形窗口

主菜单　　　　　　　　　输出窗口

图 14-30

（5）输出窗口（Output Window）

输出窗口用于显示从程序输出的文本，包括命令响应、注解、警告、错误以及其他信息。初始时，它可能隐藏于其他窗口之下。

（6）图形窗口（Graphics Window）

图形窗口用于显示绘制的图形，包括实体模型、有限元网格、分析结果等。

2. ANSYS 简单实例分析

本节将介绍一个简单的四跨连续梁的 ANSYS 分析实例，帮助读者初步了解 ANSYS 建模和分析的基本步骤。

（1）问题描述

如图 14-31 所示，梁上的分布载荷集度为 $q = 2\text{kN/m}$，集中力 $F = 5\text{kN}$，集中力偶 $M = 2\text{kN} \cdot \text{m}$，每跨长 $l = 1\text{m}$，梁的横截面为矩形，宽 50mm，高 150mm，材料弹性模量 $E = 206\text{GPa}$。试求图中四跨连续梁的剪力图和弯矩图以及各支座约束力。

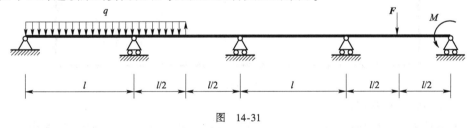

图 14-31

（2）ANSYS 求解过程

①启动 ANSYS

启动 Mechanical APDL Product Launcher,弹出如图 14-32 所示的窗口。设置 Simulation Environment 为 ANSYS,License 为 ANSYS Multiphysics,在 Working Directory 中输入工作目录名称,JobName 输入项目名称,单击【Run】按钮。

图　14-32

在主菜单中,选择 Preferences 命令,弹出如图 14-33 所示的对话框。选择分析类型为 Structural,点击【OK】按钮,完成分析环境设置。

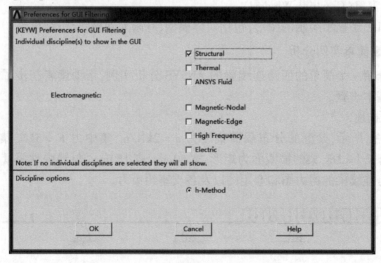

图　14-33

②定义单元与材料属性

在主菜单中,选择 Preprocessor→Element Type→Add/Edit/Delete 命令,在弹出的对话框中单击【Add⋯】按钮,弹出 Library of Element Types 对话框(图 14-34),选择单元类型为

Beam188,单击【OK】按钮,完成单元添加。

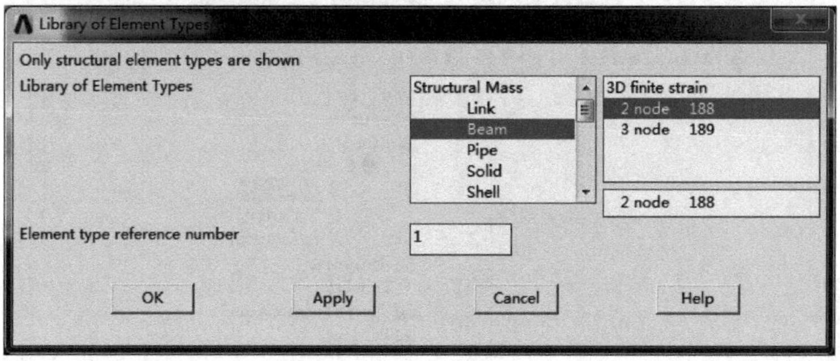

图　14-34

在主菜单中选择 Preprocessor→Sections→Beam→Common Sections 命令,弹出 Beam Tool 对话框,如图 14-35 所示。在对话框中输入 B = 0.05,H = 0.15,单击【OK】按钮,完成截面设置。

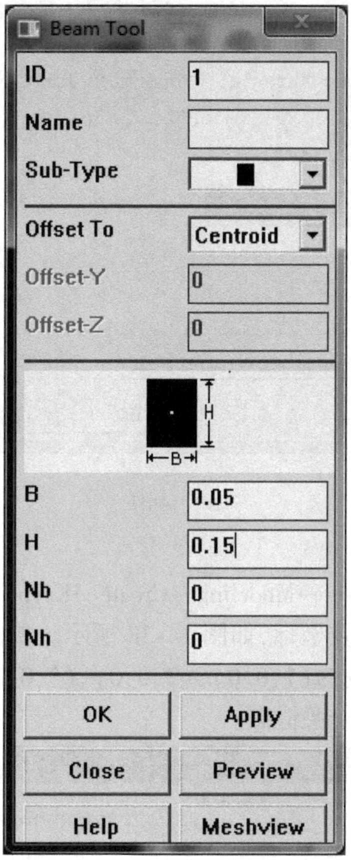

图　14-35

在主菜单中选择 Preprocessor→Material Props→Material Models 命令,弹出如图 14-36 所示的对话框,选择 Structural→Linear→Elastic→Isotropic,在弹出的对话框中设置弹性模量,单击【OK】按钮完成设置,如图 14-37 所示。

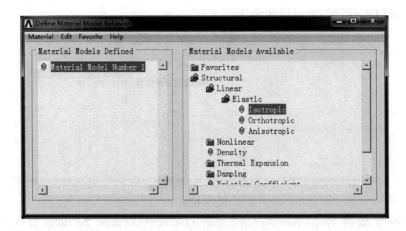

图 14-36

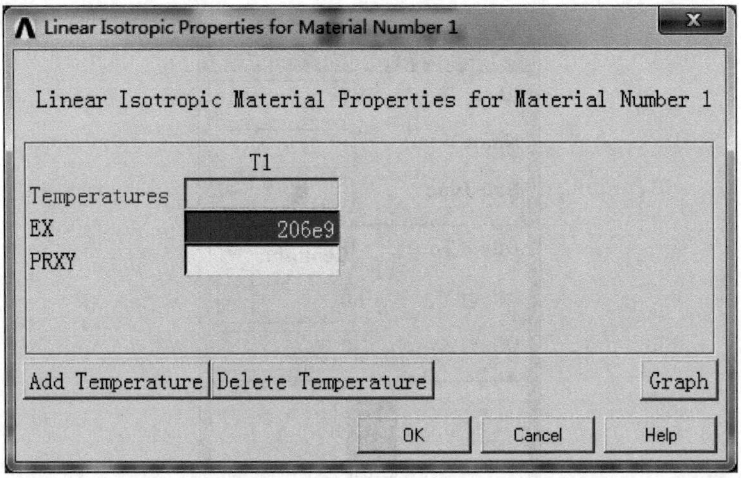

图 14-37

③建立模型

在主菜单中选择 Preprocessor→Modeling→Create→Keypoints→In Active CS 命令,在弹出的对话框中输入关键点的编号及坐标,如图 14-38 所示。单击【Apply】按钮确认,并继续输入 2 号 ~ 6 号关键点,坐标分别为(1,0,0)、(2,0,0)、(3,0,0)、(3.5,0,0)、(4,0,0),单击【OK】按钮,图形窗口中出现 5 个关键点。

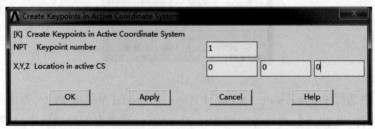

图 14-38

在主菜单中选择 Preprocessor→Modeling→Create→Lines→Lines→Straight Line 命令,弹出创建直线的拾取窗口,依次创建所有直线,单击【OK】按钮,如图 14-39 所示。

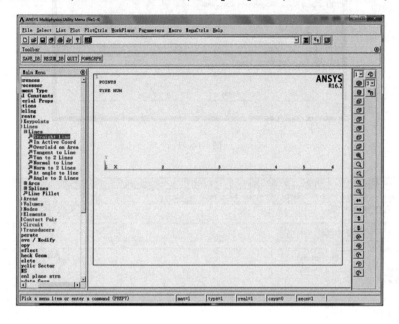

图 14-39

④划分网格

在主菜单中选择 Preprocessor→Meshing→Size Cntrls→Manual Size→Global→Size 命令,在弹出的对话框中设置 No. of element divisions 为 50,单击【OK】按钮,如图 14-40 所示。

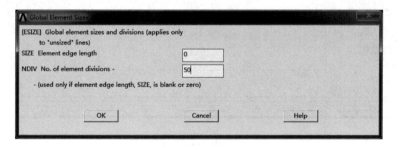

图 14-40

在主菜单中选择 Preprocessor→Meshing→Mesh→Lines 命令,弹出 Mesh Lines 对话框,在图形窗口中拾取所有的直线,单击【OK】按钮,完成网格划分。

⑤施加载荷及支座约束

在主菜单中选择 Preprocessor→Loads→Define Loads→Apply→Structural→Force/Moment→On Keypoints 命令,拾取 5 号关键点,单击【OK】按钮,在如图 14-41 所示的施加载荷对话框中,Lab 列表选择 FY,VALUE 文本框中输入 - 5000,单击【Apply】施加集中力载荷,如图 14-42所示。继续拾取 6 号关键点,单击【OK】按钮,在施加载荷对话框中,Lab 列表选择 MZ,VALUE 文本框中输入 2000,施加集中力偶。

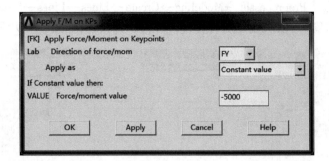

图　14-41

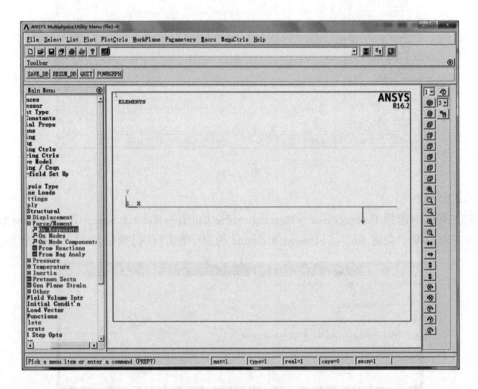

图　14-42

在主菜单中选择 Preprocessor→Loads→Define Loads→Apply→Structural→Pressure→On Beams 命令,弹出拾取窗口后,输入最小和最大单元编号为 1,75,如图 14-43 所示;单击【OK】按钮。在弹出的对话框中,LKEY 设置为 2,VALI 设置为 2000,如图 14-44 所示;单击【OK】按钮完成分布载荷施加,如图 14-45 所示。

在主菜单中选择 Preprocessor→Loads→Define Loads→Apply→Structural→Displacement→On Keypoints 命令,弹出对话框后拾取 1 号关键点,单击【OK】按钮,在弹出的对话框中设置 UX,UY,UZ,ROTX 约束,如图 14-46 所示,单击【Apply】按钮。继续拾取 2、3、4、6 号关键点,单击【OK】按钮,在弹出的对话框中设置 UY,UZ,ROTX 约束,单击【OK】按钮完成支座约束的设置。

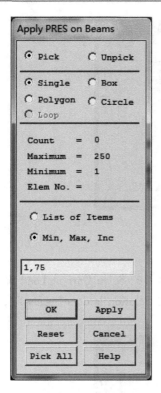

图 14-43

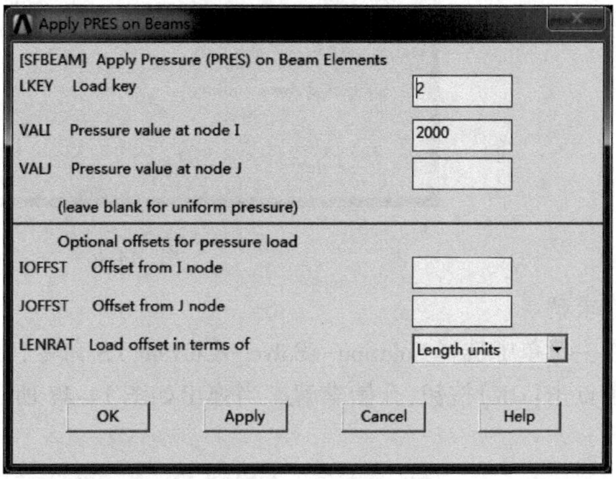

图 14-44

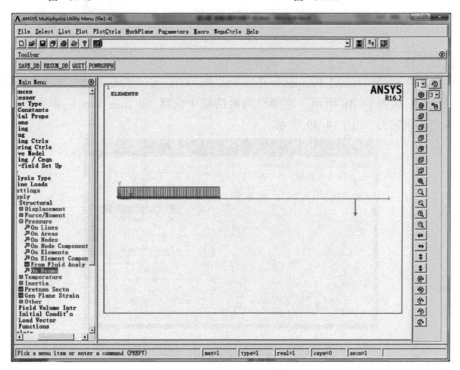

图 14-45

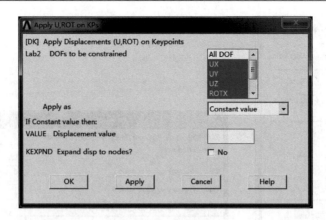

图　14-46

⑥求解

在主菜单中选择 Solution→Solve→Current LS 命令,在弹出的 Solve Current Load Step 对话框中点击【OK】按钮,开始求解。当弹出如图 14-47 所示的 Solution is done! 提示时,求解完成。

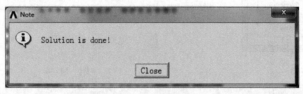

图　14-47

⑦查看结果

在主菜单中选择 General Postproc→List Results→Reaction Solu 命令,弹出 List Reaction Solution 对话框,如图 14-48 所示。在弹出的对话框中选择 All struc forc F,单击【OK】按钮,可查看各支座约束力,如图 14-49 所示。

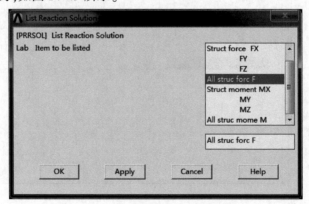

图　14-48

在主菜单中选择 General Postproc→Element Table→Define Table 命令,弹出 Element Table Data 对话框,单击【Add…】按钮,在弹出的如图 14-50 所示的对话框中选择 By

sequence num,SMISC,3,单击【Apply】添加 Table Data,继续添加 SMISC16,SMISC6,SMISC19,
单击【OK】按钮完成添加,如图 14-51 所示。

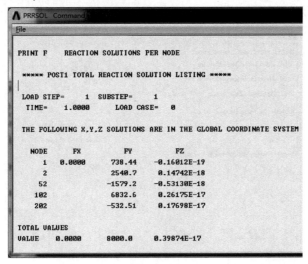

图　14-49

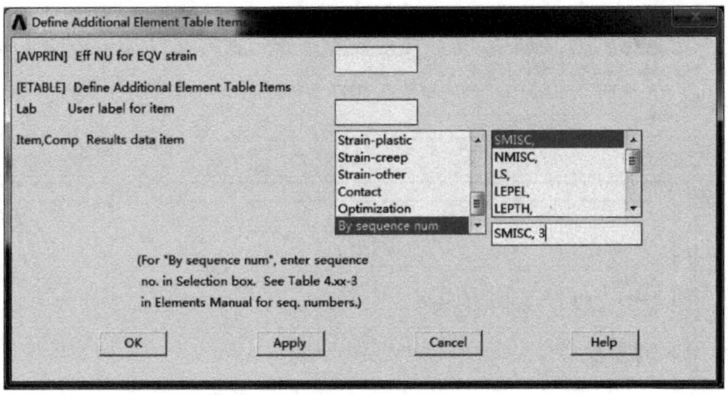

图　14-50

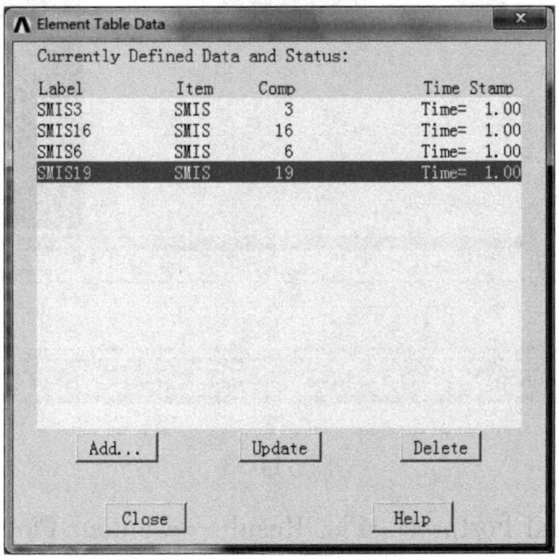

图　14-51

在主菜单中选择 General Postproc→Plot Results→Contour Plot→Line Elem Res 命令,在弹出的如图 14-52 所示的对话框中 LabI 选择 SMIS6,LabJ 选择 SMIS19,单击【OK】按钮绘制剪力图,如图 14-53 所示。

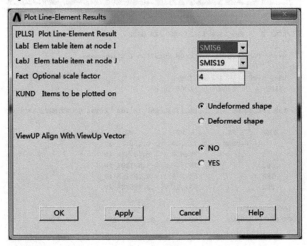

图　14-52

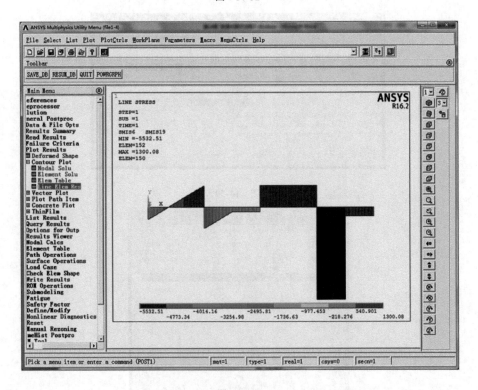

图　14-53

在主菜单中选择 General Postproc→Plot Results→Contour Plot→Line Elem Res 命令,在弹出的如图 14-54 所示的对话框中 LabI 选择 SMIS3,LabJ 选择 SMIS16,单击【OK】按钮,图形窗口将绘制弯矩图,如图 14-55 所示。

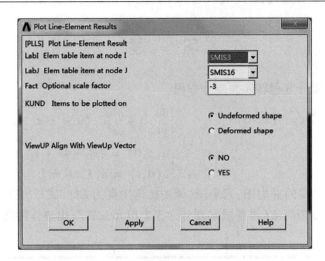

图　14-54

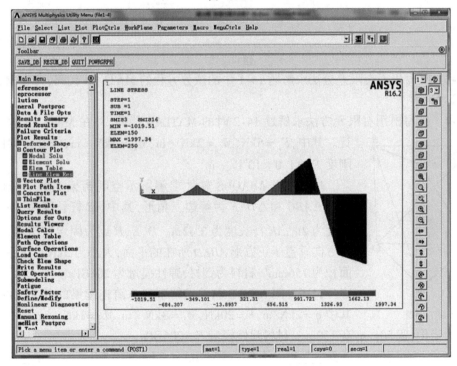

图　14-55

本 章 小 结

本章首先简单介绍了数值仿真技术的基本概念、任务、背景及数值分析方法中的常用算法。然后分别介绍了几种最常用的数值计算软件及几个算例。算例非常简单,对于MATLAB、ABAQUS、ANSYS 这样的大型数值计算软件来说,只是牛刀小试。希望初学者以此为起点,加强编程能力和数值计算方面的素养。

习　　题

14-1　将下列微分方程转换为差分方程。

$$(1)\begin{cases} \dfrac{\mathrm{d}^2 y}{\mathrm{d}x^2} = 3x - 2\sqrt{y} & (x > 0) \\ y(0) = 4 \\ y'(0) = 0 \end{cases} \qquad (2)\begin{cases} \dfrac{\partial u}{\partial t} = 4\dfrac{\partial^2 u}{\partial x^2} & (0 < x < 1, t > 0) \\ u(x,0) = 4x^2 - 4x + 1 & (0 \leqslant x \leqslant 1) \\ u(0,t) = u(1,t) = 1 \end{cases}$$

14-2　欲求下面梁的剪力图、弯矩图(梁的抗弯刚度为 EI),试写出在用有限元方法求解该问题时的整体刚度矩阵 K(将整段梁划分为 3 个单元),并写出整体刚度方程。

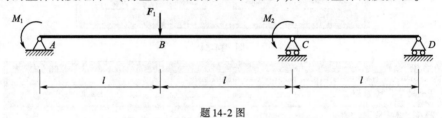

题 14-2 图

14-3　试写出用有限差分法求解题 14-1 中的微分方程的 MATLAB 代码,并在 MATLAB 软件中运行。

14-4　试写出用有限元方法求解题 14-2 时的 MATLAB 代码,并在 MATLAB 软件中运行。其中,$F_1 = 5\text{kN}$,$M_1 = 2\text{kN} \cdot \text{m}$,$M_2 = 2\text{kN} \cdot \text{m}$,$l = 2\text{m}$,梁的抗弯刚度 $EI = 1.0 \times 10^6 \text{Pa} \cdot \text{m}^4$。

14-5　用 ABAQUS 软件求解图示空间桁架的各个杆件的轴力。$\triangle ABC$ 和 $\triangle DEF$ 为等边三角形,其中 AB 杆长度为 2m,AD 杆长度为 2m,AE 杆长度为 $2\sqrt{2}$m。D、E、F 点为固定铰支座,载荷 F 的方向垂直于正方形 $ABED$ 所在的平面,大小为 5kN。杆件横截面面积为 156mm^2,材料为钢材,弹性模量为 206GPa。

14-6　用 ANSYS 软件求解下列八跨连续梁的各支座约束力。其中 $q = 2\text{kN/m}$,$F = 20\text{kN}$,$M_1 = 3\text{kN} \cdot \text{m}$,$M_2 = 1\text{kN} \cdot \text{m}$,$l = 1\text{m}$,梁的横截面为矩形,宽 50mm,高 150mm,材料弹性模量 $E = 206\text{GPa}$。

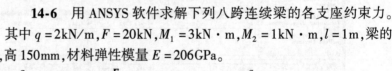

题 14-5 图

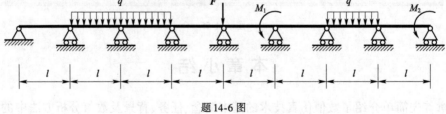

题 14-6 图

附录 A　平面图形的几何性质

本章主要内容

(1)截面的静矩和形心的确定。
(2)截面的惯性矩和极惯性矩。
(3)平行移轴公式。

重点

平行移轴公式。

工程构件的承载能力,受力后的应力和变形,都与构件截面的几何形状和尺寸有关。理论分析构件的强度、刚度和稳定性问题时,也经常会涉及一些与截面形状和尺寸相关的几何量,包括面积、静矩、惯性矩、极惯性矩以及惯性积等,统称为平面图形的几何性质。

§A.1　静　矩

1.静矩的定义

如图 A-1 所示,面积为 A 的平面图形表示构件的任意一个截面。平面图形所在平面上建立直角坐标系 Ozy,截面上坐标为(z,y)的任一点处取微面积 dA,则乘积 ydA 和 zdA 分别称为微面积 dA 对 z 轴和 y 轴的静矩,而在整个截面上的积分

$$\left.\begin{aligned} S_y &= \int_A z\mathrm{d}A \\ S_z &= \int_A y\mathrm{d}A \end{aligned}\right\} \qquad (A\text{-}1)$$

则分别称为该截面对 y 轴和 z 轴的静矩。静矩与所确定的坐标轴的位置有关,同一截面对不同坐标轴的静矩不同。静矩是一个代数量,其值可正、可负、可为零,单位为 m^3。

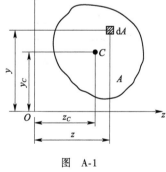

图　A-1

2.截面的形心

设一等厚的均质薄板,其中间面的形状与图 A-1 的平面图形一致。在 Ozy 坐标系内,截面形心坐标为(z_C,y_C)(C 为截面形心),显然,等厚均质薄板的重心与形心具有相同的坐标。根据静力学合力矩定理,可得重心坐标公式为

$$y_C = \frac{\int_A y \mathrm{d}A}{A}$$
$$z_C = \frac{\int_A z \mathrm{d}A}{A}$$
（A-2）

由式（A-1）和（A-2），可得

$$S_y = Az_C$$
$$S_z = Ay_C$$
（A-3）

利用上式，已知截面的形心位置，可求截面对坐标轴的静矩；或已知截面对坐标轴的静矩，可确定截面形心的位置。若 $S_y = 0$（或 $S_z = 0$），则 z_C（或 y_C）等于零，说明 y 轴（或 z 轴）必过截面形心，称之为形心轴。因此，截面对形心轴的静矩等于零；反之，截面对某轴的静矩为零，则该轴必通过截面形心。

3. 组合截面的静矩

一个截面由几个简单图形（如矩形、圆形、三角形等）组成，称为组合截面。组合截面对某一轴的静矩，等于各简单图形对该轴的静矩的代数和，即

$$S_y = \sum_{i=1}^n S_{yi} = \sum_{i=1}^n A_i z_{C_i}$$
$$S_z = \sum_{i=1}^n S_{zi} = \sum_{i=1}^n A_i y_{C_i}$$
（A-4）

式中，A_i、y_{Ci} 和 z_{Ci} 分别表示第 i 个简单图形的面积和形心坐标。

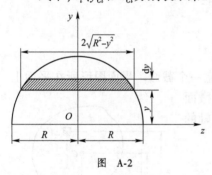

图　A-2

【例 A-1】 试求图 A-2 所示半圆形截面的形心位置。

解：在半圆形截面上取平行于 z 轴且距离 z 轴长度为 y 的狭长微面积 $\mathrm{d}A$，即

$$\mathrm{d}A = 2\sqrt{R^2 - y^2}\,\mathrm{d}y$$

半圆形截面对 z 轴的静矩为

$$S_z = \int_A y\mathrm{d}A = \int_0^R 2y\sqrt{R^2 - y^2}\,\mathrm{d}y = \frac{2}{3}R^3$$

由静矩与形心位置之间的关系，可得形心坐标：

$$y_C = \frac{S_z}{A} = \frac{2R^3/3}{\pi R^2/2} = \frac{4R}{3\pi}$$

$$z_C = 0$$

§A.2　惯　性　矩

1. 惯性矩、惯性半径

表示构件任意截面的平面图形，如图 A-3 所示，在图形上任取一微面积 $\mathrm{d}A$，坐标为

(z,y)，则乘积 $y^2\mathrm{d}A$ 和 $z^2\mathrm{d}A$ 分别称为微面积 $\mathrm{d}A$ 对 z 轴和 y 轴的惯性矩，而在整个截面上的积分

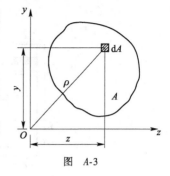

图　A-3

$$\left.\begin{aligned} I_y &= \int_A z^2\mathrm{d}A \\ I_z &= \int_A y^2\mathrm{d}A \end{aligned}\right\} \qquad (\text{A-5})$$

分别称为该截面对 y 轴和 z 轴的惯性矩。由定义式可知，惯性矩恒为正值，也是一个代数量，单位为 m^4。

工程计算中，常把惯性矩写成以下形式

$$\left.\begin{aligned} I_y &= Ai_y^2 \\ I_z &= Ai_z^2 \end{aligned}\right\} \qquad (\text{A-6})$$

或

$$\left.\begin{aligned} i_y &= \sqrt{\frac{I_y}{A}} \\ i_z &= \sqrt{\frac{I_z}{A}} \end{aligned}\right\} \qquad (\text{A-7})$$

式中，i_y 和 i_z 分别称为截面对 y 轴和 z 轴的惯性半径，单位为 m。

2. 惯性积

图 A-3 所示截面，微面积与其坐标 y、z 的乘积 $yz\mathrm{d}A$ 称为微面积对 y、z 轴的惯性积，而在整个截面上的积分

$$I_{yz} = \int_A yz\mathrm{d}A \qquad (\text{A-8})$$

则称为该截面对 y、z 轴的惯性积。惯性积 I_{yz} 可正、可负、可为零，单位为 m^4。当 y 轴或 z 轴为截面的对称轴时，所有微面积与坐标的乘积两两相互抵消，使得 $I_{yz}=0$。

3. 极惯性矩

图 A-3 中微面积 $\mathrm{d}A$ 到坐标原点 O 的距离为 ρ，积分

$$I_\mathrm{p} = \int_A \rho^2\mathrm{d}A \qquad (\text{A-9})$$

称为截面对坐标原点 O 的极惯性矩。图中很明显，$\rho^2 = y^2 + z^2$，因此

$$I_\mathrm{p} = \int_A \rho^2\mathrm{d}A = \int_A (y^2 + z^2)\mathrm{d}A = \int_A y^2\mathrm{d}A + \int_A z^2\mathrm{d}A = I_z + I_y \qquad (\text{A-10})$$

上式表明：截面对任意一点的极惯性矩，等于该截面对过该点的任一对直角坐标轴的两个惯性矩之和。极惯性矩恒为正值，单位为 m^4。

【例 A-2】 图 A-4 所示的矩形截面，z、y 轴为形心轴，试计算矩形截面对 y 轴和 z 轴的惯性矩以及对 y、z 轴的惯性积。

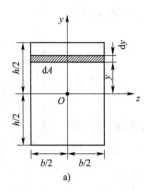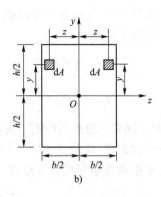

图　A-4

解：首先计算对 z 轴的惯性矩。在矩形截面上距离 z 轴为 y 的位置选取一平行于 z 轴的微面积 $\mathrm{d}A$，如图 A-4a）所示，根据定义式

$$I_z = \int_A y^2 \mathrm{d}A = \int_{-h/2}^{h/2} y^2 b \mathrm{d}y = \frac{bh^3}{12}$$

同理，计算对 y 轴的惯性矩

$$I_y = \int_A z^2 \mathrm{d}A = \int_{-b/2}^{b/2} z^2 h \mathrm{d}z = \frac{hb^3}{12}$$

对 y、z 轴的惯性积，在对称轴 y 轴两侧对称的位置选取相同的微面积 $\mathrm{d}A$，如图 A-4b）所示，由于两个微面积的 $yz\mathrm{d}A$ 大小相等，符号相反，其和为零。对整个矩形截面求和后，则

$$I_{yz} = \int_A yz\mathrm{d}A = 0$$

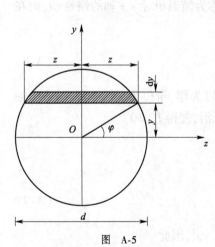

【例 A-3】已知图 A-5 所示圆形截面的直径为 d，求截面对其形心轴 y 轴和 z 轴的惯性矩以及对形心 O 的极惯性矩。

解：首先计算对 z 轴的惯性矩。在圆形截面上选取平行于 z 轴的微面积 $\mathrm{d}A$，即

$$\mathrm{d}A = 2z\mathrm{d}y = d\cos\varphi\,\mathrm{d}y$$

根据惯性矩的定义

$$I_z = \int_A y^2 \mathrm{d}A = \int_A y^2 d\cos\varphi\,\mathrm{d}y$$

$$= \int_{-\pi/2}^{\pi/2} \frac{d^2}{4} \sin^2\varphi \left(\frac{d^2}{2} \cos^2\varphi\,\mathrm{d}\varphi \right) = \frac{\pi d^4}{64}$$

图　A-5

根据圆的对称性，可得

$$I_y = I_z = \frac{\pi d^4}{64}$$

由于直角坐标轴 y 轴和 z 轴都是形心轴，对形心 O 的极惯性矩为

$$I_\mathrm{p} = I_y + I_z = \frac{\pi d^4}{32}$$

§A.3 平行移轴公式

1. 平行移轴公式

同一平面图形对不同位置的坐标轴,其惯性矩并不相同,但它们之间存在一定的关系。下面推导形心轴与其平行轴惯性矩之间的关系式。

如图 A-6 所示,截面面积为 A,y_C、z_C 轴是通过截面形心 C 的一对正交形心轴,y、z 轴平行于形心轴。形心 C 在直角坐标系 Ozy 中的坐标为 (b,a),微面积在坐标系 Ozy 和 Cz_Cy_C 中的坐标分别为 (z,y) 和 (z_C,y_C)。根据定义,截面对 z 轴的惯性矩为

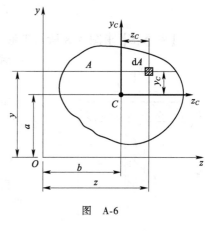

图 A-6

$$I_z = \int_A y^2 \mathrm{d}A$$

由图 A-6 可知,$y = y_C + a$,代入上式,得

$$I_z = \int_A (y_C + a)^2 \mathrm{d}A = \int_A y_C{}^2 \mathrm{d}A + 2\int_A y_C a \mathrm{d}A + \int_A a^2 \mathrm{d}A$$

$$= I_{z_C} + 2aS_{z_C} + a^2 A$$

其中,y_C 轴是形心轴,因此,静矩 $S_{z_C} = 0$,得到

$$I_z = I_{z_C} + a^2 A \tag{A-11}$$

同理,截面对 y 轴的惯性矩为

$$I_y = I_{y_C} + b^2 A \tag{A-12}$$

式(A-11)和式(A-12)即为惯性矩的平行移轴公式。

公式使用过程中应注意:y_C、z_C 轴必须是形心轴。

2. 组合截面的惯性矩

工程中构件的截面,常常是由几个简单图形组合而成。计算组合截面对轴的惯性矩,根据惯性矩的定义和平行移轴公式,可分别计算各简单图形对该轴的惯性矩,再相加,即

$$\left.\begin{array}{l} I_y = \sum_{i=1}^n I_{yi} \\ I_z = \sum_{i=1}^n I_{zi} \end{array}\right\} \tag{A-13}$$

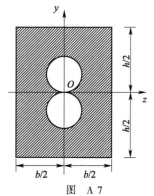

图 A-7

【例 A-4】 在图 A-7 所示的矩形中,挖掉两个直径为 d 的圆形,试求余下阴影部分图形对 z 轴的惯性矩。

解: 根据组合截面惯性矩的计算公式,可知该截面对 z 轴的惯性矩等于矩形截面对 z 轴的惯性矩 I_{z1} 减去两个圆形截面对 z 轴的惯性矩 I_{z2},即

$$I_z = I_{z1} - 2I_{z2}$$

z 轴通过矩形截面的形心。由例 A-2 可知

$$I_{z1} = \frac{bh^3}{12}$$

但 z 轴不通过圆形的形心,因此需要利用平行移轴公式。由

例 A-3,圆形截面对其形心轴的惯性矩为

$$I_{zC} = \frac{\pi d^4}{64}$$

则

$$I_{z2} = I_{zC} + a^2 A = \frac{\pi d^4}{64} + \left(\frac{d}{2}\right)^2 \frac{\pi d^2}{4} = \frac{5\pi d^4}{64}$$

最终阴影截面对 z 轴的惯性矩为

$$I_z = I_{z1} - 2I_{z2} = \frac{bh^3}{12} - \frac{5\pi d^4}{32}$$

【例 A-5】 求图 A-8 所示 T 形截面对通过其形心 C 的 z_C 轴的惯性矩。

解:将 T 形截面分割为两个矩形,面积为

$$A_1 = A_2 = 100 \times 20 = 2000 \text{ mm}^2$$

首先在 Ozy 坐标系确定形心 C 的位置,根据形心坐标计算公式

$$y_C = \frac{y_1 A_1 + y_2 A_2}{A_1 + A_2} = \frac{(100 + 10) \times 2000 + 50 \times 2000}{2000 + 2000} = 80 \text{ mm}^2$$

再利用平行移轴公式,面积 A_1、A_2 对形心 z_C 轴的惯性矩分别为

$$I_{zC1} = \frac{100 \times 20^3}{12} + \left(100 - 80 + \frac{20}{2}\right)^2 \times 2000 = 1.87 \times 10^6 \text{ mm}^4$$

$$I_{zC2} = \frac{20 \times 100^3}{12} + \left(80 - \frac{100}{2}\right)^2 \times 2000 = 3.47 \times 10^6 \text{ mm}^4$$

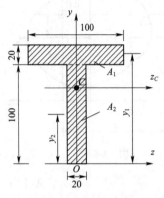

图 A-8(尺寸单位:mm)

于是,整个 T 形截面对 z_C 轴的惯性矩为

$$I_{zC} = I_{zC1} + I_{zC2} = 5.34 \times 10^6 \text{ mm}^4$$

几种简单平面图形的面积、形心、惯性矩、惯性半径见表 A-1。

简单平面图形的几何性质表　　　　　　　　　　　　　　表 A-1

图　　形	面　　积	形心位置	惯　性　矩	惯性半径
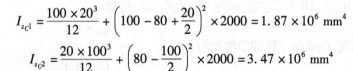	$A = bh$	$z_C = \dfrac{b}{2}$ $y_C = \dfrac{h}{2}$	$I_z = \dfrac{bh^3}{12}$ $I_y = \dfrac{hb^3}{12}$	$i_z = \dfrac{h}{\sqrt{12}}$ $i_y = \dfrac{b}{\sqrt{12}}$
	$A = \dfrac{\pi D^2}{4}$	$z_C = \dfrac{D}{2}$ $y_C = \dfrac{D}{2}$	$I_y = I_z = \dfrac{\pi D^4}{64}$	$i_y = i_z = \dfrac{D}{4}$

图　　形	面　　积	形 心 位 置	惯 性 矩	惯 性 半 径
	$A = \dfrac{\pi(D^2 - d^2)}{4}$	$z_C = \dfrac{D}{2}$ $y_C = \dfrac{D}{2}$	$I_y = I_z = \dfrac{\pi(D^4 - d^4)}{64}$	$i_y = i_z = \dfrac{\sqrt{D^2 + d^2}}{4}$
	$A = \dfrac{\pi R^2}{2}$	$y_C = \dfrac{4R}{3\pi}$	$I_z = \left(\dfrac{1}{8} - \dfrac{8}{9\pi^2}\right)\pi R^4$ $I_y = \dfrac{\pi R^4}{8}$	$i_z = 0.264R$ $i_y = \dfrac{R}{2}$
	$A = \dfrac{bh}{2}$	$z_C = \dfrac{b}{3}$ $y_C = \dfrac{h}{3}$	$I_z = \dfrac{bh^3}{36}$ $I_y = \dfrac{hb^3}{36}$	$i_z = \dfrac{h}{\sqrt{18}}$ $i_y = \dfrac{b}{\sqrt{18}}$

本 章 小 结

　　本章介绍了平面图形的几何性质,如静矩、惯性矩、惯性积和极惯性矩,并推导了平行移轴公式。

　　1. 静矩

　　(1)截面对 y、z 轴的静矩定义式

$$S_y = \int_A z\,\mathrm{d}A, \quad S_z = \int_A y\,\mathrm{d}A$$

　　(2)形心与静矩之间的关系

$$S_y = Az_C, \quad S_z = Ay_C$$

式中, z_C、y_C 分别是形心在坐标系 Ozy 的坐标值。

　　2. 惯性矩

　　(1)截面对 y、z 轴的惯性矩定义式

$$I_y = \int_A z^2\,\mathrm{d}A, \quad I_z = \int_A y^2\,\mathrm{d}A$$

　　也可写为

$$I_y = Ai_y^2, \quad I_z = Ai_z^2$$

式中，i_y 和 i_z 分别为截面对 y 轴和 z 轴的惯性半径。

（2）截面对 y、z 轴的惯性积定义式

$$I_{yz} = \int_A yz \mathrm{d}A$$

当 y 轴或 z 轴为截面的对称轴时，惯性积为零。

（3）截面对 y、z 轴的极惯性矩定义式

$$I_p = \int_A \rho^2 \mathrm{d}A$$

它与惯性矩之间的关系为

$$I_p = I_z + I_y$$

3. 平行移轴公式

$$I_z = I_{z_C} + a^2 A$$
$$I_y = I_{y_C} + b^2 A$$

需要注意，y_C、z_C 轴必须是形心轴。

习　　题

A-1　在图示的对称截面中，已知 $b = 0.6\mathrm{m}$，$a = 0.15\mathrm{m}$。试求截面形心的位置，以及 z_C 轴下半部分面积对 z_C 轴的静矩 S_{z_C}（下）。

A-2　图示截面，已知 $a = 0.4\mathrm{m}$，试求阴影部分截面对 y 轴和 z 轴的惯性矩。

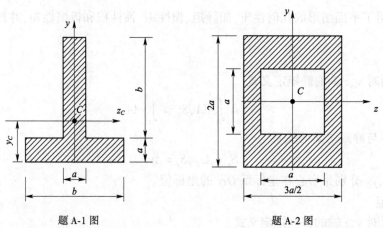

题 A-1 图　　　　　　　　　　题 A-2 图

A-3　试求图示截面对 y、z 轴的惯性矩和惯性积。

A-4　如图所示，直径 $d = 0.4\mathrm{m}$ 的圆板，挖掉一个直径 $d_1 = 0.2\mathrm{m}$ 的圆孔，孔的中心 O' 距圆板中心 O 的距离 $e = 0.05\mathrm{m}$。试确定开孔圆板形心 C 的位置（a 的大小），并求开孔圆板对其形心轴 z_C 轴的惯性矩。

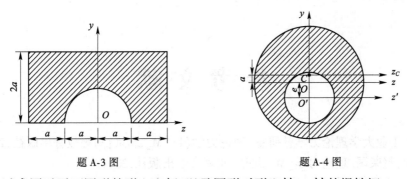

题 A-3 图   题 A-4 图

A-5 试求图示平面图形的形心坐标,以及图形对形心轴 z_C 轴的惯性矩。

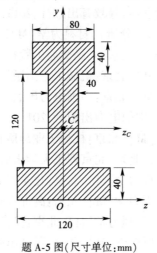

题 A-5 图(尺寸单位:mm)

参 考 文 献

[1] 哈尔滨工业大学理论力学教研室. 理论力学(I)[M]. 北京:高等教育出版社,2009.

[2] 张俊彦,赵荣国. 理论力学[M]. 北京:北京大学出版社,2011.

[3] 孙训方,方孝淑. 材料力学(I)[M]. 北京:高等教育出版社,2009.

[4] 刘鸿文. 材料力学I[M]. 北京:高等教育出版社,2011.

[5] 干光瑜,秦惠民. 建筑力学(第二分册):材料力学[M]. 北京:高等教育出版社,2017.

[6] 刘淑红,田玉梅. 工程力学[M]. 北京:人民交通出版社,2007.

[7] 孙双双. 工程力学简明教程[M]. 北京:机械工业出版社,2013.

[8] 于月民. 工程力学案例教材[M]. 北京:中国电力出版社,2013.

[9] 黄孟生. 工程力学[M]. 北京:中国电力出版社,2011.

[10] 齐威,贺向东. 工程力学(I)[M]. 北京:机械工业出版社,2012.

[11] 严丽,孙永红. 工程力学[M]. 北京:北京理工大学出版社,2012.

[12] 顾成军,姜益军,廖东斌. 工程力学[M]. 北京:化学工业出版社,2011.

[13] 腾英元,刘金堂,张宇飞. 工程力学[M]. 北京:高等教育出版社,2014.

[14] 郭光林,何玉梅,张慧玲,等. 工程力学[M]. 北京:机械工业出版社,2014.

[15] 龙连春. 数值模拟技术与分析软件[M]. 北京:科学出版社,2012.

[16] 张志涌,杨祖樱. MATLAB 教程[M]. 北京:北京航空航天大学出版社,2015.

[17] 张建华,丁磊. ABAQUS 基础入门与案例精通[M]. 北京:电子工业出版社,2012.

[18] 张应迁,张洪才. ANSYS 有限元分析从入门到精通[M]. 北京:人民邮电出版社,2010.

习 题 答 案

第 3 章

3-1 $F_{CD} = 2\sqrt{2}F_P, F_{Ax} = -2F_P, F_{Ax} = -F_P$

3-2 $M = Fd$

3-3 $F_{AC} = 207\text{N}, F_{BC} = 164\text{N}$

3-4 $F_1 = \dfrac{\sqrt{6}}{4}F_2 = 0.61F_2$ 或 $F_2 = 1.63F_1$

3-5 $F_A = F_E = 166.7\text{N}$

3-6   a)$F_A = F_B = \dfrac{M}{l}$;b)$F_A = F_B = \dfrac{M}{l}$;c)$F_A = F_B = \dfrac{M}{l\cos\theta}$

3-7 $F_A = F_B = \dfrac{\sqrt{2}M}{a}$

3-8 $F_A = F_C = 0.354\dfrac{M}{a}$

3-9 $F_B = 5\text{N}, M_1 = 3\text{N} \cdot \text{m}$

3-10 $F_A = \dfrac{F'_c}{\cos 45°} = \sqrt{2}\dfrac{M}{l}$

3-11   提示:AB 板三力平衡汇交从而确定 A 点受力,再分析整体,是力偶系平衡,F 点受力和 A 点受力要形成力偶,从而可确定 F 点受力方向。

3-12 $F_A = F_B = \dfrac{M}{a}, F_C = \dfrac{\sqrt{5}M}{a}, F_D = F_E = \dfrac{\sqrt{2}M}{a}$

第 4 章

4-1 $F'_R = 467\text{N}, M_O = 21.4\text{N}; F_R = 467\text{N}, d = 46.0\text{mm}$

4-2 $T = 66.7\text{kN}$

4-3   a)$F_{Ax} = 0, F_{Ay} = 17\text{kN}, M_A = 43\text{kN} \cdot \text{m}$;b)$F_{Ax} = 2.12\text{kN}, F_{Ay} = 0.33\text{kN}, F_B = 4.24\text{kN}$;
      c)$F_{Ax} = 0, F_{Ay} = 15\text{kN}, F_B = 21\text{kN}$

4-4 $F_{Ax} = G\sin\alpha, F_{Ay} = G(1 + \cos\alpha), M_A = G(1 + \cos\alpha)b$

4-5 $F_A = 35\text{kN}, F_B = 80\text{kN}, F_D = 5\text{kN}, F_C = 25\text{kN}$

4-6 $F_{Ax} = 12\text{kN}, F_{Ay} = 1.5\text{kN}, F_B = 10.5\text{kN}$

4-7 $F_{Ax} = 20\text{kN}, F_{Ay} = 1.25\text{kN}, F_{Bx} = 20\text{kN}, F_{By} = 11.25\text{kN}$

4-8 $F_{Ax} = F, F_{Ay} = F, F_B = F, F_{Dy} = F, F_{Dx} = 2F$

4-9 $F_{Ax} = -60\text{kN}, F_{Ay} = 30\text{kN}, F_{BD} = 100\text{kN}, F_{BC} = -50\text{kN}, F_{Ex} = 60\text{kN}, F_{Ey} = 30\text{kN}$

4-10 $F_{Ax} = -1.75\text{kN}, F_{Ay} = 0.5\text{kN}, F_{Bx} = 1.75\text{kN}, F_{By} = 0.5\text{kN}$

4-11　$F_{Ax} = -7.39\text{N}, F_{Ay} = 12.8\text{N}$

4-12　$F_{By} = P, F_{Bx} = P, F_{AB} = -\dfrac{7}{5}P, F_{Bc} = \dfrac{P}{5}$

4-13　$F_{Ax} = 0, F_{Ay} = 6\text{kN}, M_A = 32\text{kN} \cdot \text{m}, F_C = 18\text{kN}$

4-14　$F_{Ax} = 8\text{kN}, F_{Ay} = 4\text{kN}, M_A = 20\text{kN} \cdot \text{m}$

4-15　$F_B = 2F$

4-16　$F_{Ax} = -5\text{kN}, F_{Ay} = -10.58\text{kN}, M_A = -8.66\text{kN} \cdot \text{m}, F_C = 24.91\text{kN}, F_E = 4.33\text{kN}$

4-17　$1, 4, 7, 10, 11, 13$

4-18　$F_1 = F_2 = F_3 = 17.32\text{kN}, F_4 = F_5 = F_6 = F_7 = 0, F_8 = F_9 = F_{10} = -20\text{kN}$

4-19　$F_1 = F_7 = -4.62\text{kN}, F_2 = F_6 = 2.31\text{kN}, F_3 = F_5 = 0, F_4 = -2.31\text{kN}$

4-20　$F_1 = 70\sqrt{2}\text{kN}, F_2 = -70\text{kN}$

4-21　$F_3 = 100\text{kN}, F_4 = 400\text{kN}, F_5 = -300\sqrt{2}\text{kN}, F_6 = -200\text{kN}$

第5章

5-1　$M_x = 0, M_y = \dfrac{Fa}{\sqrt{3}}, M_z = \dfrac{Fa}{\sqrt{3}} = 79.9\text{N} \cdot \text{m}$

5-2　$F_{1x} = F_{1y} = 0, F_{1z} = 6\text{kN}, F_{2x} = -1.414\text{kN}, F_{2y} = 1.414\text{kN}, F_{2z} = 0, F_{3x} = F_{3z} = 2.31\text{kN},$
　　$F_{3y} = -2.31\text{kN}$

5-3　主矢：

$$F'_{Rx} = \sum F_x = -\frac{\sqrt{3}}{3} + \frac{\sqrt{2}}{2}, F'_{Ry} = \sum F_y = -\frac{\sqrt{3}}{3}, F'_{Rz} = \sum F_z = \frac{\sqrt{3}}{3} + \frac{\sqrt{2}}{2}$$

　　主矩：

$$M_{Ox} = \sum M_x = \frac{\sqrt{3}}{3} + \frac{\sqrt{2}}{2}, M_{Oy} = \sum M_y = -\frac{\sqrt{3}}{3}, M_{Oz} = \sum M_z = -\frac{\sqrt{2}}{2}$$

$$F'_R = \left(-\frac{\sqrt{3}}{3} + \frac{\sqrt{2}}{2} \right) i - \frac{\sqrt{3}}{3} j + \left(\frac{\sqrt{3}}{3} + \frac{\sqrt{2}}{2} \right) k \quad (\text{kN})$$

$$M_O = \left(\frac{\sqrt{3}}{3} + \frac{\sqrt{2}}{2} \right) i - \frac{\sqrt{3}}{3} j - \frac{\sqrt{2}}{2} k \quad (\text{kN} \cdot \text{m})$$

5-4　$x_C = 0, y_C = -3.5\text{mm}$

5-5　$x_C = 46.8\text{mm}, y_C = 98.2\text{mm}$

第7章

7-4　$\Delta L_{BC} = -5 \times 10^{-5}\text{m}, \Delta L_{CD} = -2 \times 10^{-5}\text{m}, \Delta L_{DA} = 0$
　　$\sigma_{BC} = -50\text{MPa}, \sigma_{CD} = -20\text{MPa}, \sigma_{DA} = 0$
　　$\varepsilon_{BC} = -2.5 \times 10^{-4}, \varepsilon_{CD} = -1 \times 10^{-4}, \varepsilon_{DA} = 0$

7-5　$\varepsilon_{\max} = 6.06 \times 10^{-4}, \Delta l = 6.06 \times 10^{-5}\text{m}$

7-6　①横截面上的正应力，$\sigma = 101.86\text{MPa}$，
　　$\sigma_{AB} = 59.77\text{MPa}, \tau_{AB} = 50.16\text{MPa}, \sigma_{BC} = 42.09\text{MPa}, \tau_{BC} = -50.16\text{MPa}$
　　②$\sigma_{\max} = \sigma = 101.86\text{MPa}, \tau_{\max} = \dfrac{\sigma}{2} = 50.93\text{MPa}$

7-7　$\sigma_1 = 146.46\text{MPa} < [\sigma], \sigma_2 = 116.51\text{MPa} < [\sigma]$，所以桁架安全。

7-8　$\sigma_s = 240\text{MPa}$

7-9　$F_{max} = 1.85A[\sigma]$

7-10　$A_{AB} \geqslant 38.56\ \text{cm}^2, A_{CD} \geqslant 200\ \text{cm}^2$

第 8 章

8-1　5 个

8-2　$F \geqslant 188.3\text{kN}$

8-3　$d : h = 3$

8-4　$t \geqslant 96\text{mm}$

8-5　$l \geqslant 200\text{mm}, a \geqslant 25\text{mm}$

8-6　$d \geqslant 15.2\text{mm}$

8-7　$\tau = 22\text{MPa} < [\tau], \sigma_{bs} = 73.6\text{MPa} < [\sigma_{bs}]$，平键安全。

第 9 章

9-2　①略；②$\tau_{max} = 15.3\text{MPa}$，发生在 BC 截面的轴表面；

　　　③$\varphi_{CD} = 1.273 \times 10^{-3}\text{rad}, \varphi_{AD} = 1.91 \times 10^{-3}\text{rad}$

9-3　$m = 318.3\text{N} \cdot \text{m/m}$

9-4　$d = 35\text{mm}, d_1 = 18\text{mm}, d_2 = 9\text{mm}$

9-5　①$d_1 = 23.7\text{mm}$；②$d_2 = 14.1\text{mm}$；③$W_1/W_2 = 1.97$

9-6　$d \geqslant 93\text{mm}$

9-7　$\tau_{AC} = 47.77\text{MPa}, \tau_{CB} = 22.28\text{MPa}, \theta_{AC} = 1.71°/\text{m}, \theta_{CB} = 0.456°/\text{m}$，所以满足强度条件和刚度条件。

第 10 章

10-1　①$F_{s1} = F, M_1 = -Fa; F_{s2} = F, M_2 = -Fa; F_{s3} = F, M_3 = 0$

　　　②$F_{s1} = \dfrac{1}{2}qa, M_1 = -\dfrac{1}{2}qa^2; F_{s2} = qa, M_2 = -2qa^2$

　　　③$F_{s1} = F, M_1 = Fa; F_{s2} = F, M_2 = -Fa; F_{s3} = F, M_3 = 0$

　　　④$F_{s1} = -qa, M_1 = -\dfrac{1}{2}qa^2; F_{s2} = \dfrac{1}{2}qa, M_2 = 0; F_{s3} = qa, M_3 = qa^2$

第 11 章

11-1　$\sigma_{C,max} = 55.1\text{MPa}$

11-2　$\sigma_{max}^{-} = 30.2\text{MPa}, \sigma_{max}^{+} = 30.2\text{MPa}$

11-3　$\sigma_{max} = 8.68\text{MPa}$

11-4　$\sigma_{max}^{+} = 28.8\text{MPa} < [\sigma]^{+} = 30\text{MPa}, \sigma_{max}^{-} = 46.1\text{MPa} < [\sigma]^{-} = 160\text{MPa}$，所以安全。

11-5　$\sigma_{max} = 175.9\text{MPa} < [\sigma]$，所以安全。

11-6　$b \geqslant 32.8\text{mm}$

11-7　$F = 44.2\text{kN}$

11-8　$\sigma_{max}^{+} = 60.23\text{MPa}, \sigma_{max}^{-} = 45.17\text{MPa}$，所以不安全。

11-9 $\sigma_{\max}^{+} = 30.1\text{MPa}, \sigma_{\max}^{-} = 43.7\text{MPa}, \dfrac{30.1-30}{30} = 0.3\% < 5\%$,所以安全。

11-10 $\sigma_{\max}^{+} = 35.99\text{MPa}, \sigma_{\max}^{-} = 46.07\text{MPa}$,所以安全。

第 12 章

12-1 a)边界条件: $x = a, w_A = 0; x = a+l, w_B = 0$

连续条件: $x = a, w_{A左} = w_{A右}, \theta_{A左} = \theta_{A右}$

$x = a+l, w_{B左} = w_{B右}, \theta_{B左} = \theta_{B右}$

b)边界条件: $x = 0, w_A = 0, \theta_A = 0$

连续条件: $x = l, w_{C左} = w_{C右}, \theta_{C左} = \theta_{C右}$

$x = 2l, w_{D左} = w_{D右}, \theta_{D左} = \theta_{D右}$

c)边界条件: $x = 0, w_A = 0$

连续条件: $x = a, w_{B左} = w_{B右}, \theta_{B左} = \theta_{B右}$

$x = a, |w_B| = |\Delta l| = \dfrac{qal}{2EA}$

d)边界条件: $x = 0, w_A = 0, \theta_A = 0, x = 2l, w_B = 0$

连续条件: $x = l, w_{C左} = w_{C右}$

$x = 2l, w_{B左} = w_{B右}, \theta_{B左} = \theta_{B右}$

12-2 a) $w_B = \dfrac{Ml^2}{2EI}$ (向下) , $\theta_B = \dfrac{Ml}{EI}$ (顺时针)

b) $w_C = \dfrac{7ql^4}{384EI}$ (向下) , $\theta_C = \dfrac{ql^3}{48EI}$ (顺时针)

12-3 a) $w_B = \dfrac{qa^4}{2EI}$,(向下) , $\theta_B = \dfrac{qa^3}{4EI}$ (顺时针)

b) $w_B = \dfrac{41ql^4}{384EI} + \dfrac{5Fl^3}{48EI}$ (向下) , $\theta_B = \dfrac{7ql^3}{48EI} + \dfrac{Fl^2}{8EI}$ (顺时针)

12-4 $w_B = \dfrac{7ql^4}{24EI} + \dfrac{8Fl^3}{3EI}$ (向下) , $\theta_B = \dfrac{ql^3}{6EI} + \dfrac{2Fl^2}{EI}$ (顺时针)

12-5 a) $w_C = \dfrac{5qa^4}{8EI}$ (向下) , $\theta_C = \dfrac{19qa^3}{24EI}$ (顺时针)

b) $w_A = \dfrac{ql^2 a}{24EI}(5l + 6a)$ (向下) , $\theta_A = -\dfrac{ql^2}{24EI}(5l + 12a)$ (顺时针)

第 13 章

13-1 $n = 22.7 > n_{\text{st}}$,满足稳定性。

13-2 $n = 3.97 > n_{\text{st}}$,满足稳定性。

13-3 $[F] = 49.4\text{kN}$

13-4 $[F] = 20.67\text{kN}$

13-5 $[F] = 91.6\text{kN}$

第 14 章

14-1 (1)记 $x_i = i\Delta x$ $(i = 0, 1, 2, \cdots)$

$$y_i = y(x_i) \quad (i = 0, 1, 2, \cdots)$$

则与原微分方程对应的差分方程为

$$
\begin{cases}
y_0 = 4 \\[2mm]
\dfrac{y_1 - y_0}{\Delta x} = 0 \\[3mm]
\dfrac{y_2 - 2y_2 + y_0}{\Delta x^2} = 3x_1 - 2\sqrt{y_1} \\[3mm]
\dfrac{y_3 - 2y_2 + y_1}{\Delta x^2} = 3x_2 - 2\sqrt{y_2} \\[3mm]
\dfrac{y_{i+1} - 2y_i + y_{i-1}}{\Delta x^2} = 3x_i - 2\sqrt{y_i} \\[3mm]
\cdots\cdots
\end{cases}
$$

选取适当的步长 Δx，即可求解上述差分方程，从而求得原微分方程的近似解，且在一定范围内，步长 Δx 越小，误差越小。

（2）记 $\Delta x = \dfrac{1}{n}$，$x_i = i\Delta x = \dfrac{i}{n} \quad (i = 0, 1, 2, \cdots, n)$

$$t_j = j\Delta t \quad (j = 0, 1, 2, \cdots)$$

$$u_{i,j} = u(x_i, t_j) \quad (i = 0, 1, 2, \cdots, n ; j = 0, 1, 2, \cdots)$$

则与原微分方程对应的差分方程为

$$
\begin{cases}
\dfrac{u_{i,j+1} - u_{i,j}}{\Delta t} = 4\dfrac{u_{i+1,j} - 2u_{i,j} + u_{i-1,j}}{\Delta x^2} \quad (i = 1, 2, \cdots, n-1 ; j = 0, 1, 2, \cdots) \\[3mm]
u_{i,0} = 4x_i^2 - 4x_i + 1 \quad (i = 0, 1, 2, \cdots, n) \\[3mm]
u_{0,j} = 1 \quad (j = 0, 1, 2, \cdots) \\[3mm]
u_{n,j} = 1 \quad (j = 0, 1, 2, \cdots)
\end{cases}
$$

选取适当的 n 和 Δt，即可求解上述差分方程，从而求得原微分方程的近似解，且在一定范围内 n 越大及 Δt 越小，误差越小。

14-2　整体刚度矩阵

$$
K = \frac{EI}{l^3}
\begin{bmatrix}
12 & 6l & -12 & 6l & 0 & 0 & 0 & 0 \\
6l & 4l^2 & -6l & 2l^2 & 0 & 0 & 0 & 0 \\
-12 & -6l & 24 & 0 & -12 & 6l & 0 & 0 \\
6l & 2l^2 & 0 & 8l^2 & -6l & 2l^2 & 0 & 0 \\
0 & 0 & -12 & -6l & 24 & 0 & -12 & 6l \\
0 & 0 & 6l & 2l^2 & 0 & 8l^2 & -6l & 2l^2 \\
0 & 0 & 0 & 0 & -12 & -6l & 12 & -6l \\
0 & 0 & 0 & 0 & 6l & 2l^2 & -6l & 4l^2
\end{bmatrix}
$$

整体刚度方程

$$\frac{EI}{l^3}\begin{bmatrix} 12 & 6l & -12 & 6l & 0 & 0 & 0 & 0 \\ 6l & 4l^2 & -6l & 2l^2 & 0 & 0 & 0 & 0 \\ -12 & -6l & 24 & 0 & -12 & 6l & 0 & 0 \\ 6l & 2l^2 & 0 & 8l^2 & -6l & 2l^2 & 0 & 0 \\ 0 & 0 & -12 & -6l & 24 & 0 & -12 & 6l \\ 0 & 0 & 6l & 2l^2 & 0 & 8l^2 & -6l & 2l^2 \\ 0 & 0 & 0 & 0 & -12 & -6l & 12 & -6l \\ 0 & 0 & 0 & 0 & 6l & 2l^2 & -6l & 4l^2 \end{bmatrix}\begin{bmatrix} 0 \\ \theta_A \\ f_B \\ \theta_B \\ 0 \\ \theta_C \\ 0 \\ \theta_D \end{bmatrix}=\begin{bmatrix} F_A \\ M_1 \\ -F_1 \\ 0 \\ F_C \\ M_2 \\ F_D \\ 0 \end{bmatrix}$$

14-3　（1）MATLAB 代码如下,仅供参考。

% 设置步长

Delta_x = 1.0e-2;

% 设置求解范围[0,x_B]

x_B = 4;

% y_value:存储函数值 y

Num = x_B/Delta_x;

y_value = zeros(Num + 1,1) ;

% 边界条件

y_value(1) = 4;

y_value(2) = 4;

% 求解差分方程

for i = 2:Num

y_value(i + 1) = (3 * i * Delta_x-2 * sqrt(y_value(i))) * Delta_x^2-y_value(i-1) + 2 * y _value(i) ;

end

% 绘制曲线

x = 0:Delta_x:x_B;

plot(x,y_value)

xlabel('\itx','FontSize',15,'fontname','Times New Roman')

ylabel('\ity','FontSize',15,'fontname','Times New Roman')

（2）MATLAB 代码如下,仅供参考。

% 设置适当的 n 和 delta_t

n = 100;

delta_x = 1/n;

```
delta_t = 1.0e-5;
% 设置求解的时间范围[0,t_B]
t_B = 1;
num_t = t_B/delta_t;
% u_value:存储函数值 u
u_value = zeros(n + 1,uint64(num_t));
% 边界条件
for i = 1:n + 1
u_value(i,1) = 4 * ((i-1) * delta_x)^2-4 * (i-1) * delta_x + 1;
end
for j = 1:num_t
u_value(1,j) = 1;
u_value(n + 1,j) = 1;
end
%% 求解差分方程
j = 1;
while j < num_t
for i = 2:n
u_value(i,j + 1) = u_value(i,j) + delta_t * 4 * (u_value(i + 1,j)-2 * u_value(i,j) + u_
value(i-1,j))/delta_x^2;
end
j = j + 1;
end
% 绘制动态曲线
x = 0:delta_x:1;
y = u_value(:,1);
handle_p = plot(x,y,'XDataSource','x','YDataSource','y','linewidth',2);
xlabel('\itx','FontSize',15,'fontname','Times New Roman')
ylabel('\itu','FontSize',15,'fontname','Times New Roman')
axis([0 1 0 1])
for j = 1:num_t/10
y = u_value(:,j);
refreshdata(handle_p,'caller');
drawnow
end
```

14-4 MATLAB 代码如下,仅供参考。

```
% EI:梁的抗弯刚度
EI = 1.0e6;
```

```
% len:整段梁的总长度(包括 3 跨),单位 m
len = 6;
% F1_load:梁上的集中力载荷 F1,以方向朝上为正。单位 N
F1_load = -5000;
% M1_load:梁上的集中力偶载荷 M1,以逆时针方向为正。单位 N·m
M1_load = 2000;
% M2_load:梁上的集中力偶载荷 M2,以逆时针方向为正。单位 N·m
M2_load = 2000;
% 请输入梁单元的数量 n_ele = 3
n_ele = 3;
% delta_l:梁单元的长度
delta_l = len/n_ele;
% 分块刚度矩阵计算
kii = [12 6 * delta_l;6 * delta_l 4 * delta_l^2] * EI/delta_l^3;
kij = [-12 6 * delta_l;-6 * delta_l 2 * delta_l^2] * EI/delta_l^3;
kji = [-12 -6 * delta_l;6 * delta_l 2 * delta_l^2] * EI/delta_l^3;
kjj = [12 -6 * delta_l;-6 * delta_l 4 * delta_l^2] * EI/delta_l^3;
% 总刚度矩阵 K_C
K_C = zeros(2 * n_ele + 2,2 * n_ele + 2);
for i_n = 1:n_ele
i = 2 * i_n-1;
K_C(i:i + 1,i:i + 1) = kii + K_C(i:i + 1,i:i + 1);
K_C(i:i + 1,i + 2:i + 3) = kij;
K_C(i + 2:i + 3,i:i + 1) = kji;
K_C(i + 2:i + 3,i + 2:i + 3) = kjj + K_C(i + 2:i + 3,i + 2:i + 3);
end
% 等效节点载荷
Q_C = zeros(2 * n_ele + 2,1);
Q_C(2) = M1_load;
Q_C(3) = F1_load;
Q_C(6) = M2_load;
% 线性方程 ax = b 的等号右边项 b:Equ_b
Equ_b = Q_C;
% 计算方程 ax = b 的等号左边的系数矩阵中与支座约束力 FA,FC,FD 对应的列
eA = zeros(2 * n_ele + 2,1);
eA(1) = -1;
eC = zeros(2 * n_ele + 2,1);
eC(5) = -1;
```

```
eD = zeros(2 * n_ele + 2,1);
eD(7) = -1;
%合成系数矩阵
Equ_a = K_C;
Equ_a(:,1) = eA;
Equ_a(:,5) = eC;
Equ_a(:,7) = eD;
%节点位移与节点载荷组成混合变量 Equ_x
%求解方程 Equ_a * Equ_x = Equ_b
Equ_x = Equ_a\Equ_b;
%支座约束力,向上为正
FA = Equ_x(1);
FC = Equ_x(5);
FD = Equ_x(7);
%挠度与转角计算结果 deflection_ang_disp
deflection_ang_disp = Equ_x;
deflection_ang_disp(1) = 0;
deflection_ang_disp(5) = 0;
deflection_ang_disp(7) = 0;
%挠度,向下为正
deflection = -deflection_ang_disp(1:2:end);
%转角,顺时针为正
ang_disp = -deflection_ang_disp(2:2:end);
%%%剪力与弯矩计算
%首先计算单元刚度矩阵 K_ele
K_ele = zeros(4,4);
K_ele(1:2,1:2) = kii;
K_ele(1:2,3:4) = kij;
K_ele(3:4,1:2) = kji;
K_ele(3:4,3:4) = kjj;
bending_moment_shear_force = zeros(4 * n_ele,1);
for i = 1:n_ele
    bending_moment_shear_force(i * 4-3:i * 4) = K_ele * deflection_ang_disp(i * 2-1:i * 2 + 2);
    bending_moment_shear_force(i * 4-2:i * 4-1) = -bending_moment_shear_force(i * 4-2:i * 4-1);
end
shear_force = bending_moment_shear_force(1:2:end);
```

```
bending_moment = bending_moment_shear_force(2:2:end);

%% = = = = = = = = 以下为画图部分(数据可视化代码) = = = = = = = = %%
figure(1);
set(gcf,'outerposition',get(0,'screensize'));
sh1 = subplot(2,1,1);
sh2 = subplot(2,1,2);
hold(sh1,'on');
hold(sh2,'on');
px = 0:len/n_ele:len;
ppx = zeros(2*n_ele,1);
for i = 1:n_ele*2
    yushu = mod(i,2);
    if yushu = = 1
        ppx(i) = px((i+1)/2);
    else
        ppx(i) = px(i/2+1);
    end
end
%绘剪力图
H1 = plot(sh1,ppx,shear_force);
fence_x = [ppx(1),ppx(1)];
fence_y = [0,shear_force(1)];
plot(sh1,fence_x,fence_y);
fence_x = [ppx(2*n_ele),ppx(2*n_ele)];
fence_y = [0,shear_force(2*n_ele)];
plot(sh1,fence_x,fence_y);
fence_num = 30;
for fence_i = 1: fence_num
for ele_i = 1:n_ele
    fence_x = ( ppx(2*ele_i)- ppx(2*ele_i-1))/(fence_num-1)*( fence_i-1) +
ppx(2*ele_i-1);
    fence_x = fence_x*[1,1];
    fence_y = ( shear_force(2*ele_i)- shear_force(2*ele_i-1))/(fence_num-1)*
(fence_i-1) +...
shear_force(2*ele_i-1);
    fence_y = fence_y*[0,1];
    plot(sh1,fence_x,fence_y);
```

```
end
end
zeroline = zeros( size( ppx) ) ;
plot( sh1 , ppx , zeroline) ;
title( sh1 , '\fontsize{16} \fontname{华文行楷}剪力图') ;
max_Fs = max( shear_force) ;
min_Fs = min( shear_force) ;
axis( sh1 , [ -0.5 6.5 1.1 * min_Fs 1.1 * max_Fs] ) ;
%绘弯矩图
h2 = plot( sh2 , ppx , bending_moment) ;
fence_x = [ ppx( 1) , ppx( 1) ] ;
fence_y = [ 0 , bending_moment( 1) ] ;
plot( sh2 , fence_x , fence_y) ;
fence_x = [ ppx( 2 * n_ele) , ppx( 2 * n_ele) ] ;
fence_y = [ 0 , bending_moment( 2 * n_ele) ] ;
plot( sh2 , fence_x , fence_y) ;
plot( sh2 , ppx , zeroline) ;
for fence_i = 1 : fence_num
for ele_i = 1 : n_ele
    fence_x = ( ppx( 2 * ele_i) - ppx( 2 * ele_i-1) )/( fence_num-1) * ( fence_i-1) +
ppx( 2 * ele_i-1) ;
    fence_x = fence_x * [ 1 , 1] ;
    fence_y = ( bending_moment ( 2 * ele_i) - bending_moment ( 2 * ele_i-1) )/( fence_
num-1) * ...
    ( fence_i-1) + bending_moment ( 2 * ele_i-1) ;
    fence_y = fence_y * [ 0 , 1] ;
    plot( sh2 , fence_x , fence_y) ;
end
end
set( sh2 , 'ydir' , 'reverse') ;
title( sh2 , '\fontsize{16} \fontname{华文行楷}弯矩图') ;
max_M = max( bending_moment) ;
min_M = min( bending_moment) ;
axis( sh2 , [ -0.5 6.5 1.1 * min_M 1.1 * max_M] ) ;
```

14-5 各个杆件的轴力分别为:$F_{NAB} = 0$,$F_{NAC} = -5773\text{N}$,$F_{NBC} = 0$,$F_{NAD} = -2887\text{N}$,$F_{NBE} = 0$,$F_{NCF} = -5773\text{N}$,$F_{NAE} = 4082\text{N}$,$F_{NBF} = 0$,$F_{NCD} = 8165\text{N}$,$F_{NDE} = 0$,$F_{NEF} = 0$,$F_{NDF} = 0$

14-6 从左至右,记各支座的约束力分别为 $F_1,F_2,\cdots\cdots,F_9$。求解结果为:$F_1 = -65\text{N}$,$F_2 = 889\text{N}$,$F_3 = 2448\text{N}$,$F_4 = 316\text{N}$,$F_5 = 22299\text{N}$,$F_6 = -29\text{N}$,$F_7 = -1685\text{N}$,

$$F_8 = 3291\mathrm{N}, F_9 = -1464\mathrm{N}$$

附录 A

A-1　$y_C = 0.2625\mathrm{m}, S_{zC}(\text{下}) = 0.0178\mathrm{m}^3$

A-2　$I_z = 0.0235\mathrm{m}^4, I_y = 0.0123\mathrm{m}^4$

A-3　$I_z = I_y = \dfrac{32}{3}a^4 - \dfrac{\pi}{8}a^4, I_{yz} = 0$

A-4　$a = 1.667\mathrm{cm}, I_{zC} = 10.73 \times 10^4\ \mathrm{mm}^4$

A-5　$y_C = 90\mathrm{mm}, I_{zC} = 5674.7 \times 10^4\ \mathrm{mm}^4$